零基础 WiFi 模块开发入门与应用实例

刘克生 主编

化学工业出版社

·北京·

本书针对WiFi模块及应用进行介绍，全面介绍了ESP8266系列WiFi模块的固件烧录方法、AT指令、串口调试方法，较为详细地介绍了AT指令的应用场景、WiFi模块在各种情况下的配置方法，实例部分介绍了机智云与ESP8266通信的方法、WiFi模块控制器应用技术，从而使读者能够迅速地掌握WiFi模块通过云端与手机APP进行通信的过程，节约产品开发周期，降低产品的开发难度。书中配套二维码视频讲解，如同老师亲临指导。

本书可作为智能产品、物联网产品等无线通信产品设计的参考书籍，也可作为ESP8266系列模块设计与应用的参考书籍使用，希望能得到广大读者朋友的认可。

图书在版编目（CIP）数据

零基础WiFi模块开发入门与应用实例 / 刘克生主编. —北京：化学工业出版社，2019.8（2023.1重印）

ISBN 978-7-122-34622-3

Ⅰ. ①零… Ⅱ. ①刘… Ⅲ. ①无线网 - 模块化程序设计 Ⅳ. ① TN92

中国版本图书馆CIP数据核字（2019）第111318号

责任编辑：刘丽宏　　文字编辑：陈　喆
责任校对：王素芹　　装帧设计：刘丽华

出版发行：化学工业出版社（北京市东城区青年湖南街13号　邮政编码100011）
印　　装：北京虎彩文化传播有限公司
787mm×1092mm　1/16　印张17½　字数415千字　2023年1月北京第1版第4次印刷

购书咨询：010-64518888　　售后服务：010-64518899
网　　址：http://www.cip.com.cn
凡购买本书，如有缺损质量问题，本社销售中心负责调换。

定　　价：69.80元

前 言

随着信息化、智能化技术的发展，物联网、智能家居、智能穿戴等领域应运而生，无线通信技术成为其必不可缺的一部分。此次，我们选择了一款技术成熟、应用广泛、物美价廉的WiFi模块进行介绍。

WiFi模块又名串口WiFi模块，属于物联网传输层，功能是将串口或TTL电平转为符合WiFi无线网络通信标准的嵌入式模块，内置无线网络协议IEEE 802.11b/g/n协议栈以及TCP/IP协议栈。传统的硬件设备嵌入WiFi模块可以直接利用WiFi连入互联网，是实现无线智能家居、M2M等物联网应用的重要组成部分。

本书为使读者在短时间内学会应用WiFi无线通信技术，以ESP8266模块为例，从基础讲起，首先对WiFi模块进行了简要介绍，紧接着介绍如何对WiFi模块进行固件烧录，然后讲解操作WiFi模块所用的AT指令，并简单介绍如何对WiFi模块进行串口调试，接着详细介绍了AT指令的应用场景，最后介绍了物联网综合开发实例的WiFi模块部分，如何快速地将我们的物联网产品通过WiFi模块接入网络，并用手机APP进行控制的过程。其功能简单实用，能够帮助读者快速进行物联网等的开发。

书中视频教学部分，读者可以扫描二维码详细、直观学习。

本书由刘克生主编，参加编写的还有张伯虎、孔凡桂、张振文、曹振华、赵书芬、张伯龙、张胤涵、张校珩、曹祥、焦凤敏、张校铭、王桂英、蔺书兰，另外本书的编写得到了相关朋友的热心帮助及支持，在此，对参与编写、校对以及提供资料等支持的作者表示诚挚的谢意。

因编者技术水平有限，编写时间较为仓促，书中不足之处难免，恳请广大读者批评指正，不吝赐教（欢迎关注下方二维码及时反馈给我们）。

编者

目　录

第5章　AT指令的应用　53

第6章　WiFi模块开发综合实例　235

·第 1 章·
认识WiFi模块

1.1 通用串口WiFi模块

串口WiFi模块是新一代嵌入式WiFi模块，体积小、功耗低，采用UART接口。串口WiFi模块基于通用串行接口特性，符合IEEE 802.11协议栈网络标准，内置TCP/IP协议栈，能够实现用户串口、以太网、无线网（WiFi）3个接口之间的任意透明转换，使传统串口设备更好地加入无线网络。

通过串口WiFi模块，传统的串口设备在不需要更改任何配置的情况下，即可通过Internet网络传输自己的数据，非常方便地加入物联网链接。

1.2 ESP8266系列模组

ESP8266系列模组是深圳市安信可科技有限公司开发的一系列基于乐鑫ESP8266的超低功耗的UART-WiFi模块的模组，可以方便地进行二次开发，接入云端服务，实现手机3G/4G全球随时随地的控制，可以加速产品的原型设计。

模块核心处理器ESP8266在较小尺寸封装中集成了业界领先的Tensilica L106超低功耗32位微型MCU，带有16位精简模式，主频支持80MHz和160 MHz，支持RTOS，集成WiFi MAC/BB/RF/PA/LNA，板载天线；支持标准的IEEE 802.11 b/g/n协议、完整的TCP/IP协议栈。用户可以使用该模块为现有的设备添加联网功能，也可以构建独立的网络控制器。

ESP8266是高性能无线SOC，以最低的成本提供最大的实用性，为WiFi功能嵌入其他系统提供无限可能。

1.3 特性

- 最小的802.11 b/g/n WiFi SoC模块。

- 内置Tensilica L106 超低功耗 32 位微型 MCU，主频支持 80MHz和160MHz，支持RTOS，可兼做处理器。
- 内置10 bit高精度ADC。
- 内置TCP/IP协议栈。
- 内置TR 开关、balun、LNA、功率放大器和匹配网络。
- 内置PLL、稳压器和电源管理组件，802.11b 模式下+20 dBm的输出功率。
- A-MPDU 、A-MSDU 的聚合和 0.4 s的保护间隔。
- WiFi@2.4GHz，支持 WPA/WPA2 安全模式。
- 支持AT远程升级及云端OTA升级。
- 支持 STA/AP/STA+AP 工作模式。
- 支持 Smart Config功能（包括Android和iOS设备）。
- 支持HSPI 、UART、I2C、I2S、IR Remote Control、PWM、GPIO、ADC等接口。
- 深度睡眠保持电流为 10μA，关断电流小于 5μA。
- 2ms 之内唤醒、连接并传递数据包。
- 待机状态消耗功率小于1.0mW (DTIM3)。
- 工作温度范围：−20～85℃。

1.4 选型

表1-1 为选型表。

表 1-1 选型表

型号	ESP-01E	ESP-01S	ESP-01M	ESP-01F	ESP-07S	ESP-12F	ESP-12S
封装	DIP-18	DIP-8	SMD-18	SMD-18	SMD-16	SMD-22	SMD-16
尺寸/（mm×mm×mm）	18×17×2.8	24.7×14.4×11.0	18×18×2.8	11×10×2.8	17.0×16.0×3.0	24.0×16.0×3.0	24.0×16.0×3.0
板层	4	2	4	4	4	4	4
Flash	8Mbit	8Mbit	8Mbit	8 Mbit	32Mbit	32Mbit	32Mbit
认证	—	—	FCC/CE	—	FCC/CE	FCC/CE/IC	FCC/CE/SRRC
天线	IPEX	PCB	PCB	无内置天线	IPEX	PCB	PCB
指示灯	—	GPIO2	—	—	—	GPIO2	GPIO2
可用I/O	11	2	11	9	9	9	9

·第 2 章· 固件烧录

2.1 硬件的外围引脚接线对应的启动模式

表2-1所示为硬件的外围引脚接线对应的启动模式。

表2-1 硬件的外围引脚接线对应的启动模式

模式	CH_PD(EN)	RST	GPIO15	GPIO0	GPIO2	TXD0
下载模式	高	高	低	低	高	高
运行模式	高	高	低	高	高	高
测试模式	高	高	—	—	—	低

2.2 下载模式接线图

图2-1为下载模式接线图。

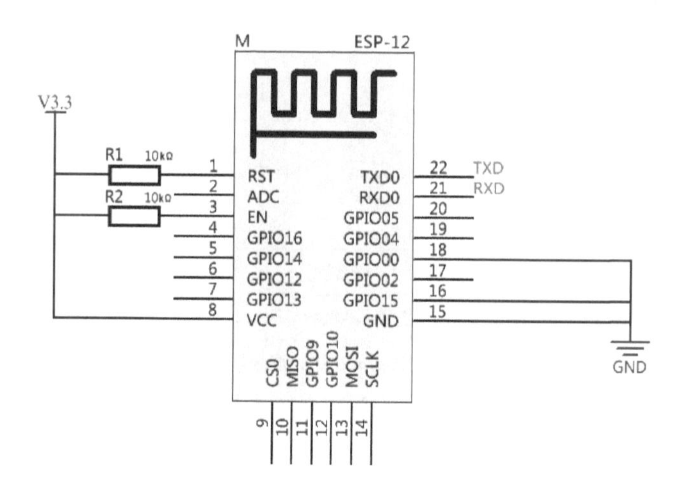

图2-1 下载模式接线图

2.3 烧录软件及固件的说明

（1）烧录软件下载地址：http://wiki.ai-thinker.com/tools。

（2）下载软件可以为ESP8266、ESP8255、ESP32、ESP32D2WD四种类型的模块下载程序。

下载、解压并执行 ESPFlashDownloadTool_vx.xx.xx.exe，弹出两个界面，黑窗可以查看烧录过程的一些信息，另一个为登录界面，用来选择相应芯片的下载界面，如图2-2所示。

点击ESP8266 DownloadTool，弹出如图2-3所示界面。

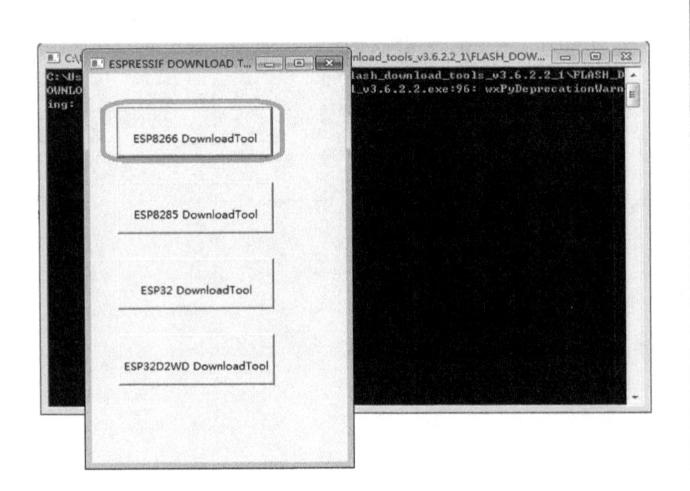

图2-2 软件说明

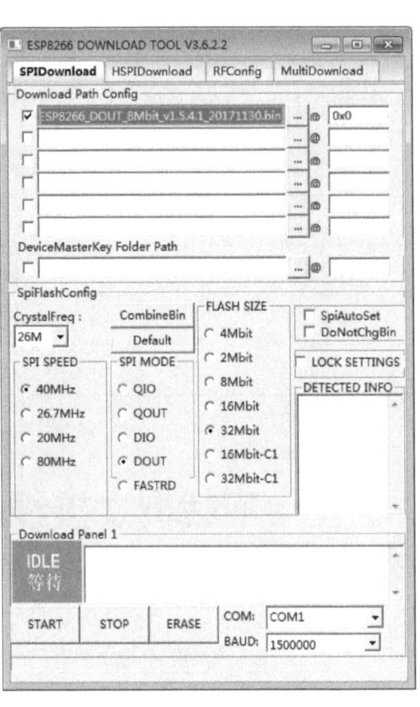

图2-3 ESP8266 DOWNLOAD TOOL V3.6.2.2界面

表2-2为SPIDownload选项配置功能表。

表2-2 SPIDownload选项配置功能表

配置选项	配置说明
Download_Path_Config	选择要下载的文件以及下载地址，点击“start”下载勾选后的文件
CrystalFreq	设置晶振频率。8266的晶振频率为“26M”，此处禁止修改
SPI_SPEED	设置SPI速率，默认为40MHz，此处禁止修改
SPI_MODE	设置SPI下载模式，默认为通用下载模式DOUT
Flash_Size	设置Flash容量 根据实际编译的配置对应选择Flash大小 16Mbit-C1为1204+1024的布局，32Mbit-C1为1204+1024的布局

续表

配置选项	配置说明
CombineBin	打包合并固件，下载地址为0x0000
DoNotChgBin	· 选择该项，Flash的运行频率、方式、布局会以用户编译时的配置为准 · 未选择该项，Flash的运行频率、方式、布局会以下载工具最终的配置为准 · 下载安信可官方AT固件时建议勾选，其他不建议勾选
Lock settings	选择该项，将锁住配置页面 该选项一般在工厂生产中使用，避免操作过程中改动了软件上的配置，造成生产问题
Default	选择该项，将恢复默认的软件配置
Detected info	该窗口将会显示Flash的大小和晶振频率
MAC address	· 该窗口将会显示ESP8266芯片的MAC地址，包括STA MAC address和AP MAC address · 安信可生产的ESP8266系列模组的STA MAC address都可以在官网的防伪查询系统中查询到。地址：https://www.ai-thinker.com/service/autifake
COM	设置COM口
BAUD	设置下载波特率 下载时可以适当降低下载波特率，保证稳定下载（有些串口工具不支持1500000bit/s的波特率下载）
START	点击该按钮，开始烧录程序
STOP	点击该按钮，停止烧录程序
ERASE	点击该按钮，擦除整个Flash

（3）需要烧录的文件以及烧录地址说明：在安信可官网下载的AT固件都是打包合并过的固件。按照烧录文件的不同，分为两种情况：不支持云端升级（表2-3）、支持云端升级（表2-4）。另外，根据Flash容量的不同，还需要调整bin文件的烧录地址。

表2-3　不支持云端升级（NoBoot模式）的需要烧录的文件及烧录地址

文件名称	8Mbit地址分配	16Mbit地址分配	32Mbit地址分配	备注
eagle.flash.bin	0x00000	0x00000	0x00000	主程序，由代码编译生成
eagle.irom0text.bin	0x40000	0x40000	0x40000	主程序，由代码编译生成
esp_init_data_default.bin	0xFC000	0x1FC000	0x3FC000	由乐鑫在SDK中提供
blank.bin	0xFE000	0x1FE000	0x3FE000	由乐鑫在SDK中提供

注：乐鑫不同版本的SDK中可能会改变eagle.irom0text.bin文件的烧录地址，以控制台输出的地址为准。

表2-4　支持云端升级（Boot模式）的需要烧录的文件及烧录地址

文件名称	8Mbit地址分配	16Mbit地址分配	32Mbit地址分配	备注
boot.bin	0x00000	0x00000	0x00000	由乐鑫在SDK中提供，建议一直使用最新版本
user1.bin	0x01000	0x01000	0x01000	主程序，由代码编译生成
user2.bin	0x81000	0x81000	0x81000	主程序，由代码编译生成

续表

文件名称	8Mbit地址分配	16Mbit地址分配	32Mbit地址分配	备注
esp_init_data_default.bin	0xFC000	0xFC000	0xFC000	由乐鑫在SDK中提供
blank.bin	0xFE000	0xFE000	0xFE000	由乐鑫在SDK中提供

支持云端升级的固件，在Flash中的布局会分为两个区，一个用来执行程序，另一个用来保存要升级的固件。当程序运行user1.bin时开始升级，程序会下载到user2.bin区域，下载完毕后，下次启动运行user2.bin的程序，依次替换，实现云端升级。

- user1.bin文件和user2.bin文件烧录时只烧录其中一个。
- boot.bin文件使用最新版本。

（4）Flash 布局说明如图2-4所示。

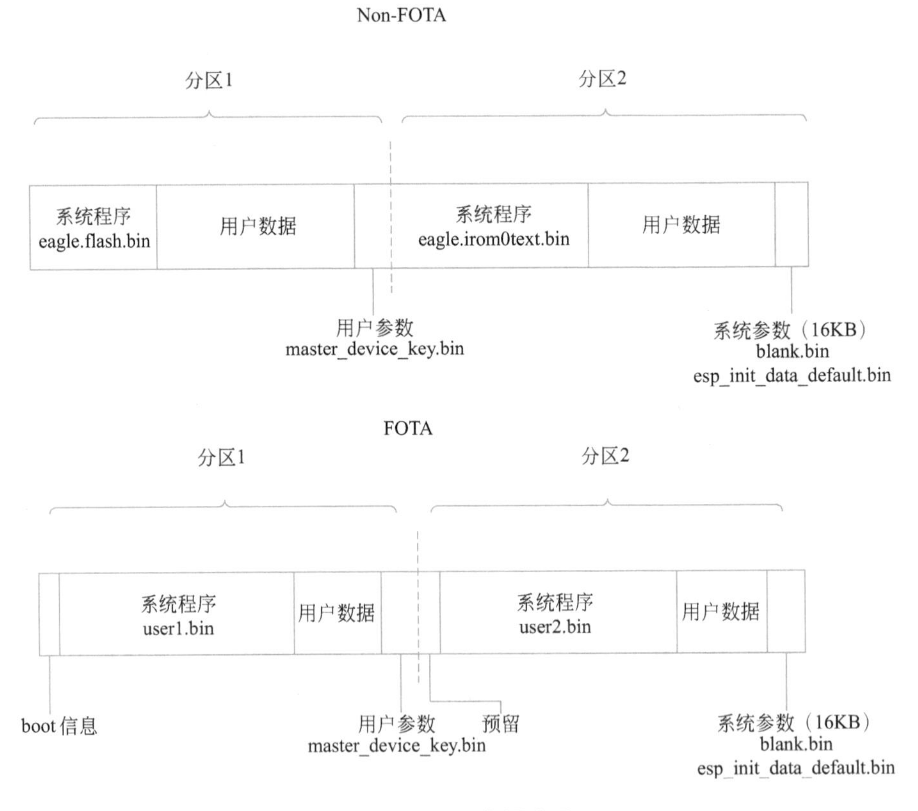

图2-4　Flash 布局说明

分区说明：

- 系统程序：用于存放运行系统必要的固件。
- 用户数据：当系统数据未占满整个Flash空间时，空闲区域可用于存放用户数据。
- 用户参数：地址由用户自定义，IOT_Demo中设置为0x3C000开始的4个扇区，用户可以设置为任意未占用的地址。
- 系统阐述：固件Flash的最后4个扇区。

blank.bin下载地址为Flash的倒数第2个扇区。

esp_init_data_default.bin下载地址为Flash的倒数第4个扇区。

- boot信息：位于FOTA固件的分区1，存放FOTA升级相关信息。
- 预留：位于FOTA固件的分区2，与分区1 boot信息区对应的预留区域。
- user1.bin和user2.bin是同一个应用程序，选择不同的编译步骤，分别生成的两个固件，存放在SPI Flash不同位置，均可以运行。
- 系统参数区存储了一个标志位，标识启动时应当运行user1.bin还是user2.bin。
- 启动时先运行boot.bin，boot.bin读取系统参数区中的标志位，判断运行user1.bin还是user2.bin，然后到SPI Flash的对应位置读取运行。

（5）固件文件说明如图2-5所示。

以16Mbit-C1 Flash、1024-1024 map为例，烧录地址如表2-5所示。

表2-5 以16Mbit-C1 Flash、1024-1024 map为例的烧录地址

文件名称	烧录地址	说明
boot.bin	0x0000	主程序
esp_init_data_default.bin	0x1FC000	初始化其他射频参数区，至少烧录一次 当RF_CAL参数区初始化烧录时，本区域也会烧录
user1.2048.new.5.bin	0x01000	主程序
blink.bin	0xFE000	初始化用户参数区
blink.bin	0x1FE000	初始化系统参数区
blink.bin	0x1FB000	初始化RF_CAL参数区

（6）固件合并。使用软件上的“CombineBin”按钮可以将文件打包合并成一个完整的固件。

ESP系列模组在烧录固件时是按照要烧录的文件地址烧录对应文件的大小到Flash，其他部分的Flash未改动，例如user1.bin文件为320KB，从Flash地址0x01000开始烧录，烧录320KB，如果第二次烧录的时候，编译生成的user1.bin只有300KB，那么比对上一次烧录的user1.bin文件在Flash中的存储，后面的20KB flash是不会被擦除的。

这样的烧录方式在大批量生产中是不安全的，尤其是有部分客户会在Flash中添加自己的一些数据直接烧录进去。将所有的固件打包合并成一个完整的固件，烧录时会填充整个Flash，对应地址没有程序部分的Flash会被0xFF填充。

① 配置示例，如图2-6所示。

② 备注：

- 需要将blank.bin放置到所需要使用的Flash的最后一个扇区，以确保Flash量产烧录时可以被完全覆盖，避免生产时可能出现的一些问题。
- 为方便管理和生产，在合并固件时，必须将SPI MODE选择DOUT模式，切勿选择其他模式，如选择其他模式，届时可能会造成固件无法启动和运行。
- 乐鑫在不同版本的SDK中有可能会改变这些烧录位置，本说明仅为参考，需以开发时的Console输出信息为准。

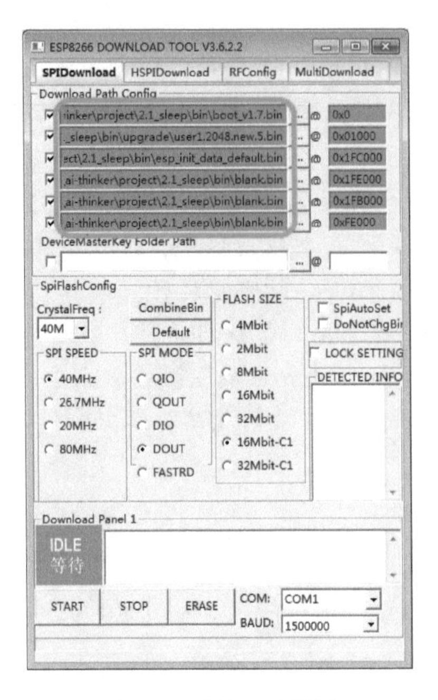

图2-5　固件文件说明

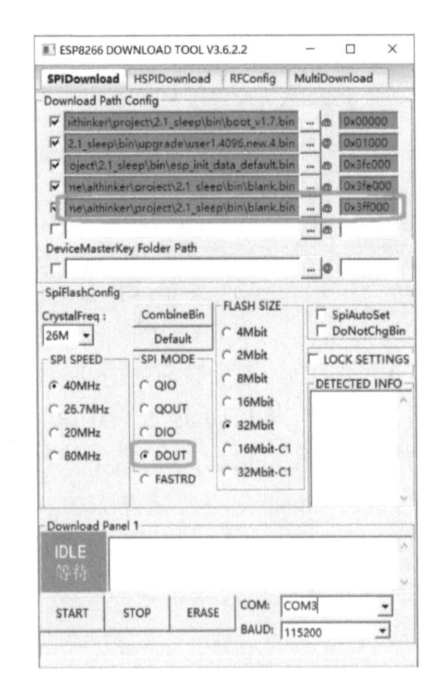

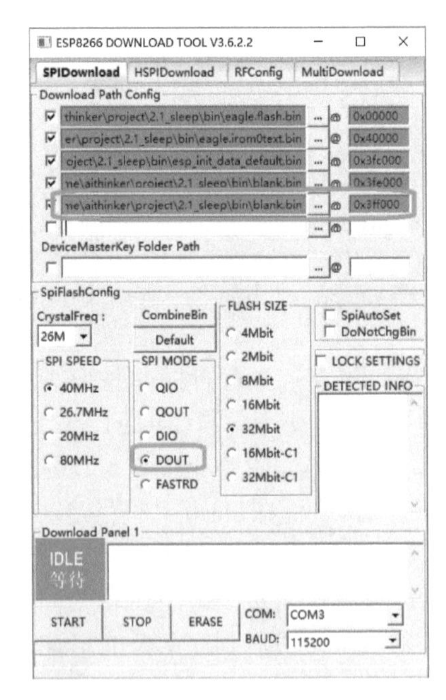

图2-6　配置示例

③ 合并生成固件。单击“CombineBin”按钮，软件将按照配置生成一个target.bin文件，文件大小约为4MB。

④ 校验固件。合并后，固件内已经包含了面板上的配置信息以及地址范围。烧录地址为0x00000。

校验固件时必须选中DoNotChgBin选项，此时下载不受下载配置（SpiFlashConfig）影响，如图2-7所示。

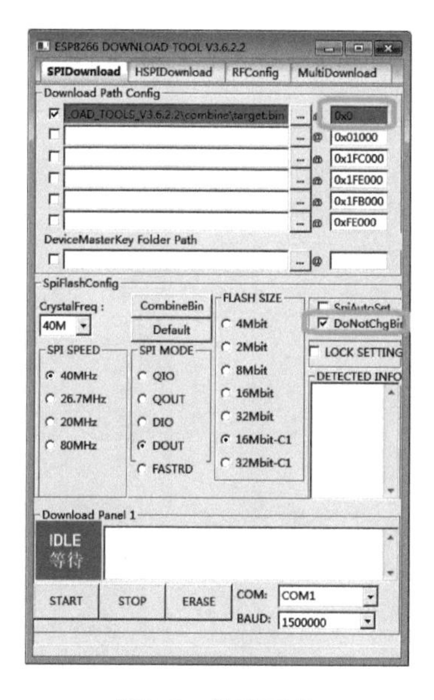

图2-7　校验固件

2.4　固件烧录过程

- 连接好硬件，选择官网下载的出厂固件程序，选择好串口号，如图2-8所示。
- 单击“START”按钮，如图2-9所示。
- 给模块重新上电，如图2-10所示。
- 下载完成，如图2-11所示。

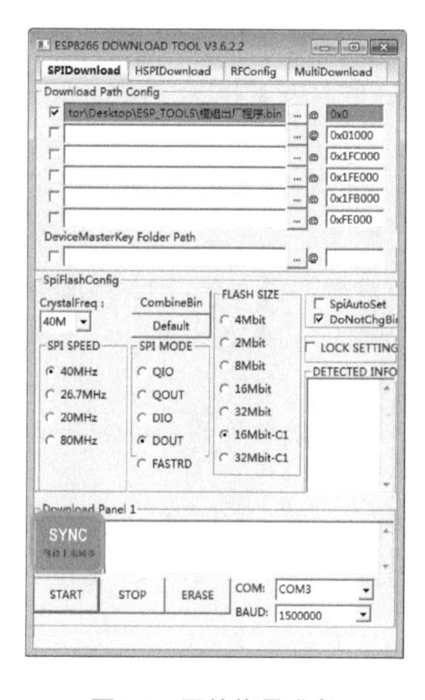

图2-8　固件烧录准备

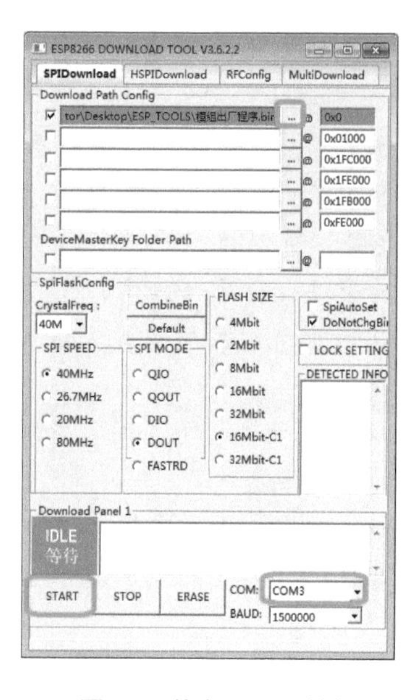

图2-9　单击START按钮

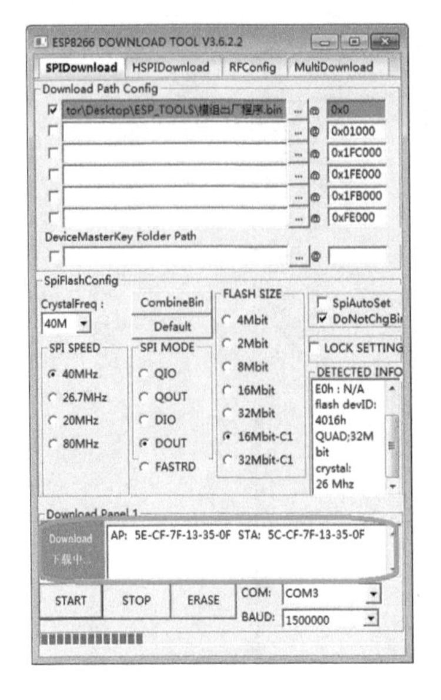

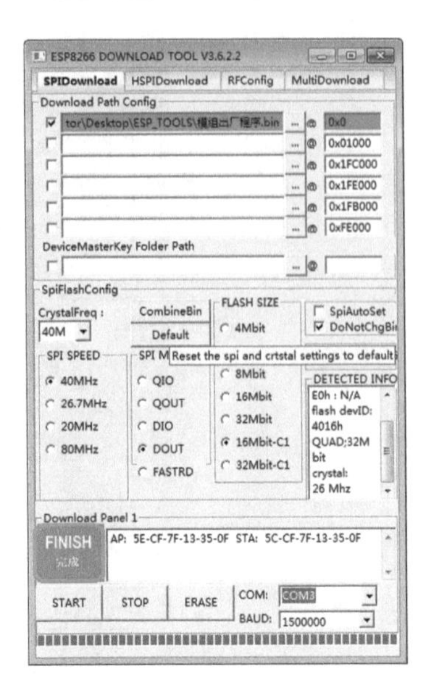

图2-10　给模块重新上电　　　　图2-11　下载完成

2.5　烧录失败的原因

烧录导致失败的原因一般分为以下几种。

- COM口选择错误或者COM被占用。
- 电源电压不稳定。
- 如果卡在了等待上电过程中，则在确认接线无误的情况下，将RST引脚接地复位一下即可。
- 串口芯片选型不对，该模组的串口电平为TTL电平，串口芯片建议使用CH340、CP210X等芯片，不要使用232、485甚至PC的九针孔接口来烧录。
- 串口不稳定，接入串口时，一定要把地线接上。
- 下载软件的Flash_size选项超过了模组实际的Flash大小，即8Mbit的Flash按照32Mbit烧录肯定是不可以的。
- 下载波特率过大。有部分串口芯片的下载波特率并不支持1500000bit/s，甚至由于接线方式、使用的烧录线品质较差、线太长等原因导致太高的波特率下载容易失败，需要适当降低下载波特率。
- efuse损坏。由于静电的原因导致芯片损坏，下载软件的efuse校验无法通过。可以参考一下黑窗输出的信息。
- 当WiFi模组的串口已经连接了用户产品的MCU串口时，建议切断MCU与WiFi模组的串口连接或者将MCU的复位引脚拉低，让MCU处于复位模式。

·第 3 章·
AT指令

AT指令是应用于终端设备与PC应用之间的连接与通信的指令，AT即attention。

AT指令是从终端设备（terminal equipment，TE）或数据终端设备（data terminal equipment，DTE）向终端适配器（terminal adapter，TA）或数据电路终端设备（data circuit terminal equipment，DCE）发送的。

其对所传输的数据包大小有定义：即对于AT指令的发送，除AT两个字符外，最多可以接收1056个字符的长度（包括最后的空字符）。

每个AT命令行中只能包含一条AT指令；对于由终端设备主动向PC端报告的URC指示或者response响应，也要求一行最多有一个，不允许上报的一行中有多条指示或者响应。AT指令以回车作为结尾，响应或上报以回车换行作为结尾。

3.1 AT指令分类

AT指令主要分为：基础AT命令、WiFi功能AT命令、TCP/IP工具箱AT命令等，如表3-1所示。

表3-1　AT指令分类

类型	指令格式	描述
测试指令	AT+<x>=？	该命令用于查询设置命令或内部程序设置的参数以及其取值范围
查询指令	AT+<x>？	该命令用于返回参数的当前值
设置指令	AT+<x>=<...>	该命令用于设置用户自定义的参数值
执行指令	AT+<x>	该命令用于执行受模块内部程序控制的变参数不可变的功能

注意：

① 不是每条AT指令都具备上述4种类型的命令。

② [ ]括号内为缺省值,不必填写或者可能不显示。

③ 使用双引号表示字符串数据“string”，例如：

AT+CWSAP=“ESP756290”，“21030826”，1，4

④ 波特率为115200bit/s。

⑤ AT指令必须大写，以回车换行符（\r\n）结尾。

3.2 基础指令

基础AT指令如表3-2所示。

表3-2 基础AT指令一览表

指令	说明
AT	测试AT启动
AT+RST	重启模块
AT+GMR	查看版本信息
AT+GSLP	进入 deep-sleep模式
ATE	开关回显功能
AT+RESTORE	恢复出厂设置
AT+UART	设置UART配置，[@deprecated]不建议使用
AT+UART_CUR	设置UART当前临时配置
AT+UART_DEF	设置UART默认配置，保存到Flash
AT+SLEEP	设置 sleep模式
AT+WAKEUPGPIO	设置GPIO唤醒light-sleep模式
AT+RFPOWER	设置RF TX Power上限
AT+RFVDD	根据VDD33 设置RF TX Power

基础AT指令描述如下。

（1）AT：测试AT启动，如表3-3所示。

表3-3 AT

AT：测试AT启动	
执行指令： AT	响应：OK
	参数说明：无

（2）AT+RST：重启模块，如表3-4所示。

表3-4 AT+RST

AT+RST：重启模块	
执行指令： AT+RST	响应：OK
	参数说明：无

（3）AT+GMR：查询版本信息，如表3-5所示。

表3-5　AT+GMR

AT+RST：重启模块	
执行指令： AT+GMR	响应： <AT version info> <SDK version info> <compile time> OK
	参数说明： <AT version info>：AT版本信息 <SDK version info>：基于的SDK版本信息 <compile time>：编译生成时间

（4）AT+GSLP：进入deep-sleep模式，如表3-6所示。

表3-6　AT+GSLP

AT+GSLP：进入deep-sleep模式	
设置指令： AT+GSLP=<time>	响应： <time> OK
	参数说明： <time>：设置ESPB266的睡眠时间，单位：ms。ESPB266会在休眠设定时长后自动唤醒
注意	deep-sleep 功能需要硬件上的支持，将XPD_DCDC通过0Ω 电阻连接到EXT_RSTB，用作deep-sleep唤醒

（5）ATE：开关回显功能，如表3-7所示。

表3-7　ATE

ATE：开关回显功能	
执行指令： ALE	响应：OK
	参数说明： ATE0：关闭回显 ATE1：开启回显

（6）AT+RESTORE：恢复出厂设置，如表3-8所示。

表3-8　AT+RESTORE

AT+RESTORE：恢复出厂设置	
执行指令： AT+RESTORE	响应：OK
注意	恢复出厂设置，将擦除所有保存到Flash的参数，恢复为默认参数。 恢复出厂设置会导致机器重启

（7）AT+UART：设置UART配置，如表3-9所示。

表3-9 AT+UART

AT+UART：设置UART配置	
[@deprecated]不建议使用本指令，建议使用AT+UART_CUR或者AT+UART_DEF代替	
设置指令： AT+UART=<baudrate>，<databits>，<stopbits>，<parity>，<flow control>	响应：OK
	参数说明： <baudrate>：UART波特率 <databits>：数据位 5：5 bit数据位 6：6 bit数据位 7：7 bit数据位 8：8 bit数据位 <stopbits>：停止位 1：1 bit停止位 2：1.5 bit停止位 3：2 bit停止位 <parity>：校验位 0：None 1：Odd 2：Even <flow control>：流控 0：不使能流控 1：使能RTS 2：使能CTS 3：同时使能RTS和CTS
注意	① 本设置将保存在Flash user parameter，重新上电后仍生效 ② 使用流控需要硬件支持流控： MTCK为UART0 CTS MTDO为UART0 RTS ③ 波特率支持范围：110～（115200×40）bit/s
示例	AT+URAT=115200，8，1，0，3

（8）AT+UART_CUR：设置UART当前临时设置，如表3-10所示。

表3-10 AT+UART_CUR

AT+UART_CUR：设置UART当前临时设置，不保存到Flash	
设置指令： AT+UART_CUR=<baudrate>，<databits>，<stopbits>，<parity>，<flow control>	响应：OK
	参数说明： <baudrate>：UART波特率 <databits>：数据位 5：5 bit数据位 6：6 bit数据位 7：7 bit数据位 8：8 bit数据位 <stopbits>：停止位 1：1 bit停止位 2：1.5 bit停止位 3：2 bit停止位 <parity>：校验位 0：None 1：Odd 2：Even <flow control>：流控 0：不使能流控 1：使能RTS 2：使能CTS 3：同时使能RTS和CTS
注意	① 本设置不保存在Flash ② 使用流控需要硬件支持流控： MTCK为UART0 CTS MTDO为UART0 RTS ③ 波特率支持范围：110～（115200×40）bit/s
示例	AT+URAT_CUR=115200，8，1，0，3

（9）AT+UART_DEF：设置UART默认配置，保存到Flash，如表3-11所示。

表3-11　AT+UART_DEF

AT+UART_DEF：设置UART默认配置，保存到flash	
设置指令： AT+UART_DEF=<baudrate>，<databits>，<stopbits>，<parity>，<flow control>	响应：OK
	参数说明： <baudrate>：UART波特率 <databits>：数据位 5：5 bit数据位 6：6 bit数据位 7：7 bit数据位 8：8 bit数据位 <stopbits>：停止位 1：1 bit停止位 2：1.5 bit停止位 3：2 bit停止位 <parity>：校验位 0：None 1：Odd 2：Even <flow control>：流控 0：不使能流控 1：使能RTS 2：使能CTS 3：同时使能RTS和CTS
注意	① 本设置将保存在Flash user parameter区，重新上电后仍生效 ② 使用流控需要硬件支持流控： MTCK为UART0 CTS MTDO为UART0 RTS 波特率支持范围：110～（115200×40）bit/s
示例	AT+URAT_DEF=115200，8，1，0，3

（10）AT+SLEEP：设置sleep模式，如表3-12所示。

表3-12　AT+SLEEP

AT+SLEEP：设置sleep模式	
查询指令： AT+SLEEP	响应：返回当前sleep模式 OK
	参数说明：见设置指令
设置指令： AT+SLEEP=<sleep mode>	响应：OK或ERROR
	参数说明： <sleep mode> 0：禁用休眠模式 1：light-sleep模式 2：modem-sleep模式
注意	Sleep模式仅在单station模式下生效。默认为modem-sleep模式
示例	AT+SLEEP=0

（11）AT+WAKEUPGPIO：设置GPIO唤醒light-sleep模式，如表3-13所示。

由<trigger_GPIO>触发ESP8266从light-sleep唤醒之后，如需再次进入休眠时，ESP8266将判断<trigger_GPIO>的状态：

- 如果<trigger_GPIO>仍然处于幻想状态，则进入modem-sleep休眠；
- 如果<trigger_GPIO>不处于幻想状态，则进入light-sleep休眠。

表3-13 AT+WAKEUPGPIO

<table>
<tr><td colspan="2">AT+WAKEUPGPIO：设置GPIO唤醒light-sleep模式</td></tr>
<tr><td rowspan="2">设置指令：
AT+WAKEUPGPIO=<enable>，<trigger_GPIO>，<trigger_ level>，[<awake_GPIO>，<awake_level>]</td><td>响应：OK</td></tr>
<tr><td>参数说明：
<enable>
0：禁用GPIO唤醒light-sleep功能
1：使能GPIO唤醒light-sleep功能
<trigger_GPIO>：设置用于唤醒light-sleep的GPIO，有效范围为[0，15]
<trigger_ level>
0：低电平唤醒
1：高电平唤醒
[<awake_GPIO>]：选填参数，设置light-sleep唤醒后的标志GPIO，有效范围为[0，15]
[<awake_level>]：选填参数
0：light-sleep唤醒后置为低电平
1：light-sleep唤醒后置为高电平</td></tr>
<tr><td>注意</td><td><tigger_GPIO>与<awake_GPIO>不能相同</td></tr>
<tr><td>示例</td><td>设置GPIO0低电平唤醒light-sleep模式：
AT+WAKEUPGPIUO=1，0，0
设置GPIO0高电平唤醒light-sleep模式，唤醒后，将GPIO13设置为高电平：
AT+WAKEUPGPIO=1，0，1，13，1
取消GPIO唤醒light-sleep模式的功能：
AT+WAKEUPGPIO=0</td></tr>
</table>

（12）AT+RFPOWER：设置RF TX Power上限，如表3-14所示。

表3-14 AT+RFPOWER

<table>
<tr><td colspan="2">AT+RFPOWER：设置RF TX Power上限</td></tr>
<tr><td rowspan="2">设置指令：
AT+RFPOWER=<TX Power></td><td>响应：OK</td></tr>
<tr><td>参数说明：
<TX Power>RF：TX Power值，参数范围为[0，82]，单位为0.25dBm</td></tr>
<tr><td>注意</td><td>RF TX Power的设置并不精准，此时设置的是RF TX Power的最大值，实际值可能小于设置值</td></tr>
<tr><td>示例</td><td>AT+RFPOWER=50</td></tr>
</table>

（13）AT+RFVDD：根据VDD33设置RF TX Power，如表3-15所示。

表3-15 AT+RFVDD

<table>
<tr><td colspan="2">AT+RFVDD：根据VDD33设置RF TX Power</td></tr>
<tr><td rowspan="2">功能：
查询ESP8266 VDD33的值
查询指令：
AT+RFVDD？</td><td>响应：+RFVDD：<VDD33>
OK</td></tr>
<tr><td>注意：
本查询指令必须在TOUT引脚悬空的情况下使用，否则，查询返回无效值
参数说明：
<VDD33> VDD33：电压值，单位为1/1024V</td></tr>
</table>

续表

AT+RFVDD：根据VDD33设置RF TX Power	
功能： ESP8266根据传入的<VDD33>调整RF TX Power 设置指令： AT+RFVDD=<VDD33>	响应：OK
	参数说明： <VDD33> VDD33：电压值，值的范围为[1900，3300]
功能： ESP8266自动根据实际的VDD33调整RF TX Power 执行指令： AT+RFVDD	响应：OK
	注意：本质性指令必须在TOUT引脚悬空的情况下使用
示例	AT+RFVDD=2800

3.3　WiFi功能AT指令

WiFi功能AT指令如表3-16所示。

表3-16　WiFi功能AT指令一览表

指令	说明
AT+CWMODE	设置WiFi模式（STA/AP/STA+AP），[@deprecated]不建议使用
AT+CWMODE_CUR	设置WiFi模式（STA/AP/STA+AP），不保存到Flash
AT+CWMODE_DEF	设置WiFi模式（STA/AP/STA+AP），保存到Flash
AT+CWJAP	连接AP，[@deprecated]不建议使用
AT+CWJAP_CUR	连接AP，不保存到Flash
AT+CWJAP_DEF	连接AP，保存到Flash
AT+CWLAPOPT	设置AT+CWLAP指令扫描结果的属性
AT+CWLAP	扫描当前可用的AP
AT+CWQAP	断开与AP的连接
AT+CWSAP	设置ESP8266 softAP配置参数，[@deprecated]不建议使用
AT+CWSAP_CUR	设置ESP8266 softAP配置参数，不保存到Flash
AT+CWSAP_DEF	设置ESP8266 softAP配置参数，保存到Flash
AT+CWLIF	查询连接到ESP8266 softAP的station信息
AT+CWDHCP	设置DHCP，[@deprecated]不建议使用
AT+CWDHCP_CUR	设置DHCP，不保存到Flash
AT+CWDHCP_DEF	设置DHCP，保存到Flash
AT+CWDHCPS_CUR	设置ESP8266 softAP DHCP分配的IP范围，不保存到Flash
AT+CWDHCPS_DEF	设置ESP8266 softAP DHCP分配的IP范围，保存到Flash

续表

指令	说明
AT+CWAUTOCONN	设置上电时是否自动连接AP
AT+CIPSTAMAC	设置ESP8266 station的MAC地址，[@deprecated]不建议使用
AT+CIPSTAMAC_CUR	设置ESP8266 station的MAC地址，不保存到Flash
AT+CIPSTAMAC_DEF	设置ESP8266 station的MAC地址，保存到Flash
AT+CIPAPMAC	设置ESP8266 softAP的MAC地址，[@deprecated]不建议使用
AT+CIPAPMAC_CUR	设置ESP8266 softAP的MAC地址，不保存到Flash
AT+CIPAPMAC_DEF	设置ESP8266 softAP的MAC地址，保存到Flash
AT+CIPSTA	设置ESP8266 station的IP地址，[@deprecated]不建议使用
AT+CIPSTA_CUR	设置ESP8266 station的IP地址，不保存到Flash
AT+CIPSTA_DEF	设置ESP8266 station的IP地址，保存到Flash
AT+CIPAP	设置ESP8266 softAP的IP地址，[@deprecated]不建议使用
AT+CIPAP_CUR	设置ESP8266 softAP的IP地址，不保存到Flash
AT+CIPAP_DEF	设置ESP8266 softAP的IP地址，保存到Flash
AT+CWSTARTSMART	开启SmartConfig
AT+CWSTOPSMART	停止SmartConfig
AT+CWSTARTDISCOVER	开启可被局域网内的微信探测的模式
AT+CWSTOPDISCOVER	关闭可被局域网内的微信探测的模式
AT+WPS	设置WPS功能
AT+MDNS	设置MDNS功能

（1）AT+CWMODE：设置WiFi模式，如表3-17所示。

表3-17　AT+CWMODE

<table>
<tr><td colspan="2">AT+CWMODE：设置WiFi模式（STA/AP/STA+AP）</td></tr>
<tr><td colspan="2">[@deprecated]不建议使用本指令，请使用AT+CWMODE_CUR或者AT+CWMODE_DEF代替</td></tr>
<tr><td rowspan="2">测试指令：
AT+CWMODE=？</td><td>响应：+CWMODE(<mode>取值列表)
OK</td></tr>
<tr><td>参数说明：
<mode>
1：station模式
2：sofAP模式
3：softAP+station模式</td></tr>
<tr><td rowspan="2">功能：
查询ESP8266当前WiFi模式
查询指令：
AT+CWMODE？</td><td>响应：+CWMODE：<mode>
OK</td></tr>
<tr><td>参数说明：
与上述一致</td></tr>
<tr><td rowspan="2">功能：
设置ESP8266当前WiFi模式
设置指令：
AT+CWMODE=<mode></td><td>响应：OK</td></tr>
<tr><td>参数说明：
与上述一致</td></tr>
</table>

续表

AT+CWMODE：设置WiFi模式（STA/AP/STA+AP）	
注意	本设置保存在Flash system parameter区域
示例	AT+CWMODE=3

（2）AT+CWMODE_CUR：设置WiFi模式，不保存到Flash，如表3-18所示。

表3-18　AT+CWMODE_CUR

AT+CWMODE_CUR：设置当前WiFi模式（STA/AP/STA+AP），不保存到Flash	
测试指令： AT+CWMODE_CUR=？	响应：+CWMODE_CUR(<mode>取值列表) OK
	参数说明： <mode> 1：station模式 2：softAP模式 3：softAP+station模式
功能： 查询ESO8266当前WiFi模式 查询指令： AT+CWMODE_CUR？	响应：+CWMODE_CUR(<mode>取值列表) OK
	参数说明：与上述一致
功能： 设置ESO8266当前WiFi模式 设置指令： AT+CWMODE_CUR= <mode>	响应：OK
	参数说明：与上述一致
注意	本设置不保存到Flash
示例	AT+CWMODE_CUR=3

（3）AT+CWMODE_DEF：设置WiFi模式，保存到Flash，如表3-19所示。

表3-19　AT+CWMODE_DEF

AT+CWMODE_DEF：设置WiFi模式(STA/AP/STA+AP)，保存到Flash	
测试指令： AT+CWMODE_DEF=？	响应：+ CWMODE_DEF(<mode>取值范围) OK
	参数说明： <mode> 1：station模式 2：softAP模式 3：softAP+station模式
功能： 查询ESP8266 WiFi模式 查询指令： AT+CWMODE_DEF？	响应：+ CWMODE_DEF：<mode> OK
	参数说明：与上述一致
功能： 设置ESP8266 WiFi模式 设置指令： AT+CWMODE_DEF= <mode>	响应：OK
	参数说明：与上述一致
注意	本设置保存到Flash system parameter区域
示例	AT+CWMODE_DEF=3

（4）AT+CWJAP：连接AP，如表3-20所示。

表3-20　AT+CWJAP

AT+CWJAP：连接AP	
[@deprecated] 不建议使用本指令，请使用AT+CWJAP_CUR或者AT+CWJAP_DEF代替	
功能： 查询ESP8826已连接的AP信息 查询指令： AT+CWJAP？	响应：+ CWJAP：<ssid>，<bssid>，<channel>，<rssi> OK
	参数说明： <ssid>：字符串参数，目标AP的SSID
功能： 设置ESP8826需连接的AP 设置指令： AT+CWJAP= <ssid>，<pwd>，[<bssid>]	响应：OK 或者+CWJAP：<error code> FAIL
	参数说明： <ssid>：字符串参数，目标AP的SSID <pwd>：字符串参数，密码，最长64B的ASCII [<bssid>]：字符串参数，目标AP的bssid（MAC地址），一般用于有多个SSID相同的AP的情况 <error code>：仅供参考，并不可靠 1：连接超时 2：密码错误 3：找不到目标AP 4：连接失败 参数设置需要开启station模式，当SSID或者password中含有特殊符号，例如“，”或者“”” 或者“\”时，需要进行转义，其他字符转义无效
注意	本设置保存到Flash system parameter区域
示例	AT+CWJAP= “abc”，“0123456789” 例如，目标AP的SSID为“ab\c”，password为“0123456789”\”，则指令如下： AT+CWJAP= “ab\\\，c”，“0123456789\ “\\” 如果有多个AP的SSID均为“abc”，可通过bssid确定目标AP： AT+CWJAP= “abc”，“01234567898”，“ca：d7：19：d8：a6：44”

（5）AT+CWJAP_CUR：连接AP，不保存到Flash，如表3-21所示。

表3-21　AT+CWJAP_CUR

AT+CWJAP_CUR-连接AP，不保存到Flash	
功能： 查询ESP8266 station当前连接的AP 查询指令： AT+CWJAP_CUR？	响应：+ CWJAP_CUR：<ssid>，<bssid>，<channel>，<rssi> OK
	参数说明： <ssid>string，AP´s SSID
功能： 设置ESP8826需连接的AP 设置指令： AT+CWJAP_CUR= <ssid>，<pwd>，[<bssid>]	响应：OK 或者+CWJAP：<error code> FAIL

续表

AT+CWJAP_CUR- 连接 AP，不保存到 Flash	
功能： 设置 ESP8826 需连接的 AP 设置指令： AT+CWJAP_CUR= <ssid>，<pwd>，[<bssid>]	参数说明： <ssid>：字符串参数，目标 AP 的 SSID <pwd>：字符串参数，密码，最长 64 B 的 ASCII [<bssid>]：字符串参数，目标 AP 的 bssid（MAC 地址），一般用于有多个 SSID 相同的 AP 的情况 <error code>：仅供参考，并不可靠 1：连接超时 2：密码错误 3：找不到目标 AP 4：连接失败 参数设置需要开启 station 模式，当 SSID 或者 password 中含有特殊符号，例如 ´，´ 或者 ´ ” ´ 或者 ´ \ ´ 时，需要进行转义，其他字符转义无效
注意	本设置不保存到 Flash
示例	AT+CWJAP_CUR= “abc”，“0123456789” 例如，目标 AP 的 SSID 为 “ab\，c”，password 为 “0123456789\”，则指令如下： AT+CWJAP_CUR= “ab\\\，c”，“0123456789\\\” 如果有多个 AP 的 SSID 均为 “abc”，可通过 bssid 确定目标 AP： AT+CWJAP_CUR= “abc”，“01234567898”，“ca：d7：19：d8：a6：44”

（6）AT+CWJAP_DEF：连接 AP，保存到 Flash，如表 3-22 所示。

表 3-22　AT+CWJAP_DEF

AT+CWJAP_DEF：连接 AP，保存到 Flash	
功能： 查询 ESP8266 station 需连接的 AP 查询指令： AT+CWJAP_DEF ?	响应：+ AT+CWJAP_DEF：<ssid>，<bssid>，<channel>，<rssi> OK
	参数说明： <rssi>：字符串参数，目标 AP 的 SSID
功能： 设置 ESP8266 station 需连接的 AP 设置指令： AT+CWJAP_DEF= <ssid>，<pwd>，[<bssid>]	响应：OK 或者 +CWJAP：<error code> FAIL
	参数说明： <ssid>：字符串参数，目标 AP 的 SSID <pwd>：字符串参数，密码，最长 64B 的 ASCII [<bssid>]：字符串参数，目标 AP 的 bssid（MAC 地址），一般用于有多个 SSID 相同的 AP 的情况 <error code>：仅供参考，并不可靠 1：连接超时 2：密码错误 3：找不到目标 AP 4：连接失败 参数设置需要开启 station 模式，当 SSID 或者 password 中含有特殊符号，例如 ´，´ 或者 ´ ” ´ 或者 ´ \ ´ 时，需要进行转义，其他字符转义无效
注意	本设置保存到 Flash system parameter 区域

续表

AT+CWJAP_DEF：连接AP，保存到Flash	
示例	AT+CWJAP_DEF=“abc”，“0123456789” 例如，目标AP的SSID为“ab\，c”，password为“0123456789\”，则指令如下： AT+CWJAP_DEF=“ab\\\，c”，“0123456789\\\” 如果有多个AP的SSID均为“abc”，可通过bssid确定目标AP： AT+CWJAP_DEF =“abc”，“01234567898”，“ca：d7：19：d8：a6：44”

（7）AT+CWLAPOPT：设置AT+CWLAP指令扫描结果的属性，如表3-23所示。

表3-23　AT+CWLAPOPT

AT+CWLAPOPT：设置AT+CWLAP指令扫描结果的属性	
功能： 设置AT+CWLAP指令扫描结果的属性 设置指令： AT+ CWLAPOPT= <sort_enable>，<mask>	响应：OK 或ERROR
	参数说明： <sort_enable> 指令AT+CWLAP的扫描结果是否按照信号强度rssi值排序： 0为不排序 1为根据rssi排序 <mask> 对应bit若为1，则指令AT+CWLAP的扫描结果显示相关属性；对应bit若为0，则不显示。具体如下： Bit0设置AT+CWLAP的扫描结果是否显示<ecn> Bit1设置AT+CWLAP的扫描结果是否显示<ssid> Bit2设置AT+CWLAP的扫描结果是否显示<rssi> Bit3设置AT+CWLAP的扫描结果是否显示<mac> Bit4设置AT+CWLAP的扫描结果是否显示<ch> Bit5设置AT+CWLAP的扫描结果是否显示<freq offset> Bit6设置AT+CWLAP的扫描结果是否显示<freq calibration>
示例	AT+ CWLAPOPT=1，127 第一个参数为1，表示后续如果使用AT+CWLAP指令，扫描结果将按照信号强度rssi值排序 第二个参数为127，即0x7F，表示<MASK>的相关bit全部置为1，后续如果使用AT+CWLAP指令，扫描结果将显示所有参数

（8）AT+CWLAP：扫描当前可用的AP，如表3-24所示。

表3-24　AT+CWLAP

AT+CWLAP：扫描当前可用的AP	
功能： 列出符合特定条件的AP 设置指令： AT+CWLAP= <ssid>，[<mac>，<ch>]	响应：+CWLAP：<ecn>，<ssid>，<rssi>，<mac>，<ch>，<freq offset>，<freq calibration> OK ERROR
	参数说明：如下描述
功能： 列出当前可用的AP 执行指令： AT+CWLAP	响应：+CWLAP：<ecn>，<ssid>，<rssi>，<mac>，<ch>，<freq offset>，<freq calibration> OK

续表

AT+CWLAP：扫描当前可用的AP	
功能： 列出当前可用的AP 执行指令： AT+CWLAP	参数说明： <ecn>：加密方式 0：OPEN 1：WEP 2：WPA_PSK 3：WPA2_PSK 4：WPA_WPA2_PSK 5：WAP2_Enterprise（目前AT不支持连接种种加密AP） <ssid>：字符串参数，AP的SSID <rssi>：信号迁都 <mac>：字符串参数，AP的MAC地址 <freq offset>：AP频偏，单位为kHz。此数值除以2.4，可得到ppm值 <freq calibration>：频偏校准值
示例	AT+CWLAP=“WiFi”，“ca：d7：19：d8：a6：44”，6 或者擦好找指定SSID的AP： AT+CWLAP=“WiFi”

（9）AT+CWQAP：断开与AP的连接，如表3-25所示。

表3-25 AT+CWQAP

AT+CWQAP：断开与AP的连接	
功能： 断开与AP的连接 执行指令： AT+CWQAP	响应：OK
	参数说明：无

（10）AT+CWSAP：设置ESP8266 softAP配置参数，如表3-26所示。

表3-26 AT+CWSAP

AT+CWSAP：设置ESP8266 softAP配置参数	
[@deprecated]不建议使用本指令，请使用AT+CWSAP_CUR或者AT+CWSAP_DEF代替	
功能： 查询ESP8266 softAP的配置参数 查询指令： AT+CWSAP？	响应：+CWSAP：<ssid>，<pwd>，<chl>，<ecn>，<max conn>，<ssid hidden>
	参数说明： 如下所述
功能： 设置ESP8266 softAP的配置参数 设置指令： AT+CWSAP= <ssid>，<pwd>，<chl>，<ecn>[，<max conn>][，<ssid hidden>]	响应：OK ERROR
	注意：指令只有在softAP模式开启才后才有效 参数说明： <ssid>：字符串参数，接入点名称 <pwd>：字符串参数，密码，长度范围为8～64B的ASCII <chl>：通道号 <ecn>：加密方式，不支持WEP 0：OPEN 2：WPA_PSK 3：WPA2_PSK 4：WPA_WPA2_PSK

续表

AT+CWSAP：设置ESP8266 softAP配置参数	
功能： 设置ESP8266 softAP的配置参数 设置指令： AT+CWSAP= <ssid>，<pwd>，<chl>，<ecn>[，<max conn>][，<ssid hidden>]	[<max conn>]：选填参数，允许连入ESP8266 softAP的最多station数目，取值范围为[1，4] [<ssid hidden>]：选填参数，默认为0，开启广播ESP8266 softAP SSID 0：广播SSID 1：不广播SSID
注意	本设置保存到Flash system parameter区域
示例	AT+CWSAP="ESP8266"，"1234567890"，5，3

（11）AT+CWSAP_CUR：设置ESP8266 softAP配置参数，不保存到Flash如表3-27所示。

表3-27　AT+CWSAP_CUR

AT+CWSAP_CUR：设置ESP8266 softAP配置参数，不保存到Flash	
功能： 查询ESP8266 softAP的配置参数 查询指令： AT+CWSAP_CUR？	响应：+ CWSAP_CUR：<ssid>，<pwd>，<chl>，<ecn>，<max conn>，<ssid hidden>
	参数说明： 如下描述
功能： 设置ESP8266 softAP的配置参数 设置指令： AT+CWSAP_CUR= <ssid>，<pwd>，<chl>，<ecn>[，<max conn>][，<ssid hidden>]	响应：OK
	注意：指令只有在softAP模式开启后才有效 参数说明： <ssid>：字符串参数，接入点名称 <pwd>：字符串参数，密码，长度范围为8～64B的ASCII <chl>：通道号 <ecn>：加密方式，不支持WEP 0：OPEN 2：WPA_PSK 3：WPA2_PSK 4：WPA_WPA2_PSK [<max conn>]：选填参数，允许连入ESP8266 softAP的最多station数目，取值范围为[1，4] [<ssid hidden>]：选填参数，默认为0，开启广播ESP8266 softAP SSID 0：广播SSID 1：不广播SSID
注意	本设置不保存到Flash
示例	AT+CWSAP_CUR="ESP8266"，"1234567890"，5，3

（12）AT+CWSAP_DEF：设置ESP8266 softAP配置参数，保存到Flash，如表3-28所示。

表3-28　AT+CWSAP_DEF

AT+CWSAP_ DEF：配置ESP8266 softAP参数，保存到Flash	
功能： 查询ESP8266 softAP的配置参数 查询指令： AT+CWSAP_ DEF？	响应：+ CWSAP_ DEF：<ssid>，<pwd>，<chl>，<ecn>，<maxconn>，<ssid hidden>
	参数说明： 如下描述

续表

AT+CWSAP_DEF：配置ESP8266 softAP参数，保存到Flash	
功能： 设置ESP8266 softAP的配置参数 设置指令： AT+CWSAP_DEF= <ssid>，<pwd>，<chl>，<ecn>[，<max conn>][，<ssid hidden>]	响应：OK ERROR
	注意：指令只有在softAP模式开启后才有效 参数说明： <ssid>：字符串参数，接入点名称 <pwd>：字符串参数，密码，长度范围为8～64B的ASCII <chl>：通道号 <ecn>：加密方式，不支持WEP 0：OPEN 2：WPA_PSK 3：WPA2_PSK 4：WPA_WPA2_PSK [<max conn>]，选填参数，允许连入ESP8266 softAP的最多station数目，取值范围为[1，4] [<ssid hidden>]：选填参数，默认为0，开启广播ESP8266 softAP SSID 0：广播SSID 1：不广播SSID
注意	本设置保存到Flash system parameter区域
示例	AT+CWSAP_DEF "ESP8266"，"1234567890"，5，3

（13）AT+CWLIF：查询连接到ESP8266 softAP的station信息，如表3-29所示。

表3-29　AT+CWLIF

AT+CWLIF：查询连接到ESP8266 softAP的station信息	
功能： 查询连接到ESP8266 softAP的station信息 执行指令： AT+CWLIF	响应：<ip addr>，<mac> OK
	参数说明： <ip addr>：连接到ESP8266 softAP的staiton IP地址 <mac>：连接到ESP8266 softAP的staiton MAC地址
注意	本指令无法查询静态IP，仅在ESP8266 softAP和连入的station DHCP均使能的情况下有效

（14）AT+CWDHCP：设置DHCP，如表3-30所示。

表3-30　AT+CWDHCP

AT+CWDHCP：设置DHCP	
[@deprecated]不建议使用本指令，请使用AT+CWDHCP_CUR或者AT+CWDHCP_DEF代替	
查询指令： AT+CWDHCP？	响应：DHCP是否使能
	说明： Bit0：0—softAP DHCP关闭 1—softAP DHCP开启 Bit1：0—station DHCP关闭 1—station DHCP开启

续表

AT+CWDHCP：设置DHCP	
功能： 设置DHCP 设置指令： AT+CWDHCP=<mode>，<en>	响应：OK
	参数说明： <mode> 0：设置ESP8266 softAP 1：设置ESP8266 station 2：设置ESP8266 softAP和station <en> 0：关闭DHCP 1：开启DHCP
注意	本设置保存到Flash user parameter区域 本设置指令与设置静态IP的指令（AT+CIPSTA系列和AT+CIPAP系列）互相影响： 设置使能DHCP，则静态IP无效；设置静态IP，则DHCP关闭；以最后的设置为准

（15）AT+CWDHCP_CUR：设置DHCP，不保存到Flash，如表3-31所示。

表3-31　AT+CWDHCP_CUR

AT+CWDHCP_CUR：设置DHCP，不保存到Flash	
查询指令： AT+CWDHCP_CUR？	响应：DHCP是否使能
	说明： Bit0：0—softAP DHCP关闭 1—softAP DHCP开启 Bit1：0—station DHCP关闭 1—station DHCP开启
功能： 设置DHCP 设置指令： AT+CWDHCP_CUR=<mode>，<en>	响应：OK
	参数说明： <mode> 0：设置ESP8266 softAP 1：设置ESP8266 station 2：设置ESP8266 softAP和station <en> 0：关闭DHCP 1：开启DHCP
注意	本设置不保存到Flash 本设置指令与设置静态IP的指令（AT+CIPSTA系列和CIPAP系列）互相影响： 设置使能DHCP，则静态IP无效；设置静态IP，则DHCP关闭；以最后的设置为准
示例	AT+CWDHCP_CUR=0，1

（16）AT+CWDHCP_DEF：设置DHCP，保存到Flash，如表3-32所示。

表3-32 AT+CWDHCP_DEF

AT+CWDHCP_DEF：设置DHCP，保存到Flash	
查询指令： AT+CWDHCP_DEF？	响应：DHCP是否使能
	说明： Bit0：0—softAP DHCP关闭 1—softAP DHCP开启 Bit1：0—station DHCP关闭 1—station DHCP开启
功能： 设置DHCP 设置指令： AT+CWDHCP_DEF=<mode>，<en>	响应：OK
	参数说明： <mode> 0：设置ESP8266 softAP 1：设置ESP8266 station 2：设置ESP8266 softAP和station <en> 0：关闭DHCP 1：开启DHCP
注意	本设置保存到Flash user parameter区域 本设置指令与设置静态IP的指令（AT+CIPSTA系列和CIPAP系列）互相影响： 设置使能DHCP，则静态IP无效；设置静态IP，则DHCP关闭；以最后的设置为准
示例	AT+CWDHCP_DEF=0，1

（17）AT+CWDHCPS_CUR：设置ESP8266 softAP DHCP分配的IP范围，不保存到Flash，如表3-33所示。

表3-33 AT+CWDHCPS_CUR

AT+CWDHCPS_CUR：设置ESP8266 softAP DHCP分配的IP范围，不保存到Flash	
查询指令： AT+CWDHCPS_CUR？	响应：+ CWDHCPS_CUR=<lease time>，<start IP>，<end IP>
	参数说明： 如下所述
功能： 设置ESP8266 softAP DHCP分配的IP范围 设置指令： AT+CWDHCPS_CUR=<enable>，<lease time>，<start IP>，<end IP>	响应：OK
	参数说明： <enable> 0：清楚设置IP范围，恢复默认值，后续参数无需填写 1：使能设置IP范围，后续参数必须填写 <lease time>：租约时间，单位为min，取值范围为[1,2880] <start IP>：DHCP server IP池的起始IP <end IP>：DHCP server IP池的结束IP
注意	本设置不保存到Flash 本指令必须在ESP8266 softAP模式使能且开启DHCP的情况下使用，设置的IP范围必须与ESP8266 softAP在同一网段
示例	AT+CWDHCPS_CUR=1，3，“192.168.4.10”，“192.168.4.15” 或者AT+CWDHCPS_CUR=0//清除设置，恢复默认值

（18）AT+CWDHCPS_DEF：设置ESP8266 softAP DHCP分配的IP范围，保存到Flash，如表3-34所示。

表3-34　AT+CWDHCPS_DEF

AT+CWDHCPS_DEF：设置ESP8266 softAP DHCP分配的IP范围，保存到Flash	
查询指令： AT+CWDHCPS_DEF？	响应：+ CWDHCPS_DEF=<lease time>，<start IP>，<end IP>
	参数说明：如下所述
功能： 设置ESP8266 softAP DHCP分配的IP范围 设置指令： AT+CWDHCPS_DEF=<enable>，<lease time>，<start IP>，<end IP>	响应：OK
	参数说明： <enable> 0：清除设置IP范围，恢复默认值，后续参数无需填写 1：使能设置IP范围，后续参数必须填写 <lease time>：租约时间，单位为min，取值范围为[1,2880] <start IP>：DHCP server IP池的起始IP <end IP>：DHCP server IP池的结束IP
注意	本设置保存到Flash user parameter区域 本指令必须在ESP8266 softAP模式使能且开启DHCP的情况下使用，设置的IP范围必须与ESO8266 softAP在同一网段
示例	AT+CWDHCPS_DEF=1，3，"192.168.4.10"，"192.168.4.15" 或者 AT+CWDHCPS_DEF=0//清除设置，恢复默认值

（19）AT+CWAUTOCONN：设置上电时是否自动连接AP，如表3-35所示。

表3-35　AT+CWAUTOCONN

AT+CWAUTOCONN：设置上电时是否自动连接AP	
功能： 上电是否自动连接AP 设置指令： AT+CWAUTOCONN=<enable>	响应：OK
	参数说明： <enable> 0：上电不自动连接AP 1：上电自动连接AP ESP8266 station默认上电时自动连接AP
注意	本设置保存在Flash system parameter
示例	AT+CWAUTOCONN=1

（20）AT+CIPSTAMAC：设置ESP8266 station的MAC地址，如表3-36所示。

表3-36　AT+CIPSTAMAC

AT+CIPSTAMAC：设置ESP8266 station的MAC地址	
[@deprecated]不建议使用本指令，请使用AT+CIPSTAMAC_CUR或者AT+CIPSTAMAC_DEF代替	
功能： 查询ESP8266 station的MAC地址 查询指令： AT+CIPSTAMAC？	响应：+ CIPSTAMAC：<mac> OK
	参数说明如下
功能： 设置ESP8266 station的MAC地址 设置指令： AT+CIPSTAMAC=<mac>	响应：OK
	参数说明： <mac>：字符串参数，ESP8266 station的MAC地址

续表

AT+CIPSTAMAC：设置ESP8266 station的MAC地址	
注意	本设置保存在Flash user parameter区域 ESP8266 softAP和station的MAC地址并不相同，请勿将其设置为同一MAC地址 ESP8266 MAC地址第一个字节的bit0不能为1，例如，MAC地址可以为“18：…”，但不能为“15：…”
示例	AT+CIPSTAMAC=“18：fe：35：98：d3：7b”

（21）AT+CIPSTAMAC_CUR：设置ESP8266 station的MAC地址，不保存到Flash，如表3-37所示。

表3-37 AT+CIPSTAMAC_CUR

AT+CIPSTAMAC_CUR：设置ESP8266 station的MAC地址，不保存到Flash	
功能： 查询ESP8266 station的MAC地址 查询指令： AT+CIPSTAMAC_CUR？	响应：+ CIPSTAMAC_CUR：<mac> OK
	参数说明如下
功能： 设置ESP8266 station的MAC地址 设置指令： AT+CIPSTAMAC_CUR=<mac>	响应：OK
	参数说明： <mac>：字符串参数，ESP8266 station的MAC地址
注意	本设置不保存到Flash ESP8266 softAP和station的MAC地址并不相同，请勿将其设置为同一MAC地址 ESP8266 MAC地址第一个字节的bit0不能为1，例如，MAC地址可以为“18：…”，但不能为“15：…”
示例	AT+CIPSTAMAC_CUR=“18：fe：35：98：d3：7b”

（22）AT+CIPSTAMAC_DEF：设置ESP8266 station的MAC地址，保存到Flash，如表3-38所示。

表3-38 AT+CIPSTAMAC_DEF

AT+CIPSTAMAC_DEF：设置ESP8266 station的MAC地址，保存到Flash	
功能： 查询ESP8266 station的MAC地址 查询指令： AT+CIPSTAMAC_DEF？	响应：+ CIPSTAMAC_DEF：<mac> OK
	参数说明如下
功能： 设置ESP8266 station的MAC地址 设置指令： AT+CIPSTAMAC_DEF=<mac>	响应：OK
	参数说明： <mac>：字符串参数，ESP8266 station的MAC地址
注意	本设置保存到Flash user parameter区域 ESP8266 softAP和station的MAC地址并不相同，请勿将其设置为同一MAC地址 ESP8266 MAC地址第一个字节的bit0不能为1，例如，MAC地址可以为“18：…”但不能为“15：…”
示例	AT+CIPSTAMAC_DEF=“18：fe：35：98：d3：7b”

（23）AT+CIPAPMAC：设置ESP8266 softAP的MAC地址，如表3-39所示。

表3-39　AT+CIPAPMAC

AT+CIPAPMAC：设置ESP8266 softAP的MAC地址	
[@deprecated]不建议使用本指令，请使用AT+CIPAPMAC_CUR或者AT+CIPAPMAC_DEF代替	
功能： 查询ESP8266 station的MAC地址 查询指令： AT+CIPAPMAC？	响应：+ CIPAPMAC：<mac> OK
	参数说明如下
功能： 设置ESP8266 station的MAC地址 设置指令： AT+CIPAPMAC=<mac>	响应：OK
	参数说明： <mac>：字符串参数，ESP8266 softAP的MAC地址
注意	本设置保存在Flash user parameter区域 ESP8266 softAP和station的MAC地址并不相同，请勿将其设置为同一MAC地址 ESP8266 MAC地址第一个字节的bit0不能为1，例如，MAC地址可以为“1a：…”但不能为“15：…”
示例	AT+CIPAPMAC=“1a：fe：36：97：d5：7b”

（24）AT+CIPAPMAC_CUR：设置ESP8266 softAP的MAC地址，不保存到Flash，如表3-40所示。

表3-40　AT+CIPAPMAC_CUR

AT+CIPAPMAC_CUR：设置ESP8266 softAP的MAC地址，不保存到Flash	
功能： 查询ESP8266 station的MAC地址 查询指令： AT+CIPAPMAC_CUR？	响应：+ CIPAPMAC_CUR：<mac> OK
	参数说明如下
功能： 设置ESP8266 station的MAC地址 设置指令： AT+CIPAPMAC_CUR=<mac>	响应：OK
	参数说明： <mac>：字符串参数，ESP8266 softAP的MAC地址
注意	本设置不保存到Flash ESP8266 softAP和station的MAC地址并不相同，请勿将其设置为同一MAC地址 ESP8266 MAC地址第一个字节的bit0不能为1，例如，MAC地址可以为“1a：…”但不能为“15：…”
示例	AT+CIPAPMAC_CUR=“1a：fe：36：97：d5：7b”

（25）AT+CIPAPMAC_DEF：设置ESP8266 softAP的IP地址，保存到Flash，如表3-41所示。

表3-41　AT+CIPAPMAC_DEF

AT+CIPAPMAC：设置ESP8266 softAP的IP地址，保存到Flash	
功能： 查询ESP8266 softAP的MAC地址 查询指令： AT+CIPAPMAC_DEF？	响应：+ CIPAPMAC_DEF：<mac> OK

续表

AT+CIPAPMAC：设置ESP8266 softAP的IP地址，保存到Flash	
功能： 设置ESP8266 softAP的MAC地址 设置指令： AT+ CIPAPMAC_DEF =<mac>	响应：OK
	参数说明：<mac>：字符串，ESP8266 softAP的mac地址
注意	本设置保存在Flash user parameter区域 ESP8266 softAP和station的MAC地址并不相同，请勿将其设置为同一MAC地址 ESP8266 MAC地址第一个字节的bit0不能为1，例如，MAC地址可以为"1a：…"但不能为"15：…"
示例	AT+CIPAPMAC_DEF="1a：fe：36：97：d5：7b"

（26）AT+CIPSTA：设置ESP8266 station的IP地址，如表3-42所示。

表3-42　AT+CIPSTA

AT+CIPSTA：设置ESP8266 station的IP地址	
[@deprecated]不建议使用本指令，请使用AT+CIPSTA_CUR或者AT+CIPSTA_DEF代替	
功能： 查询ESP8266 station的IP地址 查询指令： AT+CIPSTA？	响应：+ CIPSTA：<ip> OK
	注意： ESP8266 station IP需连接上AP后，才可以查询
功能： 设置ESP8266 station的IP地址 设置指令： AT+CIPSTA=<ip>，[<gateway>，<netmask>]	响应：OK
	参数说明： <ip>：字符串，ESP8266 station的IP地址 [<gateway>]：网关 [<netmask>]：子网掩码
注意	本设置保存到Flash user parameter区域 本设置指令与设置DHCP的指令（AT+CWDHCP系列）互相影响： 设置静态IP，则DHCP关闭；设置使能DHCP，则静态IP无效；以最后的设置为准
示例	AT+CIPSTA="192.168.6.100"，"192.168.6.1"，"255.255.255.0"

（27）AT+CIPSTA_CUR：设置ESP8266 station的IP地址，不保存到Flash，如表3-43所示。

表3-43　AT+CIPSTA_CUR

AT+CIPSTA_CUR：设置ESP8266 station的IP地址，不保存到Flash	
功能： 查询ESP8266 station的IP地址 查询指令： AT+CIPSTA_CUR？	响应：+ CIPSTA_CUR：<ip> OK
	注意：ESP8266 station IP需连上AP后，才可以查询
功能： 设置ESP8266 station的IP地址 设置指令： AT+CIPSTA_CUR=<ip>，[<gateway>，<netmask>]	响应：OK
	参数说明： <ip>：字符串，ESP8266 station的IP地址 [<gateway>]：网关 [<netmask>]：子网掩码

续表

AT+CIPSTA_CUR：设置ESP8266 station的IP地址，不保存到Flash	
注意	本设置不保存到Flash 本设置指令与设置DHCP的指令（AT+CWDHCP系列）互相影响：设置静态IP，则DHCP关闭；设置使能DHCP，则静态IP无效；以最后的设置为准
示例	AT+CIPSTA_CUR=“192.168.6.100”，“192.168.6.1”，“255.255.255.0”

（28）AT+CIPSTA_DEF：设置ESP8266 station的IP地址，保存到Flash，如表3-44所示。

表3-44　AT+CIPSTA_DEF

AT+CIPSTA_CUR：设置ESP8266 station的IP地址，保存到Flash	
功能： 查询ESP8266 station的IP地址 查询指令： AT+CIPSTA_DEF？	响应：+ CIPSTA_DEF：<ip> OK
	注意：如下描述
功能： 设置ESP8266 station的IP地址 设置指令： AT+CIPSTA_DEF=<ip>，[<gateway>，<netmask>]	响应：OK
	参数说明： <ip>：字符串，ESP8266 station的IP地址 [<gateway>]：网关 [<netmask>]：子网掩码
注意	本设置保存到Flash user parameter区域 本设置指令与设置DHCP的指令（AT+CWDHCP系列）互相影响：设置静态IP，则DHCP关闭；设置使能DHCP，则静态IP无效；以最后的设置为准
示例	AT+CIPSTA_DEF=“192.168.6.100”，“192.168.6.1”，“255.255.255.0”

（29）AT+CIPAP：设置ESP8266 softAP的IP地址，如表3-45所示。

表3-45　AT+CIPAP

AT+CIPAP：设置ESP8266 softAP的IP地址	
[@deprecated]不建议使用本指令，请使用AT+CIPAP_CUR或者AT+CIPAP_DEF代替	
功能： 查询ESP8266 softAP的IP地址 查询指令： AT+CIPAP？	响应：+CIPAP：<ip>，<gateway>，<netmask> OK
	参数说明： <ip>：字符串参数，ESP8266 softAP的地址 <gateway>：网关 <netmask>：子网掩码
功能： 设置ESP8266 softAP的IP地址 设置指令： AT+CIPAP=<ip>，[<gateway>，<netmask>]	响应：OK
	参数说明： <ip>：字符串参数，ESP8266 softAP的地址 <gateway>：网关 <netmask>：子网掩码
注意	本设置会保存到Flash user parameter区域 目前仅支持C类IP地址 本设置指令与设置DHCP的指令（AT+CWDHCP系列）互相影响：设置静态IP，则DHCP关闭；设置使能DHCP，则静态IP无效；以最后的设置为准
示例	AT+CIPAP=“192.168.5.1”，“192.168.5.1”，“255.255.255.0”

（30）AT+CIPAP_CUR：设置ESP8266 softAP的IP地址，不保存到Flash，如表3-46所示。

表3-46　AT+CIPAP_CUR

AT+CIPAP_CUR：设置ESP8266 softAP的IP地址，不保存到Flash	
功能： 查询ESP8266 softAP的IP地址 查询指令： AT+CIPAP_CUR？	响应：+CIPAPP_CUR：<ip>，<gateway>，<netmask> OK
	参数说明： <ip>：字符串参数，ESP8266 softAP的地址 <gateway>：网关 <netmask>：子网掩码
功能： 设置ESP8266 softAP的IP地址 设置指令： AT+CIPAP_CUR =<ip>，[<gateway>，<netmask>]	响应：OK
	参数说明： <ip>：字符串参数，ESP8266 softAP的地址 <gateway>：网关 <netmask>：子网掩码
注意	本设置不保存到Flash 目前仅支持C类IP地址 本设置指令与设置DHCP的指令（AT+CWDHCP系列）互相影响：设置静态IP，则DHCP关闭；设置使能DHCP，则静态IP无效；以最后的设置为准
示例	AT+CIPAP_CUR="192.168.5.1"，"192.168.5.1"，"255.255.255.0"

（31）AT+CIPAP_DEF：设置ESP8266 softAP的IP地址，保存到Flash，如表3-47所示。

表3-47　AT+CIPAP_DEF

AT+CIPAP_DEF：设置ESP8266 softAP的IP地址，并保存到Flash	
功能： 查询ESP8266 softAP的IP地址 查询指令： AT+CIPAP_ DEF？	响应：+CIPAPP_ DEF：<ip>，<gateway>，<netmask> OK
	参数说明： <ip>：字符串参数，ESP8266 softAP的地址 <gateway>：网关 <netmask>：子网掩码
功能： 设置ESP8266 softAP的IP地址 设置指令： AT+CIPAP_ DEF =<ip>，[<gateway>，<netmask>]	响应：OK
	参数说明： <ip>：字符串参数，ESP8266 softAP的地址 <gateway>：网关 <netmask>：子网掩码
注意	本设置会保存到Flash user parameter区域 目前仅支持C类IP地址 本设置指令与设置DHCP的指令（AT+CWDHCP系列）互相影响： 设置静态IP，则DHCP关闭；设置使能DHCP，则静态IP无效；以最后的设置为准
示例	AT+CIPAP_DEF="192.168.5.1"，"192.168.5.1"，"255.255.255.0"

（32）AT+CWSTARTSMART：开启SmartConfig，如表3-48所示。

表3-48 AT+CWSTARTSMART

AT+CWSTARTSMART：开启SmartConfig	
功能： 开启SmartConfig 执行指令： AT+CWSTARTSMART	响应：OK SmartConfig类型为ESP-Touch+AirKiss
功能： 开启某指定类型的SmartConfig 设置指令： AT+CWSTARTSMART =<type>	响应：OK 参数说明： <type> 1：ESP-Touch 2：AirKiss 3：ESP-Touch+AirKiss
注意	① 用户可向Espressif申请SmartConfig的详细介绍文档 ② 仅支持在ESP8266单station模式下调用 ③ 消息“Smart get WiFi info”表示Smart Config成功获取到AP信息，之后ESP8266尝试连接AP，打印连接过程 ④ 消息“Smartconfig connected WiFi”表示Smart Config成功连接到AP，此时可以调用“AT+CWSTOPSMART”停止SmartConfig再执行其他指令。注意，在SmartConfig过程中请勿执行其他指令 ⑤ 从AT_v1.0开始，SmartConfig可以自动获取协议类型，AirKiss或者ESP-TOUCH
示例	AT+CWMODE=1 AT+CWSTARTSMART

（33）AT+CWSTOPSMART：停止SmartConfig，如表3-49所示。

表3-49 AT+CWSTOPSMART

AT+CWSTOPSMART-停止SmartConfig	
功能： 停止SmartConfig 执行指令： AT+CWSTOPSMART	响应：OK
注意	无论SmartConfig成功与否，都请调用“AT+CWSTOPSMART”释放快连占用的内存
示例	AT+CWSTOPSMART

（34）AT+CWSTARTDISCOVER：开启可被局域网内的微信探测的模式，如表3-50所示。

表3-50 AT+CWSTARTDISCOVER

AT+CWSTARTDISCOVER：开启可被局域网内的微信探测的模式	
功能： 开启可被局域网内的微信探测的模式 设置指令： AT+CWSTARTDISCOVER=<WeChat number>，<dev_type>，<time>	响应：OK 参数说明： <WeChat number>：微信公众号，必须从微信获取 <dev_type>：设备类型，必须从微信获取 <time>：主动发包时间间隔，取值范围为0～24×6300，单位为s 0：ESP8266不主动向外发包，需要手机微信查询时才回复 其他值：ESP8266主动发包的时间间隔，以便于局域网中的手机微信发现设备

续表

AT+CWSTARTDISCOVER：开启可被局域网内的微信探测的模式	
注意	① 可参考微信官网网内发现功能的介绍，网址为http://iot.weixin.qq.com ② 本指令需在ESP8266 station连入局域网获得IP地址后生效
示例	AT+CWSTARTDISCOVER=“gh_9e2cff3dfa51”，“122475”，10

（35）AT+CWSTOPDISCOVER：关闭可被局域网内的微信探测的模式，如表3-51所示。

表3-51　AT+CWSTOPDISCOVER

AT+CWSTOPDISCOVER：关闭可被局域网内的微信探测的模式	
功能： 关闭可被局域网内的微信探测的模式 执行指令：AT+CWSTOPDISCOVER	响应：OK 或ERROR
示例	AT+CWSTOPDISCOVER

（36）AT+WPS：设置WPS功能，如表3-52所示。

表3-52　AT+WPS

AT+WPS：设置WPS功能	
功能： 设置WPS功能 设置指令：AT+WPS=<enable>	响应：OK或ERROR 参数说明： <enable> 1：开启WPS 2：关闭WPS
注意	① WPS功能必须在ESP8266 station使能的情况下调用 ② WPS不支持WEP加密方式
示例	AT+CWMODE=1 AT+WPS=1

（37）AT+MDNS：设置MDNS功能，如表3-53所示。

表3-53　AT+MDNS

AT+MDNS：设置MDNS功能	
功能： 设置MDNS功能 设置指令： AT+MDNS=<enable>，<hostname>，<server_name>，<server_port>	响应：OK或ERROR 参数说明： <enable> 1：开启MDNS功能，后续参数需要填写 2：关闭MDNS功能，后续参数无需填写 <hostname>：MDNS主机名称 <server_name>：MDNS服务器名称 <server_port>：MDNS服务器端口
注意	① <hostname>和<server_name>不能包含特殊字符（例如：“.”符号）或者设置为协议名称（例如不能定义为“http”） ② ESP8266 softAP模式暂时不支持MDNS功能
示例	AT+MDNS=1，“espressif”，“iot”，8080

3.4 TCP/IP相关AT指令

TCP/IP相关AT指令如表3-54所示。

表3-54 TCP/IP相关AT指令一览表

指令	说明
AT+CIPSTATUS	查询网络连接信息
AT+CIPDOMAIN	域名解析功能
AT+CIPSTART	建立TCP连接、UDP传输或SSL连接
AT+CIPSSLSIZE	设置SSL buffer容量
AT+CIPSEND	发送数据
AT+CIPSENDEX	发送数据；达到设置长度或者遇到字符"\0"时，则发送数据
AT+CIPSENDBUF	数据写入TCP发包缓存
AT+CIPBUFRESET	重置计数（TCP发包缓存）
AT+CIPBUFSTATUS	查询TCP发包缓存的状态
AT+CIPCHECKSEQ	查询写入TCP发包缓存的某包是否成功发送
AT+CIPCLOSE	关闭TCP/UDP/SSL传输
AT+CIFSR	查询本地IP地址
AT+CIPMUX	设置多连接
AT+CIPSERVER	设置TCP server
AT+CIPMODE	设置传输模式
AT+SAVETRANSLINK	保存透传连接到Flash
AT+CIPSTO	设置TCP server超时时间
AT+PING	PING功能
AT+CIUPDATE	通过WiFi升级软件
AT+CIPDINFO	接收网络数据时，"+IPD"是否提示对端IP和端口
+IPD	接收网络数据

（1）AT+CIPSTATUS：查询网络连接信息，如表3-55所示。

表3-55 AT+CIPSTATUS

AT+CIPSTATUS：查询网络连接信息	
功能： 查询网络连接信息 执行指令： AT+CIPSTATUS	响应：STATUS：<stat> +CIPSTATUS：<link ID>，<type>，<remote IP>，<remote port>，<local port>，<tetype>

续表

AT+CIPSTATUS：查询网络连接信息	
功能： 查询网络连接信息 执行指令： AT+CIPSTATUS	参数说明： <stat> 1：ESP8266 station结构的状态 2：ESP8266 station已连接AP，获得IP地址 3：ESP8266 station已建立TCP或UDP传输 4：ESP8266 station断开网络连接 5：ESP8266 station未连接AP <link ID>：网络连接ID（0～4），用于多连接的情况 <type>：字符串参数，“TCP”或者“UDP” <remote IP>：字符串，远端IP地址 <remote port>：远端端口号 <local port>：ESP8266本地端控制 <tetype> 0：ESP8266作为client 1：ESP8266作为server

（2）AT+CIPDOMAIN：域名解析功能，如表3-56所示。

表3-56　AT+CIPDOMAIN

AT+CIPDOMAIN：域名解析功能	
功能： 域名解析 执行指令： AT+CIPDOMAIN=<domain name>	响应：+CIPDOMAIN：<IP address>
	参数说明： <domain name>：待解析的域名
示例	AT+CWMODE=1　　//Set station mode AT+CWJAP=“SSID”，“password”　//access to the internet AT+CIPDOMAIN=“iot.espressif.cn”　//DNS function

（3）AT+CIPSTART：建立TCP连接、UDP传输或SSL连接，如表3-57所示。

表3-57　AT+CIPSTART

AT+CIPSTART功能一：建立TCP连接	
设置指令： ① TCP单连接（AT+CIPMUX=0）时： AT+CIPSTART=<type>，<remote IP>，<remote port>，[<TCP keep alive>] ② TCP多连接（AT+CIPMUX=1）时： AT+CIPSTART=<link ID>，<type>，<remote IP>，<remote port>，[<TCP keep alive>]	响应：OK或者ERROR 如果连接已经存在，则返回 ALREADY CONNECT
	参数说明： <link ID>：网络连接ID（0～4），用于多连接的情况 <type>：字符串参数，连接类型，“TCP”或者“UDP” <remote IP>：字符串参数，远端IP地址 <remote port>：远端端口号 [<TCP keep alive>]：TCP keep alive侦测时间，默认关闭此功能 0：关闭TCP keep alive功能 1～7200：侦测时间，单位为s
示例	AT+CIPSTART=“TCP”，“iot.espressif.cn”，8000 AT+CIPSTART=“TCP”，“192.168.101.110”，1000 详细请参考“Espressif AT指令使用示例”

续表

AT+CIPSTART 功能二：建立UDP传输	
设置指令： ① 单连接模式（AT+CIPMUX=0）时： AT+CIPSTART=<type>，<remote IP>，<remote port>，[<UDP local port>，<UDP mode>] ② TCP多连接（AT+CIPMUX=1）时： AT+CIPSTART=<link ID>, <type>，<remote IP>，<remote port>，[<UDP local port>，<UDP mode>]	响应：OK或者ERROR 如果连接已经存在，则返回 ALREADY CONNECT 参数说明： <link ID>：网络连接ID（0～4），用于多连接的情况 <type>：字符串参数，连接类型，"TCP"或者"UDP" <remote IP>：字符串参数，远端IP地址 <remote port>：远端端口号 <UDP local port>：UDP传输时，设置本地端口 <UDP mode>：UDP传输的属性，若透传，则必须为0 0：收到数据后，不更改远端目标，默认值为0 1：收到数据后，改变一次远端目标 2：收到数据后，改变远端目标
注意	此处的<UDP mode>设置UDP的传输对方建立后能否再更改。使用<UDP mode>必须先填写<UDP local port>
示例	AT+CIPSTART="UDP"，"192.168.101.110"，1000，1002，2 请参考"Espressif AT指令使用示例"
AT+CIPSTART 功能三：建立SSL连接	
设置指令： AT+CIPSTART=[<link ID>]，<type>，<remote IP>，<remote port>，[<TCP keep alive>]	响应：OK或者ERROR 如果连接已经存在，则返回 ALREADY CONNECT 参数说明： <link ID>：网络连接ID（0～4），用于多连接的情况 <type>：字符串参数，连接类型，"SSL" <remote IP>：字符串参数，远端IP地址 <remote port>：远端端口号 [<TCP keep alive>]：keep alive侦测时间，默认关闭此功能 0：关闭keep alive功能 1～7200：侦测时间，单位为s
注意	① ESP8266最多仅支持建立1个SSL连接 ② SSL连接不支持透传 ③ SSL需要占用较多空间，如果空间不足，会导致系统重启。用户可以使用指令AT+CIPSSLSIZE=<size>增大SSL缓存
示例	AT+CIPSSLSIZE=4096 AT+CIPSTART="SSL"，"iot.espressif.cn"，8443

（4）AT+CIPSSLSIZE：设置SSL buffer容量，如表3-58所示。

表3-58 AT+CIPSSLSIZE

AT+CIPSSLSIZE：设置SSL buffer容量	
设置指令： AT+CIPSSLSIZE=<size>	响应：OK或者ERROR 参数说明： <size>：SSL buffer大小，取值范围为[2048，4096]
示例	AT+CIPSSLSIZE=4096

（5）AT+CIPSEND：发送数据，如表3-59所示。

表3-59　AT+CIPSEND

AT+CIPSEND：发送数据	
功能： 在普通传输模式时，设置发送数据的长度 设置指令： ① 单连接时： （+CIPMUX=0） AT+CIPSEND=<length> ② 多连接时： （+CIPMUX=1） AT+CIPSEND=<link ID>，<length> ③ 如果是UDP传输，可以设置远端IP和端口： AT+CIPSEND=[<link ID>]，<length>，[<remote IP>，<remote port>]	响应：发送指定长度的数据 收到此命令后先换行返回“>”，然后开始接收串口数据，当数据长度满length时发送数据，回到普通指令模式，等待下一条AT指令 如果未建立连接或连接被断开，则返回 ERROR 如果数据发送成功，则返回 SEND OK 参数说明： <link ID>：网络连接ID（0～4），用于多连接的情况 <length>：数字参数，表明发送数据的长度，最大值为2048 [<remote IP>]：UDP传输可以设置对端IP [<remote port>]：UDP传输可以设置对端端口
功能： 在透传模式下开始发送数据 执行指令： AT+CIPSEND	响应：收到此命令后先换行返回“>” 进入透传模式发送数据，每包最大2048B，或者每包数据以20ms间隔区分 当输入单独一包“+++”时，返回普通AT指令模式。发送“+++”退出透传时，请至少间隔1s再发下一条AT指令 本指令必须在开启透传模式以及单连接情况下使用 若为UDP透传，则指令“AT+CIPSTART”参数<UDP mode>必须为0
示例	请参考“Espressif AT指令使用示例”

（6）AT+CIPSENDEX：发送数据，如表3-60所示。

表3-60　AT+CIPSENDEX

AT+CIPSENDEX：发送数据	
功能： 在普通传输模式时，设置发送数据的长度 设置指令： ① 单连接时： （+CIPMUX=0） AT+CIPSENDEX=<length> ② 多连接时： （+CIPMUX=1） AT+CIPSENDEX=<link ID>，<length> ③ 如果是UDP传输，可以设置远端IP和端口： AT+CIPSENDEX=[<link ID>]，<length>，[<remote IP>，<remote port>]	响应：发送指定长度的数据 收到此命令后先换行返回“>”，然后开始接收串口数据，当数据长度满length或者遇到字符“\0”时，发送数据 如果未建立连接或连接被断开，则返回 ERROR 如果数据发送成功，则返回 SEND OK 参数说明： <link ID>：网络连接ID号（0～4），用于多连接的情况 <length>：数字参数，表明发送数据的长度，最大值为2048； 当接收数据长度满length或者遇到字符“\0”时，发送数据，回到普通指令模式，等待下一条AT指令 用户如需发发送“\0”，请转义为“\\0”

（7）AT+CIPSENDBUF：数据写入TCP发包缓存，如表3-61所示。

表3-61　AT+CIPSENDBUF

<table>
<tr><td colspan="2">AT+CIPSENDBUF：数据写入TCP发包缓存</td></tr>
<tr><td rowspan="2">① 单连接时：
（+CIPMUX=0）
AT+ CIPSENDBUF=<length>

② 多连接时：
（+CIPMUX=1）
AT+CIPSENDBUF=<linkID>，<length></td><td>响应：<本次 segmentID>，<已成功发送的segment ID>
OK
>
收到此命令后先返回packet ID，换行返回“>”，开始接收串口数据，当数据长度满length时，发送数据；超过length的数据丢弃，并提示busy，如果未建立连接或buffer满等出错，则返回ERROR
① 单连接时：
如果某包数据发送成功，则返回<segment ID>，SEND OK
② 多连接时：
如果某包数据发送成功，则返回<link ID>，<segment ID>，SEND OK</td></tr>
<tr><td>参数说明：
<link ID>：网络连接ID(0～4)，用于多连接的情况
<segment ID>：unint32，给每包写入数据分配的ID，从1开始计数，每写入一包则自加一，计数满则重新从1开始计数
<length>：数据长度，超过长度的数据则丢弃</td></tr>
<tr><td>说明</td><td>本指令将数据写入TCP发包缓存，无需等待SEND OK，可连续调用；发送成功后，会返回数据包ID及SEND OK
在数据没有传入完成时，传入“+++”可退出发送，之前传入的数据将直接丢弃
SSL连接不支持使用本指令</td></tr>
</table>

（8）AT+CIPBUFRESET：重置计数，如表3-62所示。

表3-62　AT+CIPBUFRESET

<table>
<tr><td colspan="2">AT+CIPBUFRESET：重置计数</td></tr>
<tr><td rowspan="2">① 单连接时：
（+CIPMUX=0）
AT+CIPBUFRESET

② 多连接时：
（+CIPMUX=1）
AT+CIPBUFRESET=<link ID></td><td>响应：OK
如果有数据包未发送完毕，或者连接不存在，则返回
ERROR</td></tr>
<tr><td>参数说明：
<link ID>：网络连接ID（0～4），用于多连接的情况</td></tr>
<tr><td>注意</td><td>本指令基于AT+CIPSENDBUF实现功能</td></tr>
</table>

（9）AT+CIPBUFSTATUS：查询TCP发包缓存的状态，如表3-63所示。

表3-63　AT+CIPBUFSTATUS

<table>
<tr><td colspan="2">AT+CIPBUFSTATUS：查询TCP发包缓存的状态</td></tr>
<tr><td rowspan="2">① 单连接时：
（CIPMUX=0）
AT+CIPBUFSTATUS

② 多连接时：
（CIPMUX=1）
AT+CIPBUFSTATUS=<link ID></td><td>响应：<下次的segment ID>，<已发送的segment ID>，<成功发送的segment ID>，<remain buffer size>，<queue number>
OK</td></tr>
<tr><td>参数说明：
<下次的segment ID>：下次调用AT+CIPSENDBUF将分配的ID
<已发送的segment ID>：已发送的TCP数据包ID
仅当在<下次的segment ID>−<已发送的segment ID>=1的情况下时，可调用AT+CIPBUFRESET重置计数
<成功发送的segment ID>：成功发送的TCP数据包ID
<remain buffer size>：TCP发包缓存剩余的空间
<queue number>：底层可用的queue数目，并不可靠，仅供参考</td></tr>
</table>

续表

AT+CIPBUFSTATUS：查询TCP发包缓存的状态	
注意	本指令不支持对SSL连接使用
示例	例如，单连接时AT+CIPBUFSTATUS的返回值为：20，15，10，200，7 20：表示当前数据包序号已经分配到了19，下次调用AT+CIPSENDBUF将为数据包分配序号20 15：表示当前已发送了序号为15的数据包，但并不一定发送成功了 10：表示成功发送到了序号为10的数据包 200：表示网络层TCP发包缓存剩余的空间为200B 7：表示当前网络层还剩余7个queue供数据传输，仅供参考，并不可靠；当queue为0时，不允许数据发送

（10）AT+CIPCHECKSEQ：查询写入TCP发包缓存的某包是否发送成功，如表3-64所示。

表3-64 AT+CIPCHECKSEQ

AT+CIPCHECKSEQ：查询写入TCP发包缓存的某包是否发送成功	
① 单连接时： （+CIPMUX=0） AT+CIPCHECKSEQ=<segment ID> ② 多连接时： （+CIPMUX=1） AT+CIPCHECKSEQ=<link ID>，<segment ID>	响应：[<link ID>]，<segment ID>，<status> OK
	最多记录最后的32个segment ID数据包的状态 <link ID>：网络连接ID（0～4），用于多连接的情况 <segment ID>：调用AT+CIPSENDBUF写入数据时分配的ID <status>：FALSE，发送失败；TRUE，发送成功
注意	本指令基于AT+CIPSENDBUF实现功能

（11）AT+CIPCLOSE：关闭TCP/UDP/SSL传输，如表3-65所示。

表3-65 AT+CIPCLOSE

AT+CIPCLOSE：关闭TCP/UDP/SSL传输	
功能： 关闭TCP/UDP传输 设置指令： 用于多连接的情况 AT+CIPCLOSE=<link ID>	响应：OK
	参数说明： <link ID>需要关闭的连接ID号 当ID为5时，关闭所有连接（开启server后ID为5无效）
执行指令： 用于单连接的情况 AT+CIPCLOSE	响应：OK

（12）AT+CIFSR：查询本地IP地址，如表3-66所示。

表3-66　AT+CIFSR

AT+CIFSR：查询本地IP地址	
功能： 查询本地IP地址 执行指令： AT+CIFSR	响应：+CIFSR：<IP address> +CIFSR：< IP address > OK
	参数说明： <IP address>： ESP8266 softAP的IP地址 ESP8266 station的IP地址
注意	ESP8266 station IP需连接上AP后，才可以查询

（13）AT+CIPMUX：设置多连接，如表3-67所示。

表3-67　AT+CIPMUX

AT+CIPMUX：设置多连接	
查询指令： AT+CIPMUX？	响应：+CIPMUX：<mode> OK
	参数说明： 如下描述
功能： 设置连接类型 设置指令： AT+CIPMUX=<mode>	响应：OK
	参数说明： <mode> 0：单连接模式 1：多连接模式
注意	① 默认为单连接 ② 只有非透传模式（“AT+CIPMODE=0”）才能设置为多连接 ③ 必须在没有连接建立的情况下设置连接模式 ④ 如果建立了TCP服务器，想切换为单连接，就必须关闭服务器（“AT+CIPSERVER=0”），服务器仅支持多连接
示例	AT+CIPMUX=1

（14）AT+CIPSERVER：建立TCP server，如表3-68所示。

表3-68　AT+CIPSERVER

AT+CIPSERVER：建立TCP server	
功能： 建立TCP server 设置指令： AT+CIPSERVER=<mode>，[<port>]	响应：OK
	参数说明： <mode> 0：关闭server 1：建立server <port>：端口号，默认为333
注意	① 只有在多连接情况下（“AT+CIPMUX=1”）才能开启TCP服务器 ② 创建TCP服务器后，自动建立TCP server监听 ③ 当TCP client接入时，会自动按顺序占用一个连接ID
示例	AT+CIPMUX=1 AT+CIPSERVER=1，1001

（15）AT+CIPMODE：设置传输模式，如表3-69所示。

表3-69　AT+CIPMODE

AT+CIPMODE：设置传输模式	
功能： 查询传输模式 查询指令： AT+CIPMODE？	响应：+CIPMODE：<mode> OK
	参数说明： 如下描述
功能： 设置传输模式 设置指令： AT+CIPMODE=<mode>	响应：OK
	参数说明： <mode> 0：普通传输模式 1：透传模式，仅支持ICP单连接和UDP固定通信对端的情况
注意	① 本设置不保存到Flash ② 透传模式传输时，如果连接断开，ESP8266会不停尝试重连，此时“+++”退出传输，则停止重连；普通传输模式则不会重连，提示连接断开
示例	AT+CIPMODE=1

（16）AT+SAVETRANSLINK：保存透传连接到Flash，如表3-70所示。

表3-70　AT+SAVETRANSLINK

AT+SAVETRANSLINK功能一：保存透传连接（TCP单连接）到Flash	
功能： 保存透传连接到Flash 设置指令： AT+SAVETRANSLINK =<mode>，<remote IP or damain name>，<remote port>，<type>，[<TCP keep alive>]	响应：OK或者ERROR
	参数说明： <mode> 0：取消开机透传 1：保存开机进入透传模式 <remote IP>：远端IP或者域名 <remote port>：远端port <type>：选填参数，TCP或者UDP, 缺省默认为TCP [<TCP keep alive >]：选填参数，TCP keep alive 侦测，缺省默认关闭此功能 0：关闭TCP keep alive 功能 1～7200：侦测时间，单位为s
注意	① 本设置将透传模式及建立的TCP连接均保存在Flash user parameter区，下次上电自动建立TCP连接并进入透传模式 ② 只要远端IP、port的数值符合规范，本设置就会被保存到Flash
示例	AT+SAVETRANSLINK=1，“192.168.6.110”，1002，“TCP”
AT+SAVETRANSLINK功能二：保存透传连接（UDP传输）到Flash	
功能： 保存透传连接到Flash 设置指令： AT+SAVETRANSLINK =<mode>，<remoteIP>，<remoteport>，<type>，[<UDP local port>]	响应：OK或者ERROR
	参数说明： <mode> 0：取消开机透传 1：保存开机进入透传模式 <remote IP>：远端IP <remote port>：远端port <type>：UDP，若缺省则默认为TCP [<UDP local port>]：选填参数开机进入UDP传输时使用的本地端口

续表

AT+SAVETRANSLINK 功能二：保存透传连接（UDP 传输）到 Flash	
注意	① 本设置将透传模式及建立的UDP传输均保存在Flash user parameter区，下次上电自动建立UDP传输并进入透传 ② 只要远端IP、port的数值符合规范，本设置就会被保存到Flash
示例	AT+SAVETRANSLINK=1，“192.168.6.110”，1002，“UDP”，1005

（17）AT+CIPSTO：设置TCP server超时时间，如表3-71所示。

表3-71　AT+CIPSTO

AT+CIPSTO：设置TCP server超时时间	
功能： 查询TCP server超时时间 查询指令： AT+CIPSTO？	响应：+CIPSTO：<time> OK
	参数说明： 如下描述
功能： 设置TCP server超时时间 设置指令： AT+CIPSTO=<time>	响应：OK
	参数说明： <time>：TCP server超时时间，取值范围为0 ～ 7200s
说明	① ESP8266作为TCP server，会断开一直不通信直至超时了的TCP client连接 ② 如果设置AT+CIPSTO=0，则永远不会超时，不建议这样设置
示例	AT+CIPMUX=1 AT+CIPSERVER=1，1001 AT+CIPSTO=10

（18）AT+PING：PING功能，如表3-72所示。

表3-72　AT+PING

AT+PING：PING功能	
功能： PING功能 设置指令： AT+PING=<IP>	响应：+<time> OK 或者ERROR//表示PING失败
	参数说明： <IP>：字符串参数，IP地址 <time>：PING响应时间
示例	AT+PING=“192.168.1.1” AT+PING=“www.baidu.com”

（19）AT+CIUPDATE：通过WiFi升级软件，如表3-73所示。

注意：

① 若直接使用Espressif提供的AT BIN(\ESP8266_NONOS_SDK\bin\at)，则本指令将从Espressif Cloud下载AT固件升级。

② 若用户自行编译AT源代码，则请自行实现“AT+CIUPDATE”指令的升级功能，Espressif提供本地升级的Demo作为参考(\ESP8266_NONOS_SDK\example\at)。

③ 升级时，服务器上AT BIN必须命名为“user1.bin”和“user1.bin”。

④ 建议升级AT固件后，调用“AT+RESTORE”恢复出厂设置，重新初始化。

表3-73 AT+CIUPDATE

<table>
<tr><td colspan="2">AT+CIUPDATE：通过WiFi升级软件</td></tr>
<tr><td rowspan="2">功能：
软件升级
执行指令：
AT+CIUPDATE</td><td>响应：+CIPUPDATE：<n>
OK</td></tr>
<tr><td>参数说明：
<n>
1：找到服务
2：连接到服务器
3：获得软件版本
4：开始升级</td></tr>
<tr><td>说明</td><td>升级过程由于网络条件的好坏，有快慢差异；
升级失败会提示EREOR，请耐心等待</td></tr>
</table>

（20）AT+CIPDINFO：接收网络数据时，“+IPD”是否提示对端IP和端口，如表3-74所示。

表3-74 AT+CIPDINFO

<table>
<tr><td colspan="2">AT+CIPDINFO：接收网络数据时，“+IPD”是否提示对端IP和端口</td></tr>
<tr><td rowspan="2">功能：
接收网络数据时，“+IPD”是否提示对端IP和端口
设置指令：
AT+CIPDINFO=<mode></td><td>响应：OK</td></tr>
<tr><td>参数说明：
<mode>
0：不显示对端IP和端口
1：显示对端IP和端口</td></tr>
<tr><td>示例</td><td>AT+CIPDINFO=1</td></tr>
</table>

（21）+IPD：接收网络数据，如表3-75所示。

表3-75 +IPD

<table>
<tr><td colspan="2">+IPD：接收网络数据</td></tr>
<tr><td>① 单连接时：
（+CIPMUX=0）
+IPD，<len>，[<remote IP>，<remote port>]：<data>

② 多连接时：
（+CIPMUX=1）
+IPD,<link ID>，<len>，[<remote IP>，<remote port>]：<data></td><td>说明：
此指令在普通指令模式下有效，ESP8266接收到网络数据时向串口发送+IPD和数据

[<remote IP>]：网络通信对端IP，由指令“AT+CIPDINFO=1”使能显示
[<remote port>]：网络通信对端端口，由指令“AT+CIPDINFO=1”使能
<link ID>：接收到网络连接的ID号
<len>：数据长度
<data>：收到的数据</td></tr>
</table>

3.5 自动保存的指令

以下ESP8266 AT指令会自动保存设置到Flash，如表3-76所示。

表3-76 自动保存到Flash的ESP8266 AT指令

指令	示例
保存在Flash user parameter	
AT+UART_DEF	AT+UART_DEF=115200，8，1，0，3
AT+CWDHCP_DEF	AT+CWDHCP_DEF=1，1
AT+CIPSTAMAC_DEF	AT+CIPSTAMAC_DEF=“18：fe：35：98：d3：7b”
AT+CIPAPMAC_DEF	AT+CIPAPMAC_DEF=“1a：fe：36：97：d5：7b”
AT+CEPSTA_DEF	AT+CEPSTA_DEF=“192.168.6.100”
AT+CIPAP_DEF	AT+CIPAP_DEF=“192.168.5.1”
AT+CWDHCPS_DEF	AT+CWDHCPS_DEF=1，3，“192.168.4.10”，“192.168.4.15”
AT+SAVETRANSLINK	AT+SAVETRANSLINK=1，“192.168.6.10”，1001
保存在Flash system parameter	
AT+CWMODE_DEF	AT+CWMODE_DEF=3
AT+CWJAP_DEF	AT+CWJAP_DEF=“abc”，“0123456789”
AT+CWSAQ_DEF	AT+CWSAQ_DEF=“ESP8266”，“12345678”，5，3
AT+CWAUTOCONN	AT+CWAUTOCONN=1

注意：

① 以上指令设置时，会先读取Flash中的原配置，仅新配置与原配置不同时，才写Flash保存新配置。

② 对于512KB+512KB Flash Map：用户参数区为0x7C000 ~ 0x80000，16KB。

对于1024KB+1024DB Flash Map：用户参数区为0xFC000 ~ 0x100000，16KB。

系统参数区始终为Flash的最后16KB。

·第 4 章·

模块串口调试

ESP8266系列模组出厂使用的AT固件，默认波特率为115200bit/s。实际上，模组在上电过程中首先是在74880bit/s的波特率下打印输出了系统日志信息，随后切换到115200bit/s的波特率下完成初始化，当输出“ready”字样的字符串后，则表明初始化完成，此时可以发送AT指令去调试模组。

4.1 硬件接线

如图4-1所示，将模块的接口J1连接到USB转RS232（TTL）设备。

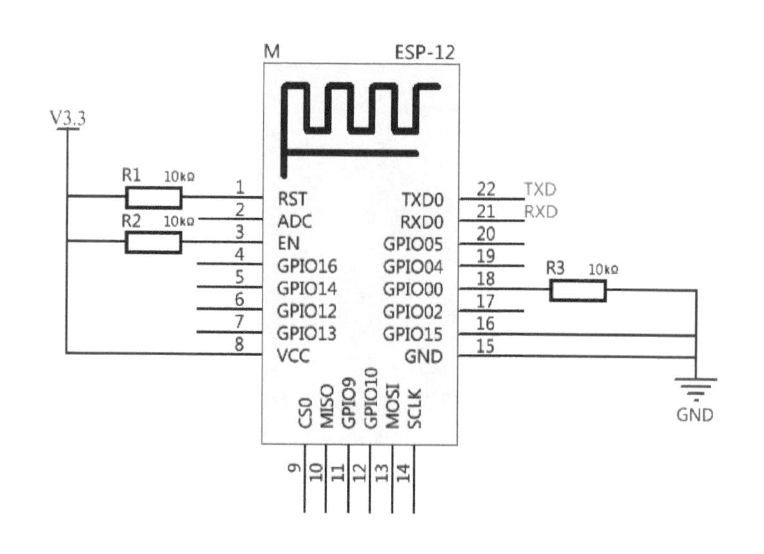

图4-1 硬件接线

4.2 上电串口输出信息详解

4.2.1 系统日志

在115200bit/s的波特率下输出的信息如图4-2所示。串口在115200bit/s的波特率下首先输出一段乱码，随后输出了“Ai-Thinker Technology Co. Ltd. ready”。

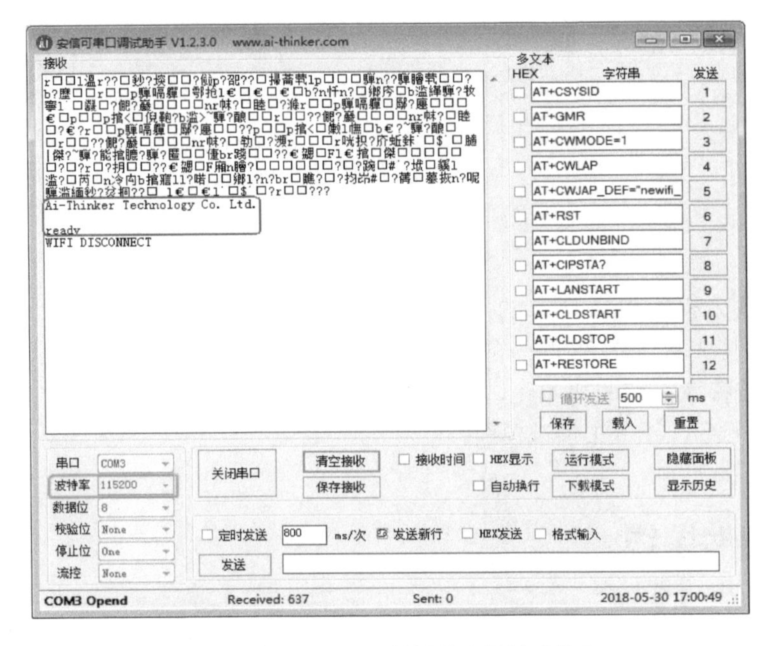

图4-2 在115200bit/s的波特率下输出信息

这一串乱码可以在74880bit/s的波特率下查看系统日志信息，如图4-3所示。

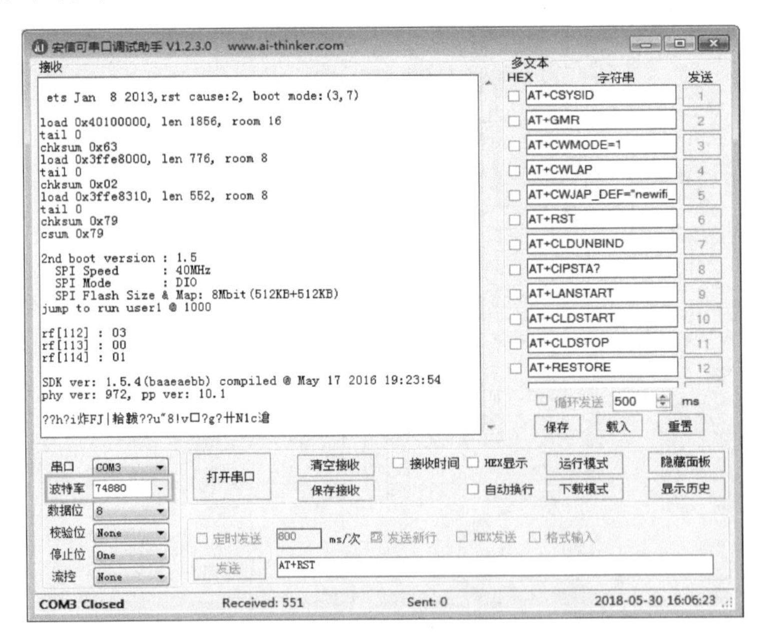

图4-3 乱码可以在74880bit/s的波特率下查看系统日志信息

在74880bit/s的波特率下输出的系统日志信息如图4-4所示。

- rst cause：1—上电；2—外部复位；4—硬件看门狗复位。
- boot mode：启动模式后面有两个参数，只看第一个参数即可，1—下载模式；3—运行模式。

- chksum：chksum与csum值相等，表明启动过程中Flash读值正确。

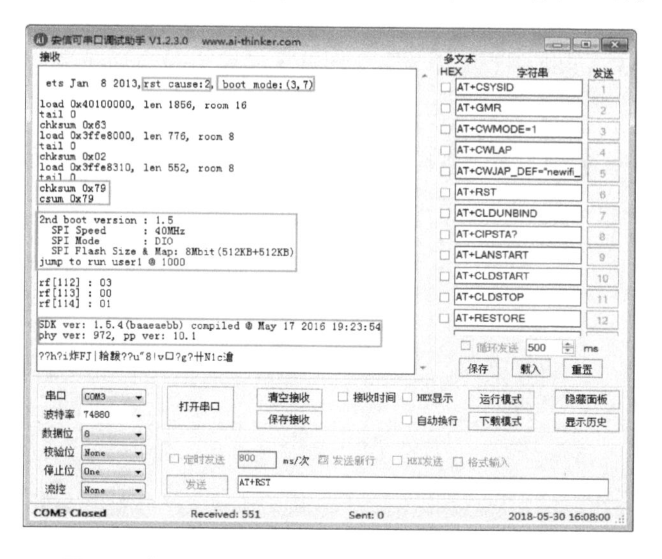

图4-4　在74880bit/s的波特率下输出的系统日志信息

4.2.2　各种状态的启动信息

ESP8266在实际使用过程中由于用户的接线方式、烧录方式以及固件编写的方式不同，会有不同的输出信息。通常我们拿在74880bit/s的波特率下输出的系统日志信息来分析。

（1）运行模式如图4-5所示。

- 波特率：74880bit/s。
- 固件：任意固件。
- 描述：“boot mode：（3，7）”表明该模式为模组的正常运行状态。

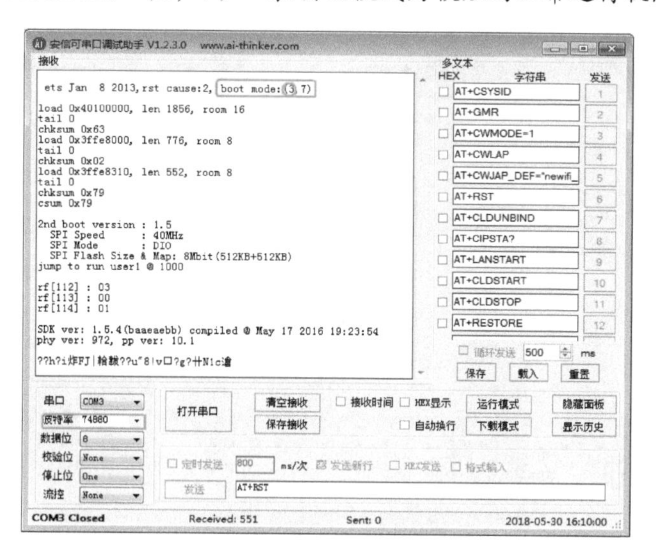

图4-5　运行模式

（2）下载模式如图4-6所示。

- 波特率：74880bit/s。
- 固件：任意固件。
- 描述：“boot mode：（1，0）” 表明该模式为模组的下载模式，当出现该字样时，表明模组进入了下载模式。

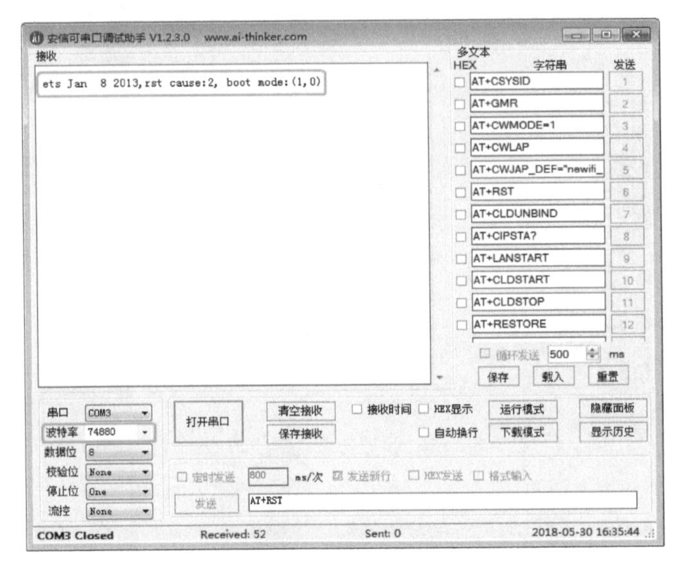

图4-6　下载模式

（3）Waiting for host如图4-7所示。

- 波特率：74880bit/s。
- 固件：任意固件。
- 描述：waiting for host 意味着启动引脚电平不对，请参考2.1节的启动模式的引脚电平说明来进行接线。

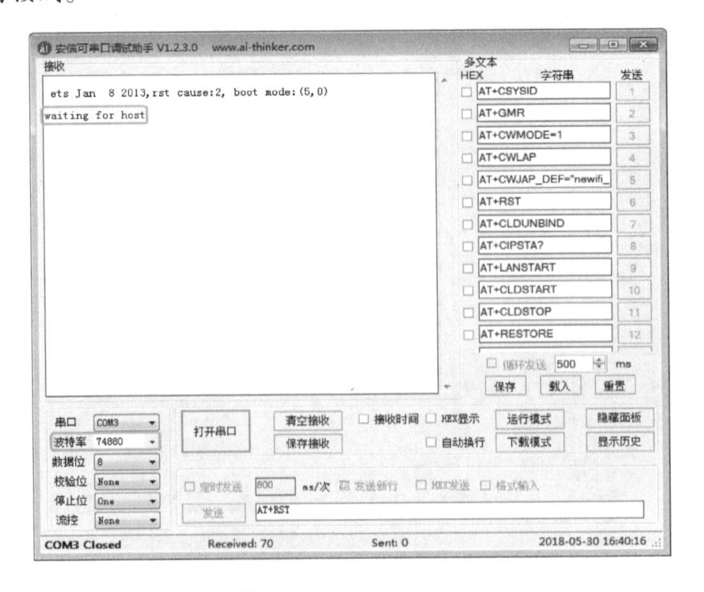

图4-7　Waiting for host

（4）ets_main.c 如图4-8所示。

- 波特率：74880 bit/s。
- 固件：任意固件。
- 描述： est_main.c 意味着固件出现异常，一般为静电导致的模组固件损坏，或者烧录的时候0x0地址的boot文件烧录错误。

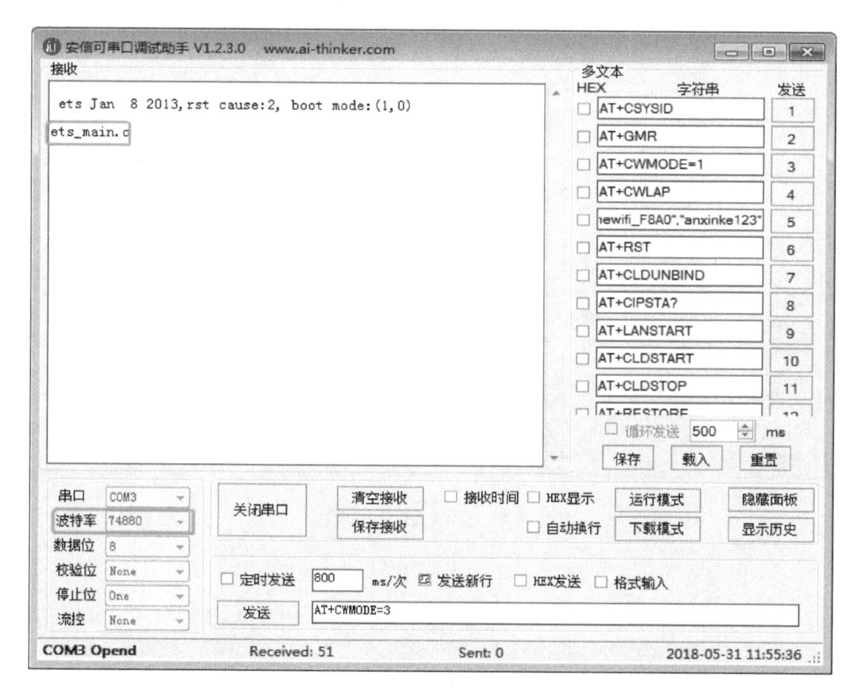

图4-8　ets_main.c

（5）Fatal exception（x）。

- 波特率：工作波特率。
- 固件：任意固件。
- 描述： Fatal exception (x)出现的原因较多，一般为自己开发的SDK固件程序崩溃或者烧录错误。出现类似的错误时首先检查一下是不是烧录固件过程中出现了错误，其次参考一下该文档：http://wiki.ai-thinker.com/_media/esp8266/esp8266_reset_causes_and_common_fatal_exception_causes.pdf。

4.3　测试AT启动指令

波特率为115200bit/s，模式为工作模式，打开串口助手，发送AT，返回OK，表示进入AT命令模式，如图4-9所示。

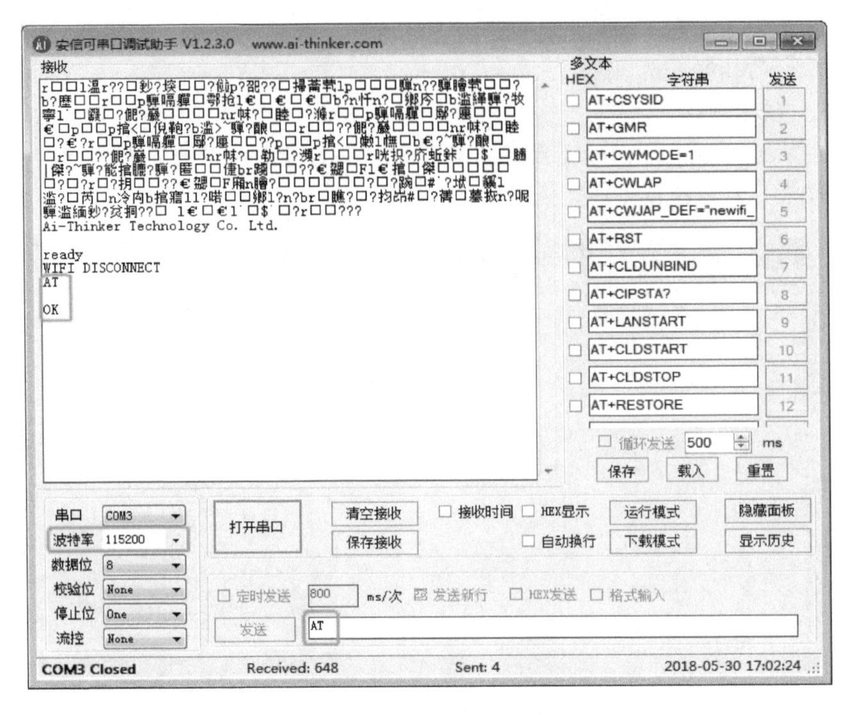

图4-9 测试AT启动指令

·第 5 章· AT指令的应用

5.1 模块AP模式下做TCP server

（1）AT　//测试AT启动，如图5-1所示。

响应：OK。

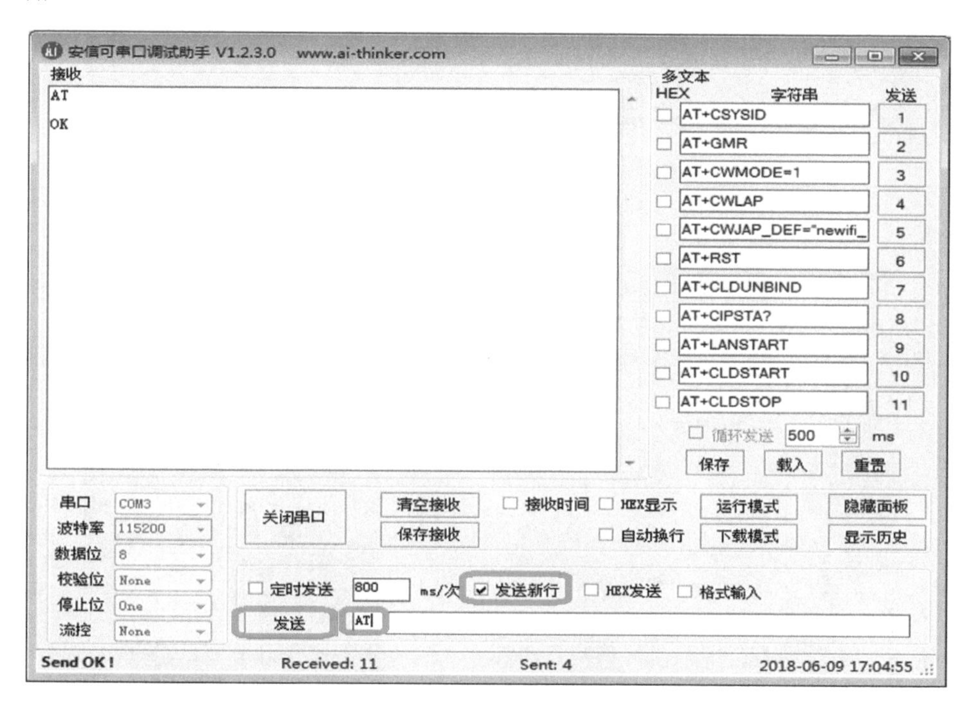

图5-1　AT　//测试AT启动

（2）AT+RESTORE　//恢复出厂设置，如图5-2所示。

响应：OK。

（3）AT+CWMODE=2　//AP模式，如图5-3所示。

响应：OK。

（4）AT+CWLAP=“ESP8266”，“12345678”，11，0　//设置模块名称、密码，如图5-4所示。

响应：OK。

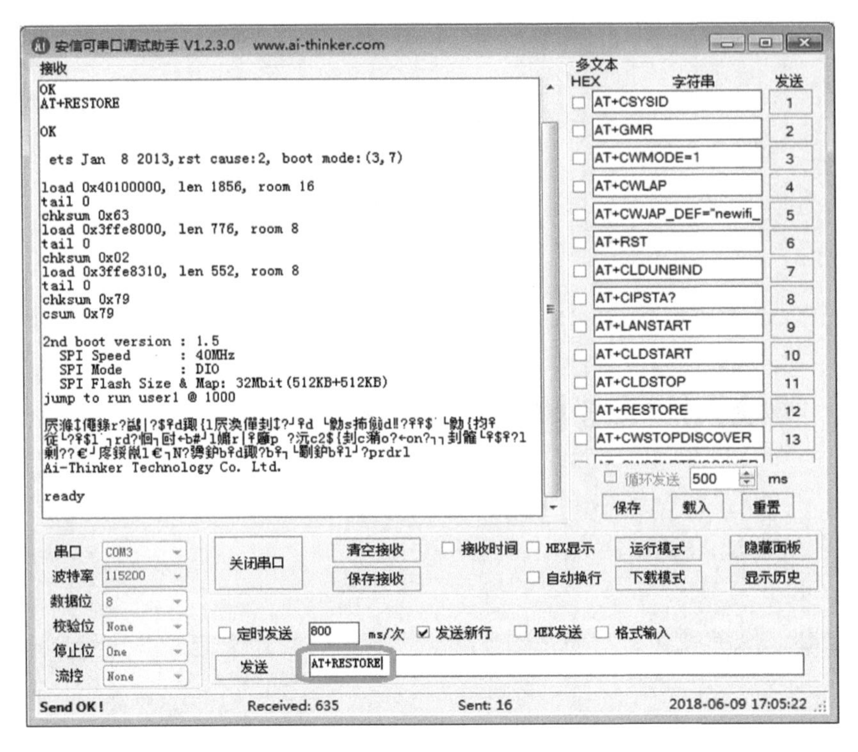

图5-2　AT+RESTORE　//恢复出厂设置

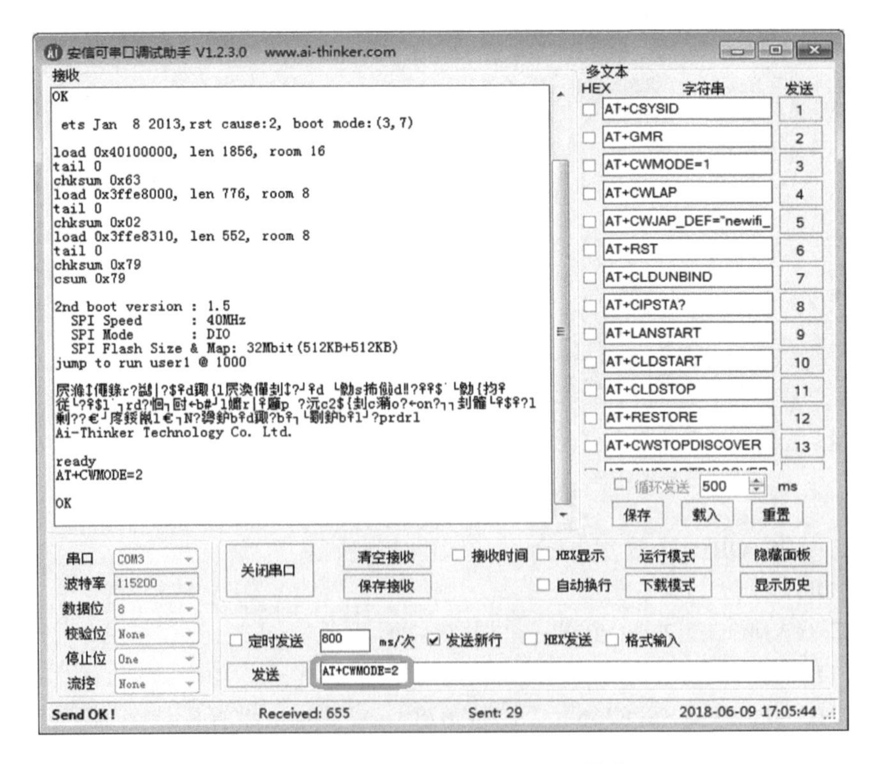

图5-3　AT+CWMODE=2　//AP模式

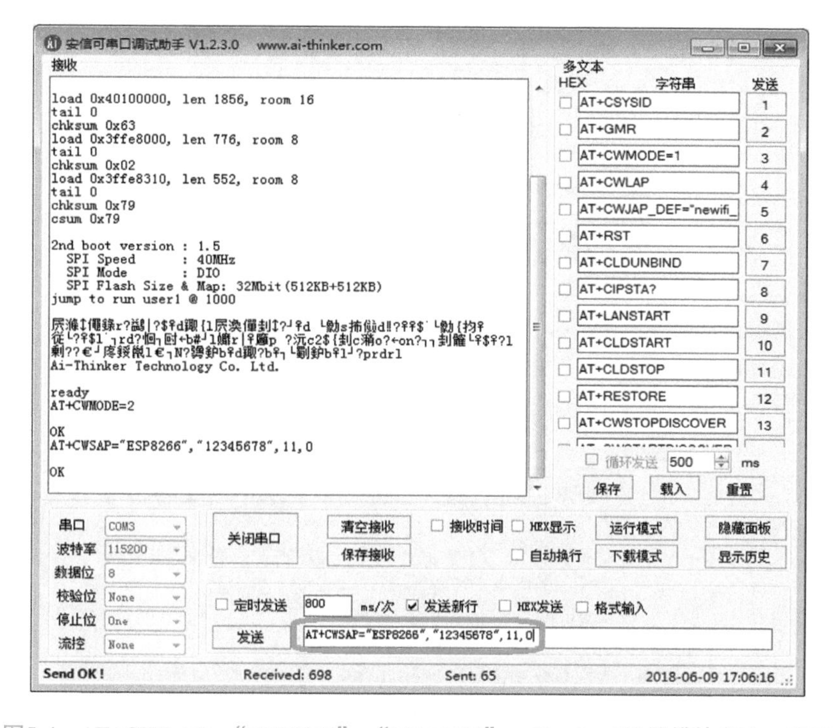

图5-4　AT+CWLAP=“ESP8266”，“12345678”，11，0　//设置模块名称、密码

（5）AT+CIPMUX=1　//多连接模式，如图5-5所示。

响应：OK。

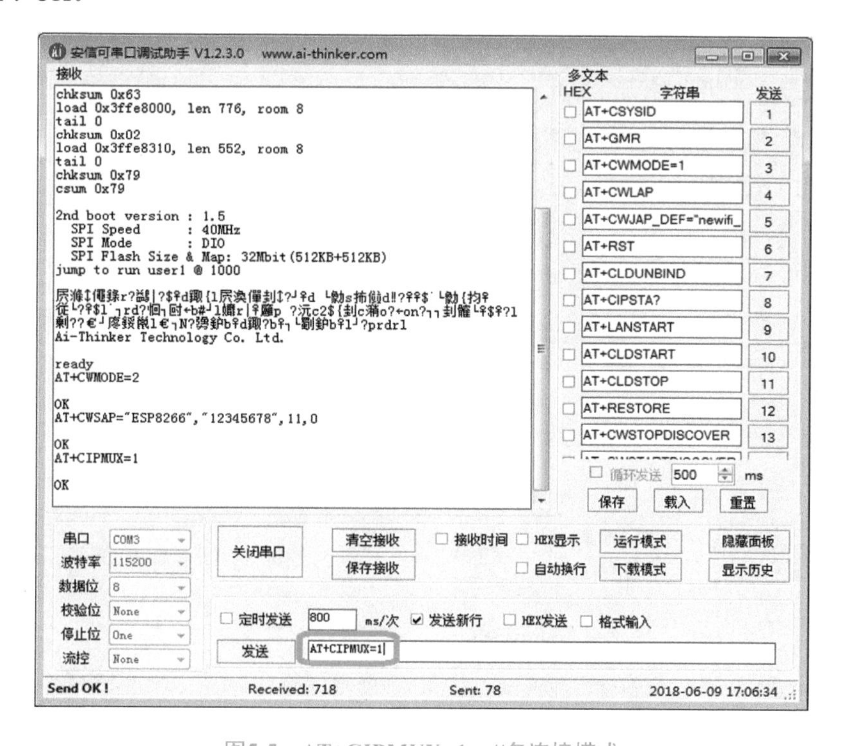

图5-5　AT+CIPMUX=1　//多连接模式

（6）AT+CIPSERVER=1，6789　//建立TCP server，如图5-6所示。响应：OK。

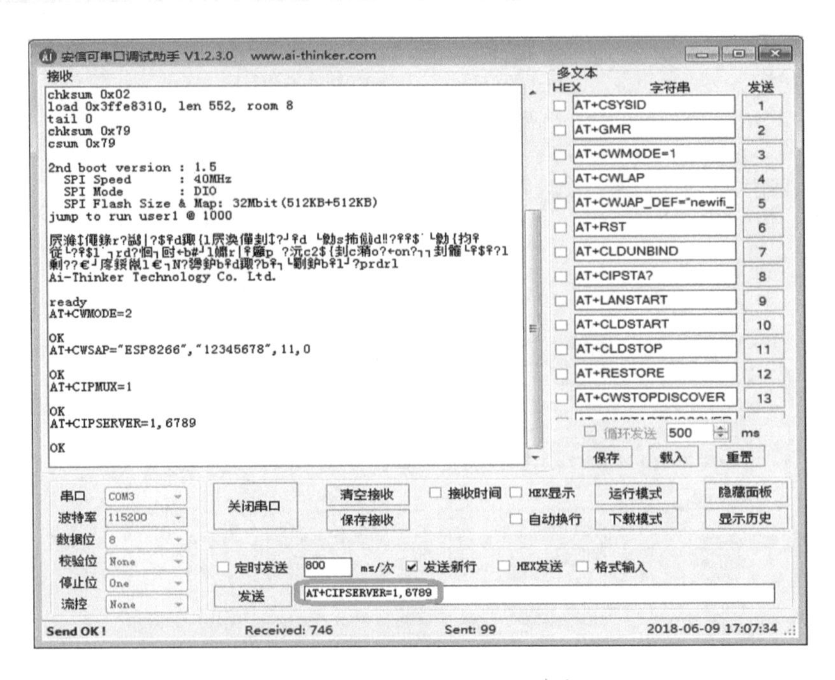

图5-6 AT+CIPSERVER=1，6789 //建立TCP server

（7）AT+CIFSR //查询本地IP地址，如图5-7所示。

响应：+CIFSR：APIP，“192.168.4.1”

+CIFSR：APMAC，“ee：fa：bc：0c：0b：97”

OK

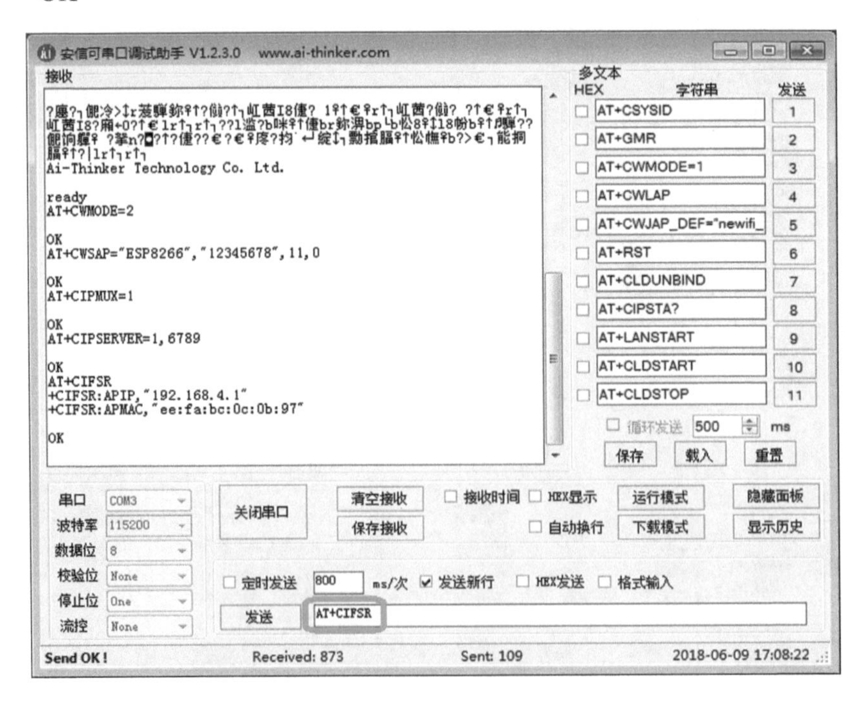

图5-7 AT+CIFSR //查询本地IP地址

（8）笔记本电脑无线连接找到ESP8266无线网络，如图5-8所示。

（9）输入密码“12345678”，连接到ESP8266，如图5-9所示。

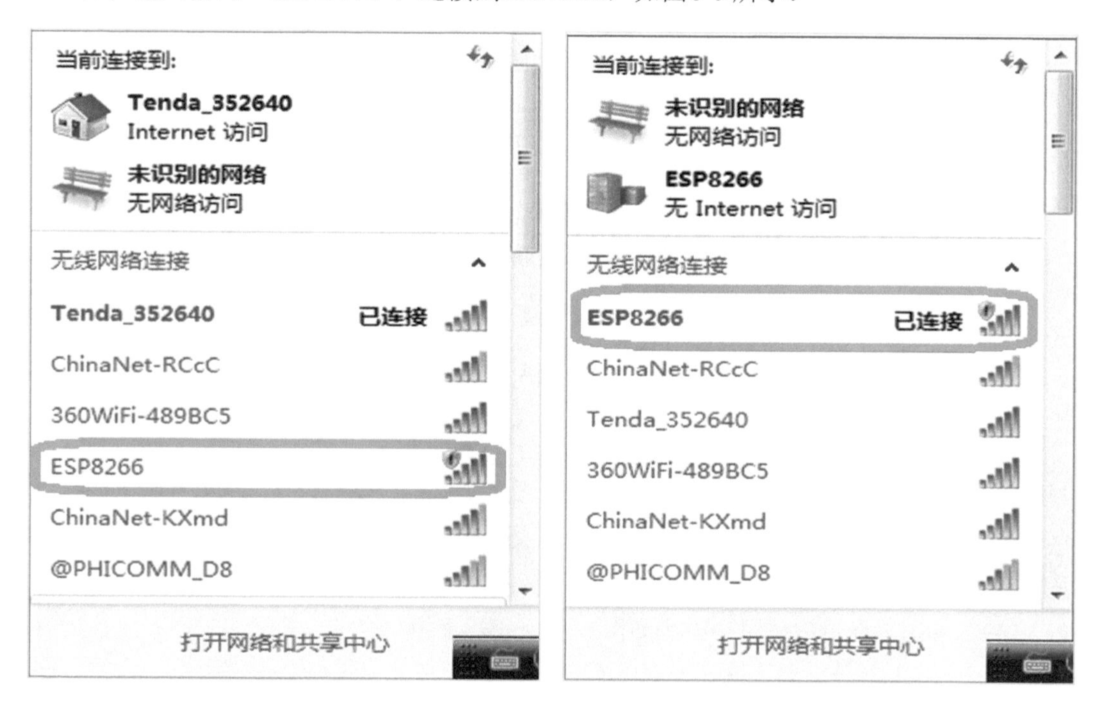

图5-8　笔记本电脑无线连接找到ESP8266无线网络　　图5-9　输入密码“12345678”，连接到ESP8266

（10）打开TCP & UDP测试工具，如图5-10所示。

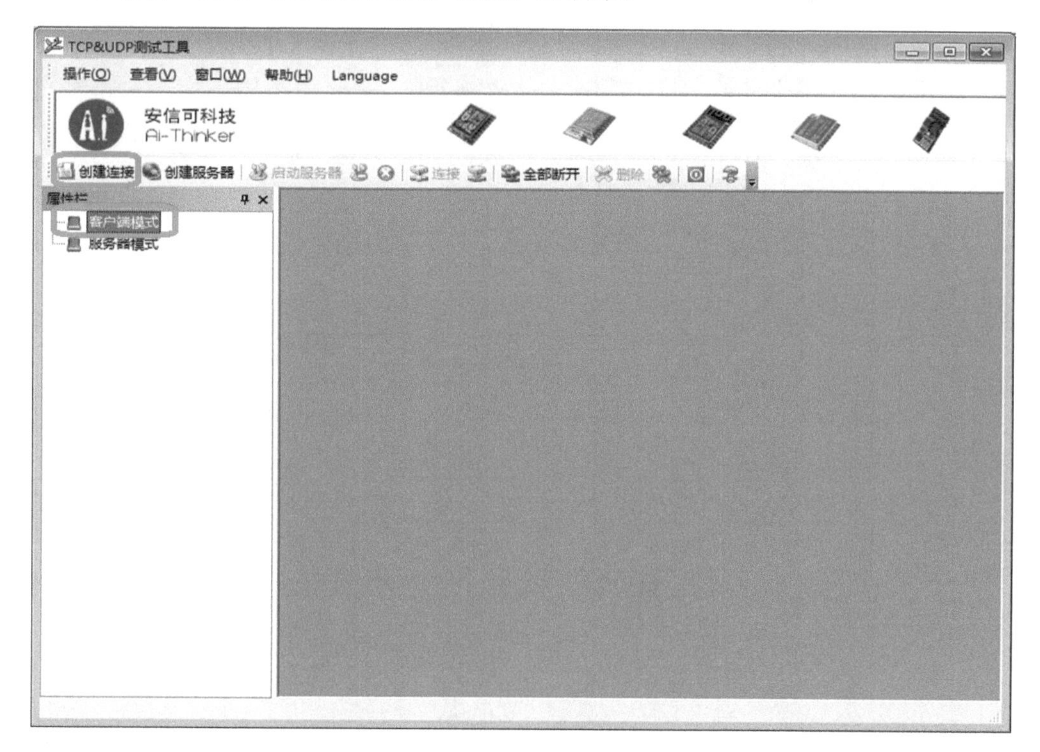

图5-10　打开TCP&UDP测试工具

（11）选择“客户端模式”，单击“创建连接”，弹出如图5-11所示对话框。

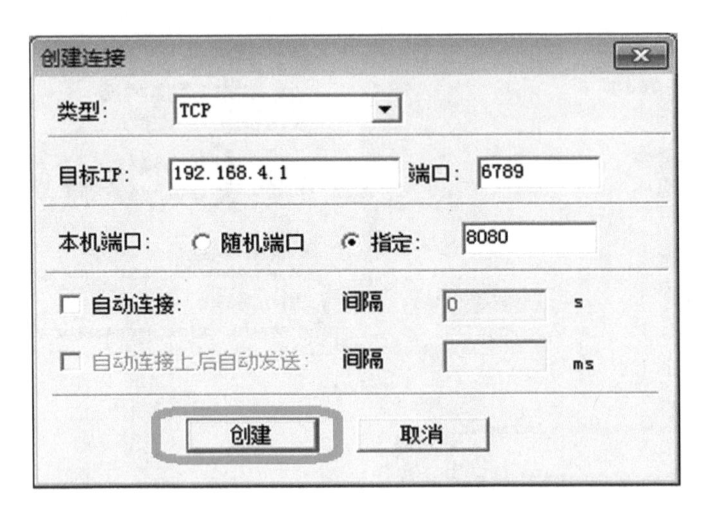

图5-11 “创建连接”对话框

（12）单击“创建”按钮，得到如图5-12所示界面。

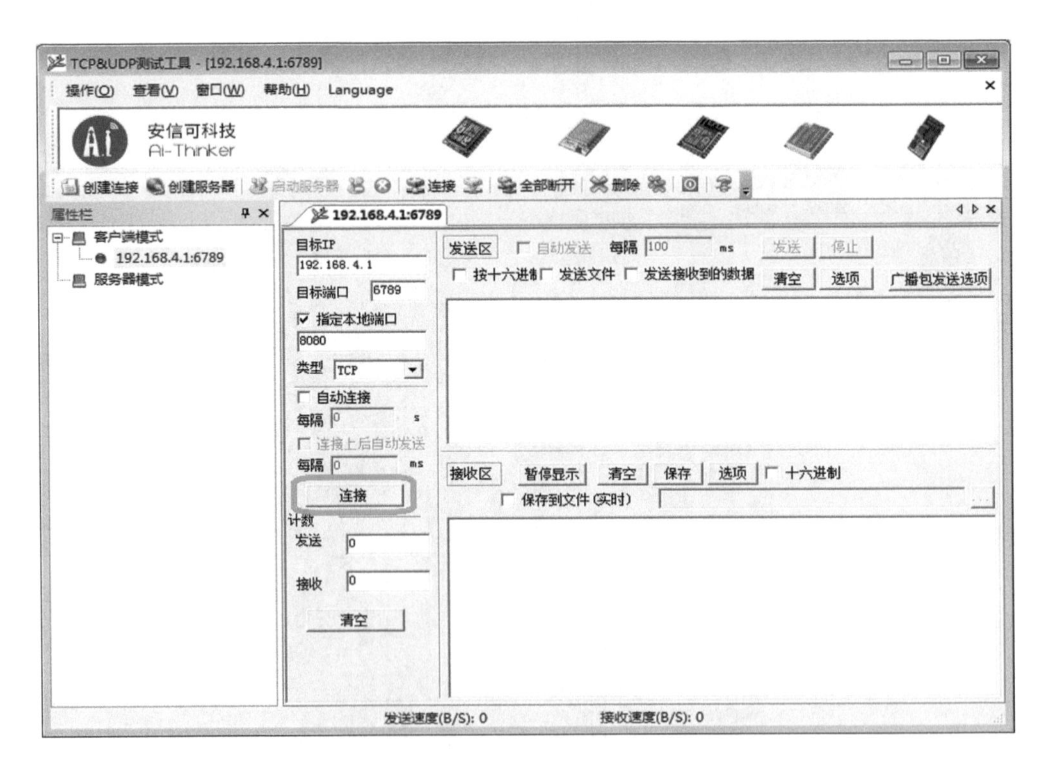

图5-12 单击“创建”按钮后得到的界面

（13）单击“连接”按钮，得到如图5-13所示界面。

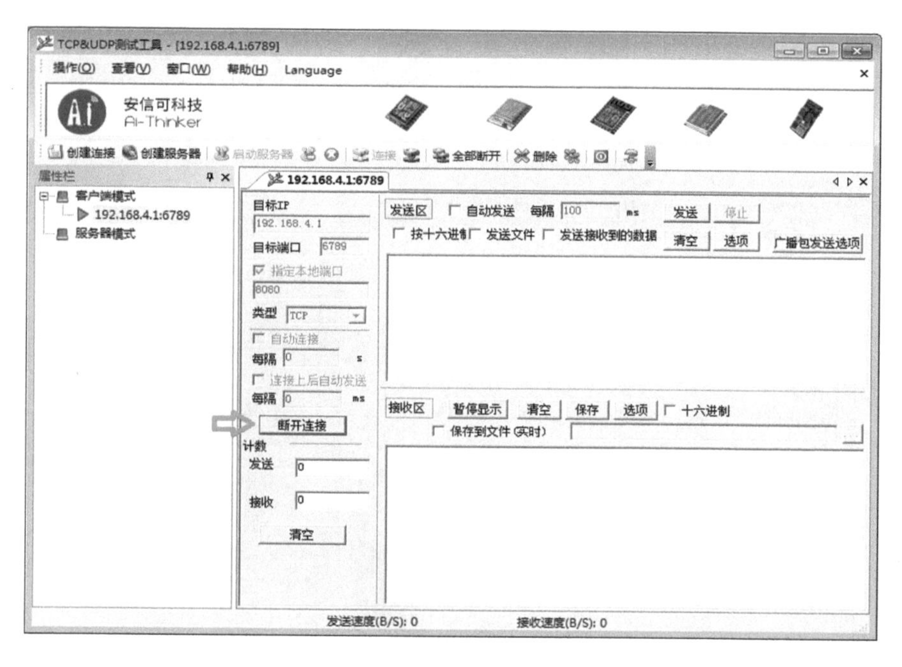

图5-13 单击"连接"按钮后得到的界面

（14）安信可串口调试助手的响应为"0，CONNECT"，如图5-14所示。

图5-14 安信可串口调试助手的响应为"0，CONNECT"

（15）AT+CIPSEND=0，3 //向网络连接号为0的ID发送3个数据，如图5-15所示。
响应：OK。

图5-15 AT+CIPSEND=0，3 //向网络连接号为0的ID发送3个数据

（16）发送数据123，如图5-16所示。

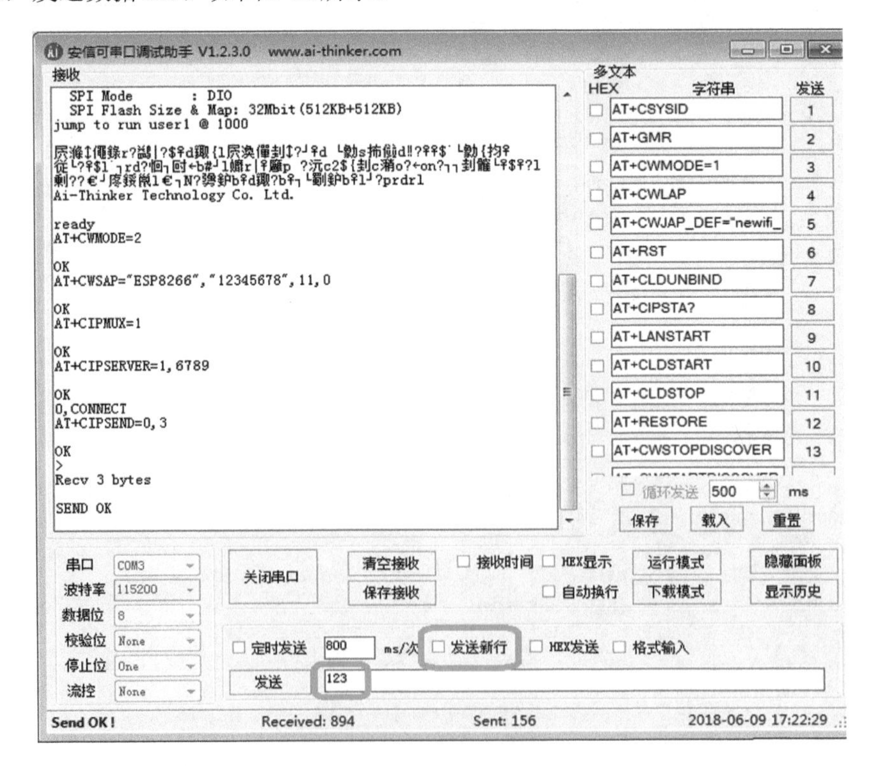

图5-16 发送数据123

（17）TCP & UDP测试工具收到数据123，如图5-17所示。

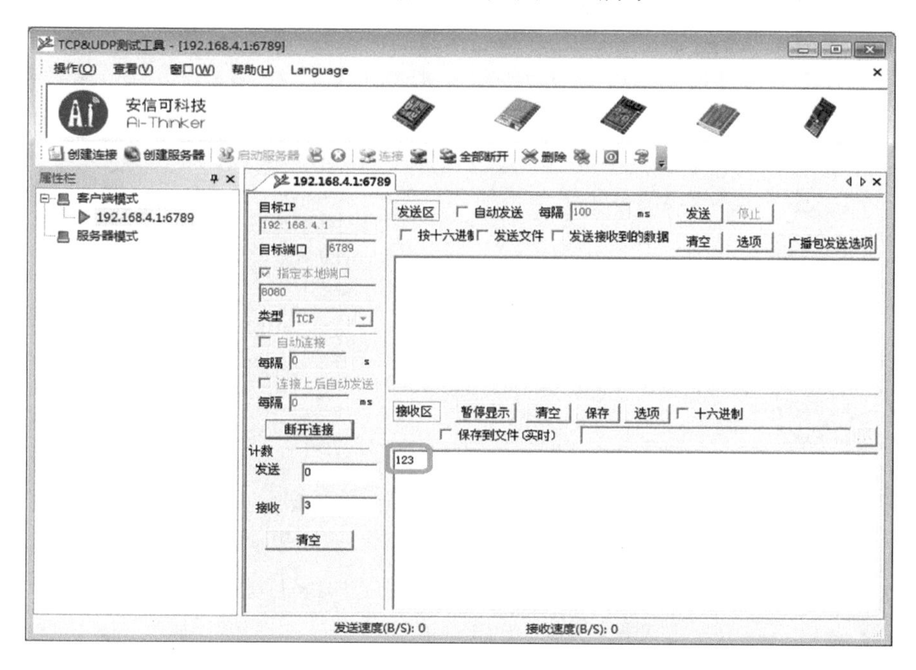

图5-17　TCP&UDP测试工具收到数据123

（18）TCP & UDP测试工具发送345，如图5-18所示。

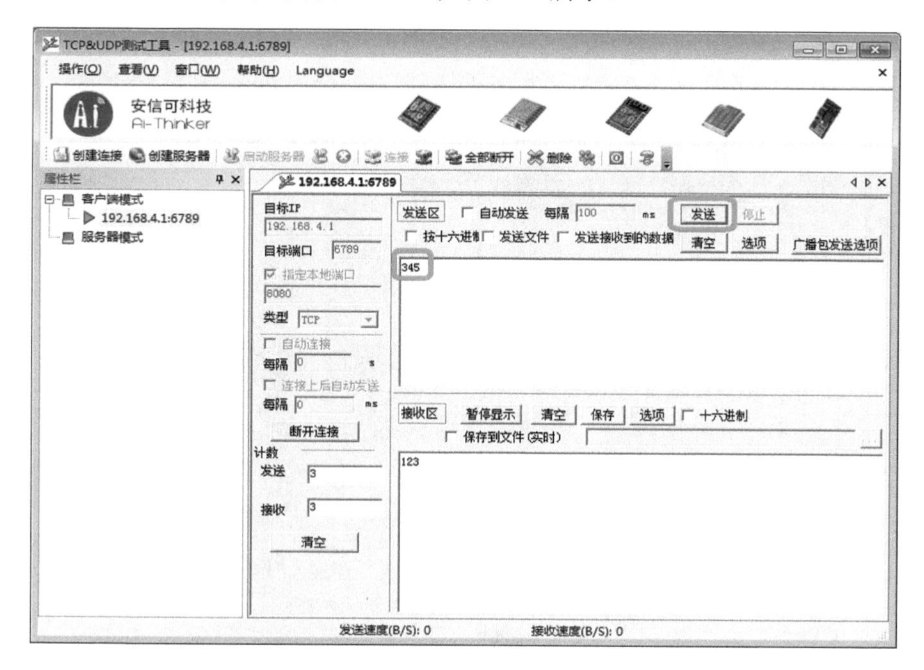

图5-18　TCP&UDP测试工具发送345

（19）安信可串口调试助手收到345，如图5-19所示。

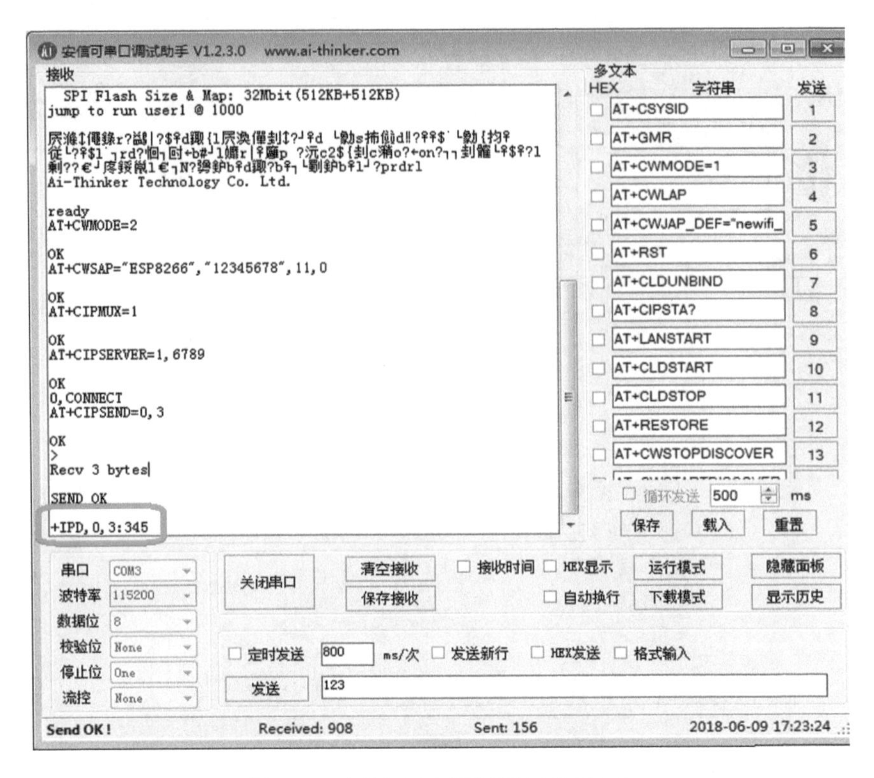

图5-19　安信可串口调试助手收到345

（20）+++　//退出透传，如图5-20所示。响应：+++。

图5-20　+++　//退出透传

5.2　模块 STA 模式下做 TCP server

（1）AT　//测试 AT 启动，如图 5-21 所示。响应：OK。

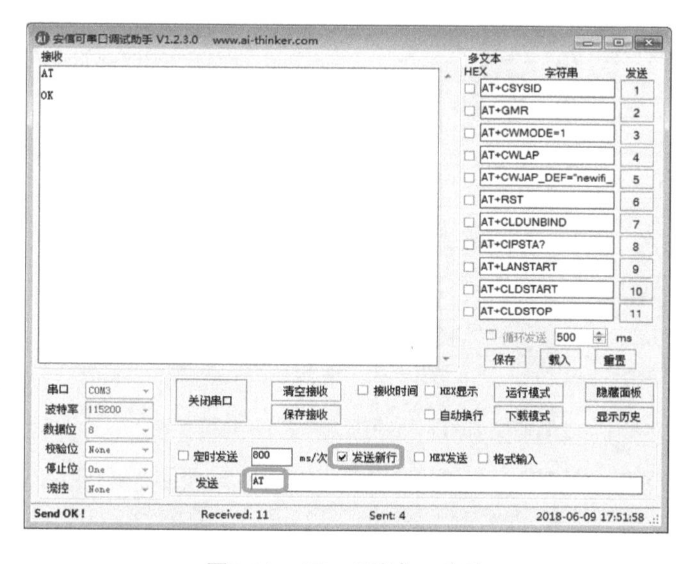

图5-21　AT　//测试AT启动

（2）AT+RESTORE　//恢复出厂设置，如图 5-22 所示。响应：OK。

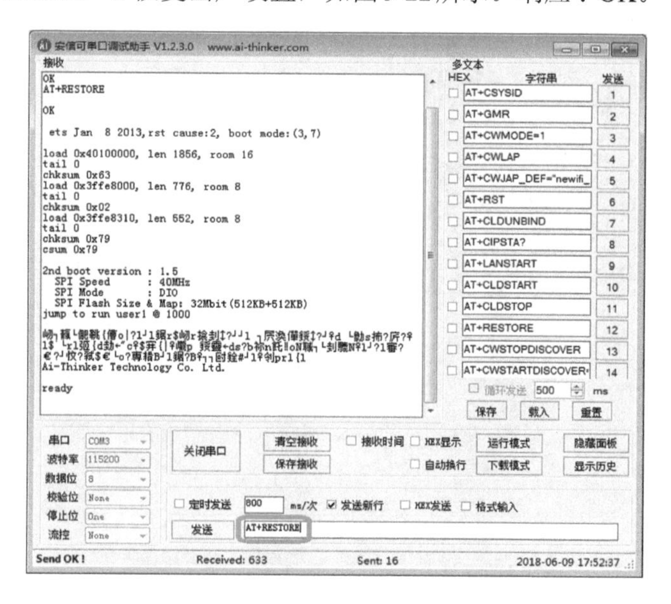

图5-22　AT+RESTORE　//恢复出厂设置

（3）AT+CWMODE=1　//station 模式，如图 5-23 所示。响应：OK。

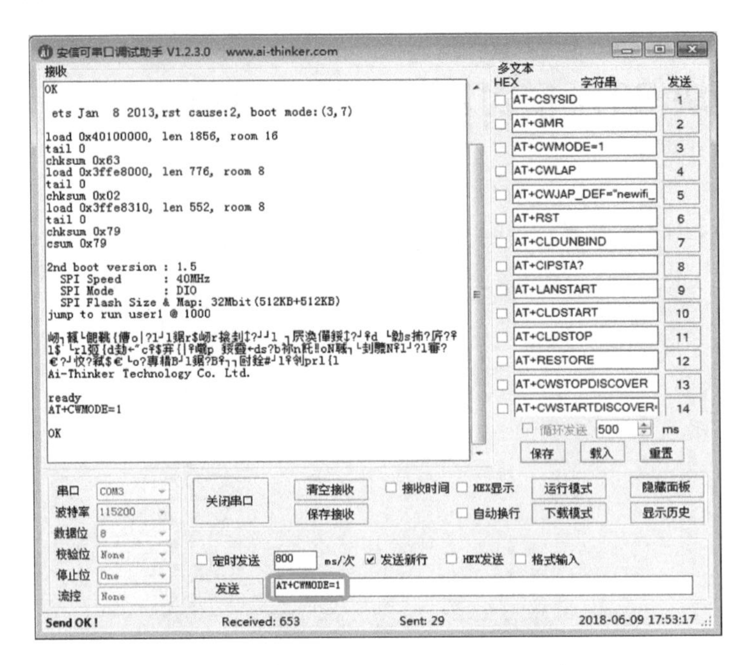

图5-23　AT+CWMODE=1　//station 模式

（4）AT+CWLAP　//扫描当前可用的AP，如图5-24所示。响应：…… OK。

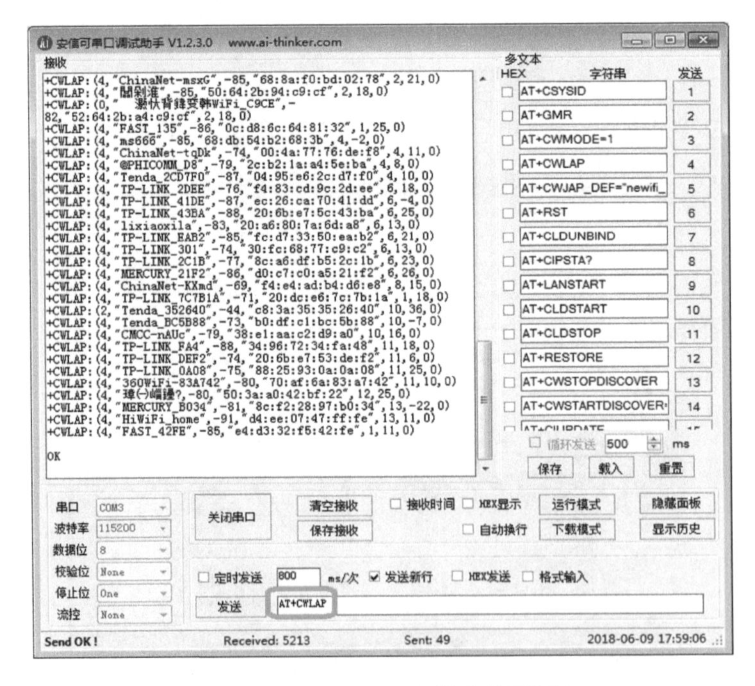

图5-24　AT+CWLAP　//扫描当前可用的AP

（5）AT+CWJAP=“Tenda_352640”，“wwwweeee”　//连接AP、SSID、PWD，如图5-25所示。

响应：WIFI CONNECTED

WIFI GOT IP

OK

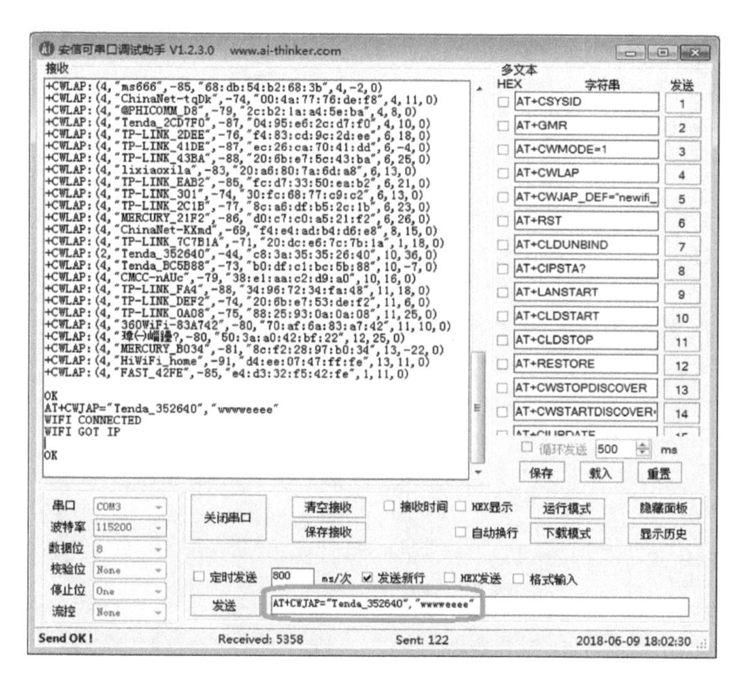

图5-25　AT+CWJAP=“Tenda_352640”，“wwwweeee”　//连接AP、SSID、PWD

（6）AT+CIFSR　//查询本地IP地址，如图5-26所示。

响应：+CIFSR：STAIP，“192.168.0.104”

　　　+CIFSR：STAMAC，“5c：cf：7f：3e：6d：87”

　　　OK

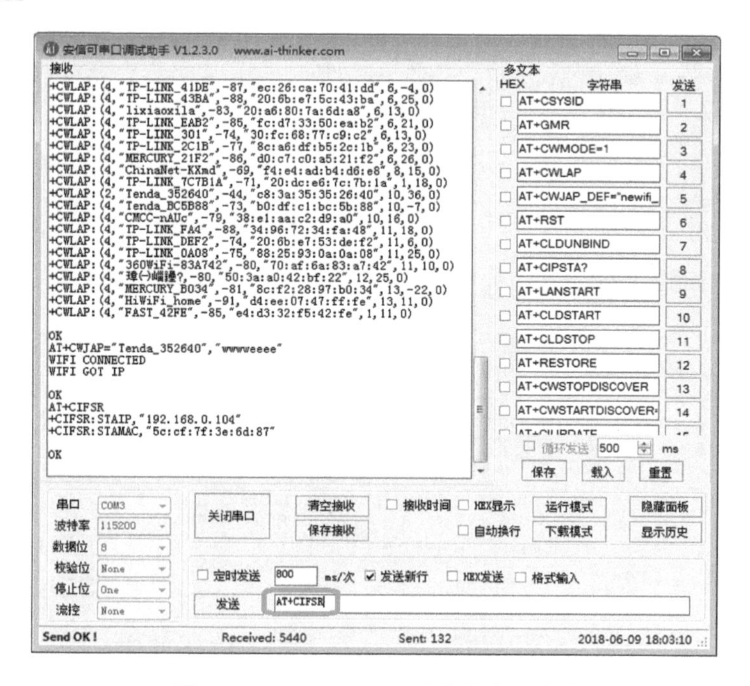

图5-26　AT+CIFSR　//查询本地IP地址

（7）AT+CIPMUX=1　//多连接模式，如图5-27所示。响应：OK。

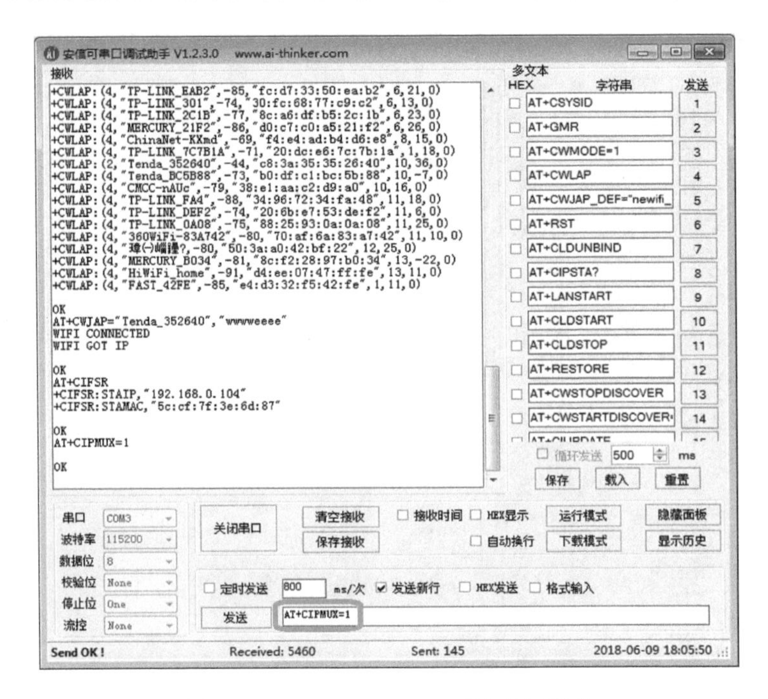

图5-27　AT+CIPMUX=1　//多连接模式

（8）AT+CIPSERVER=1，5678　//建立TCP server，端口号为5678，如图5-28所示。响应：OK。

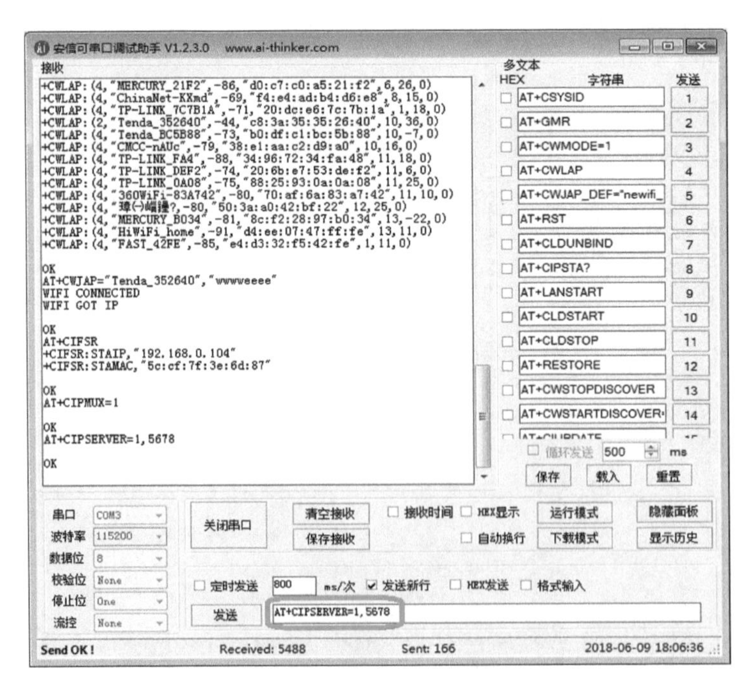

图5-28　AT+CIPSERVER=1，5678　//建立TCP server，端口号为5678

（9）笔记本电脑无线连接找到无线网络Tenda_352640，如图5-29所示。

（10）输入密码“wwwweeee”，连接到Tenda_352640，如图5-30所示。

图5-29　笔记本电脑无线连接找到无线网络Tenda_352640

图5-30　输入密码“wwwweeee”，连接到Tenda_352640

（11）打开TCP & UDP测试工具，如图5-31所示。

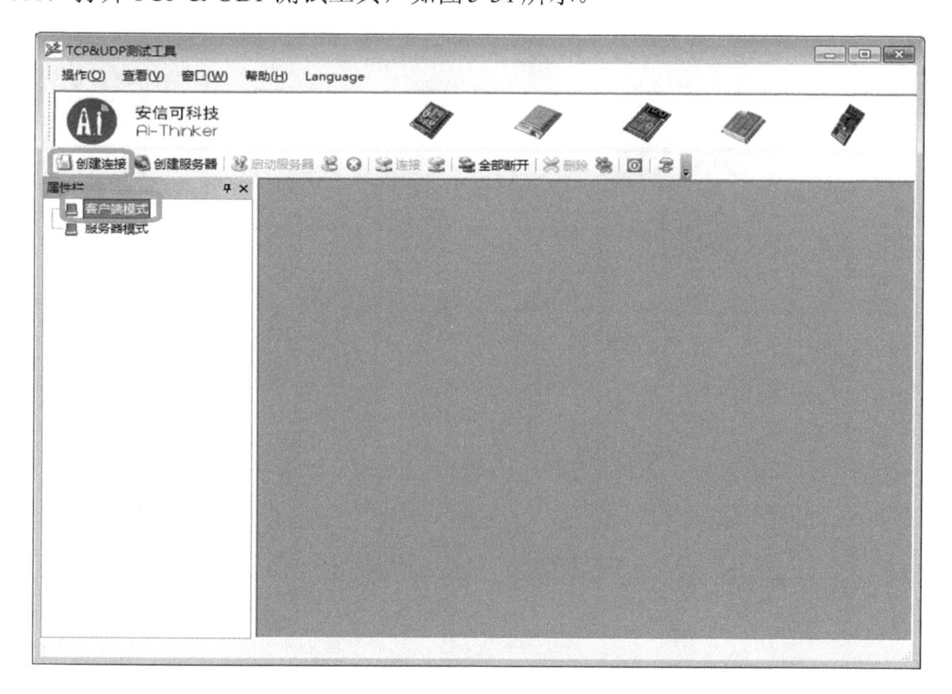

图5-31　打开TCP&UDP测试工具

（12）选择“客户端模式”，单击“创建连接”，弹出如图5-32所示对话框。

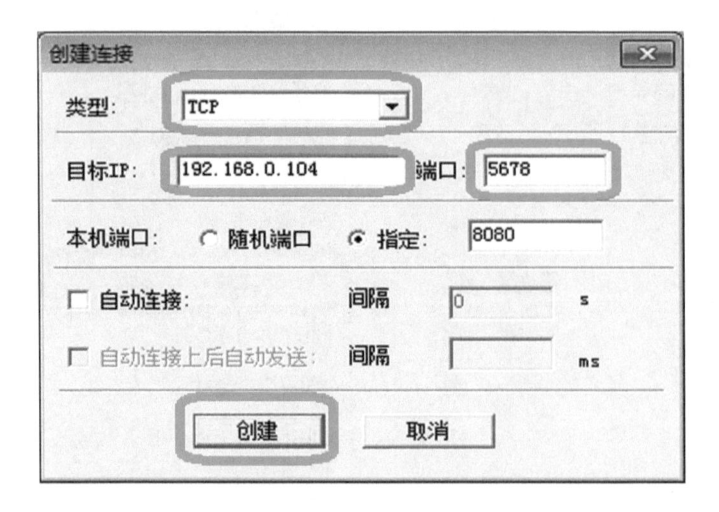

图5-32　“创建连接”对话框

（13）单击“创建”按钮，得到如图5-33所示界面。

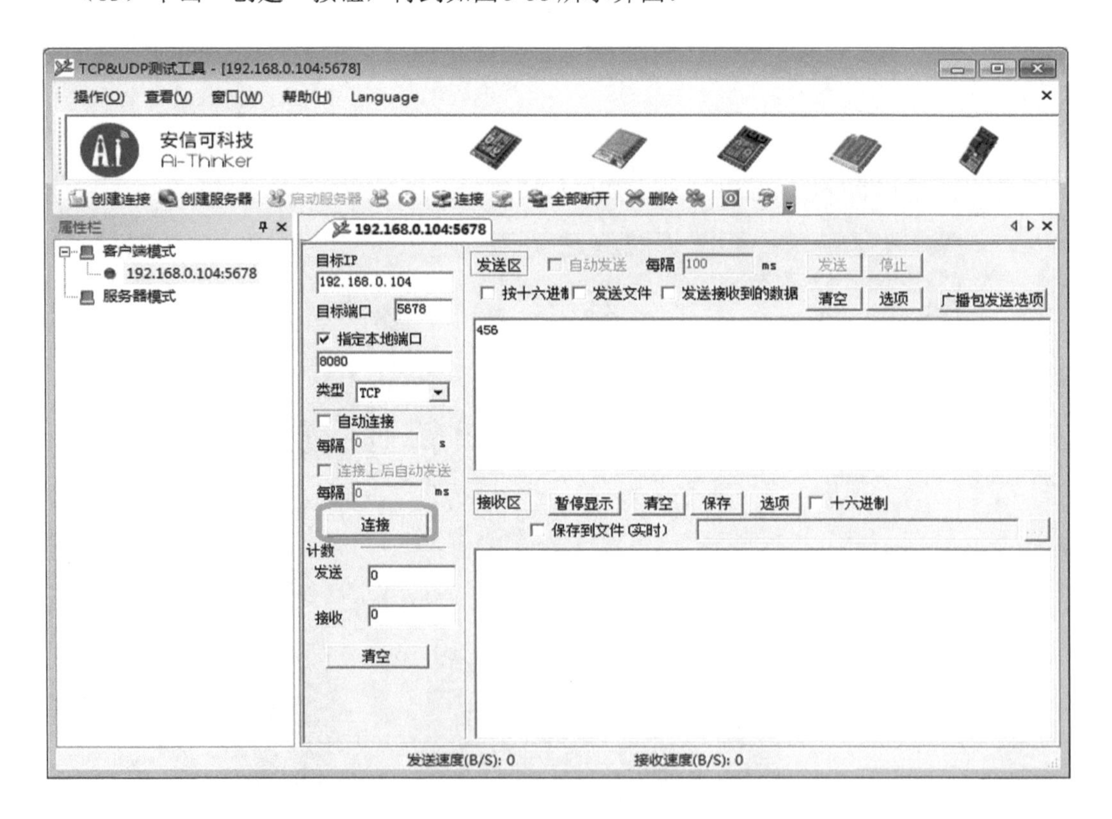

图5-33　单击“创建”按钮后得到的界面

（14）单击“连接”按钮，得到如图5-34所示界面。

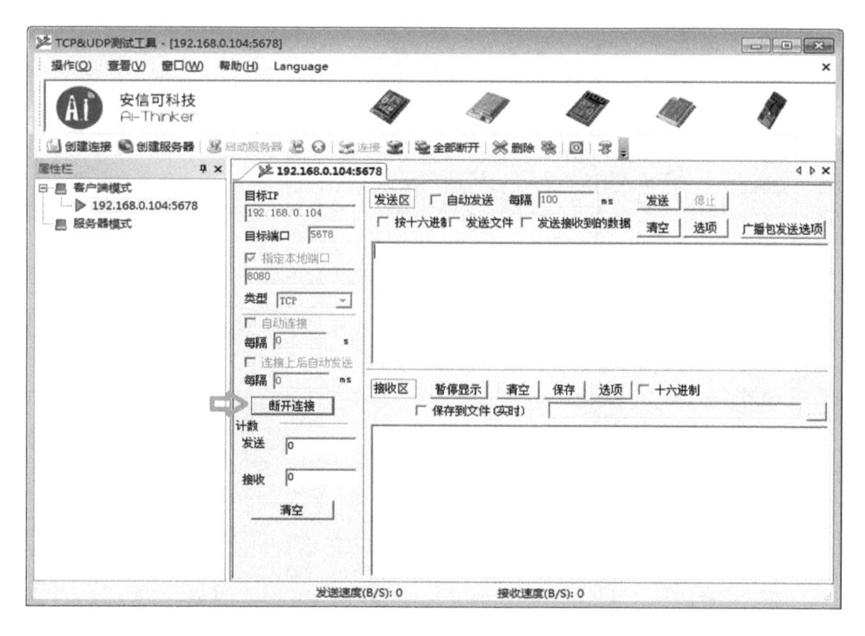

图5-34　单击“连接”按钮后得到的界面

（15）安信可串口调试助手的响应为“0，CONNECT”，如图5-35所示。

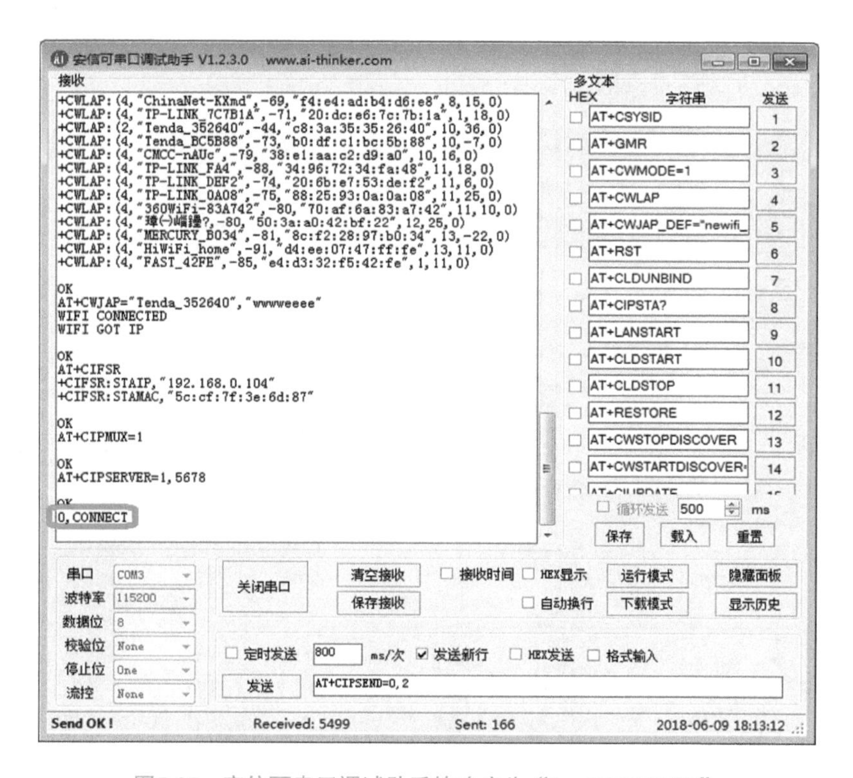

图5-35　安信可串口调试助手的响应为“0，CONNECT”

（16）AT+CIPSEND=0，2　//向网络连接号为0的ID发送2个数据，如图5-36所示。

响应：OK。

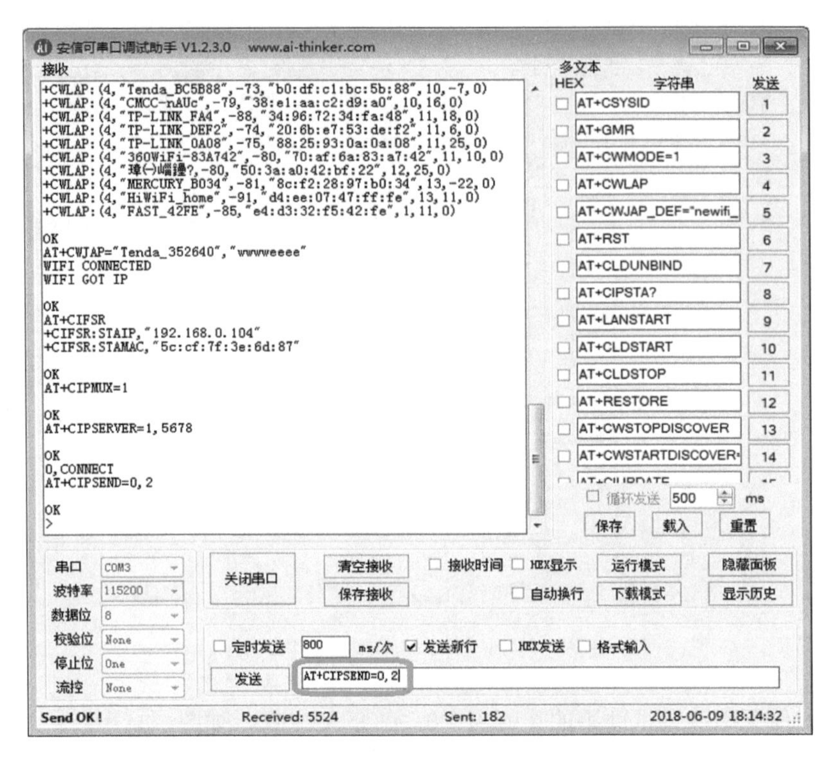

图5-36　AT+CIPSEND=0，2　//向网络连接号为0的ID发送2个数据

（17）发送数据45，如图5-37所示。

图5-37　发送数据45

（18）TCP & UDP测试工具收到数据45，如图5-38所示。

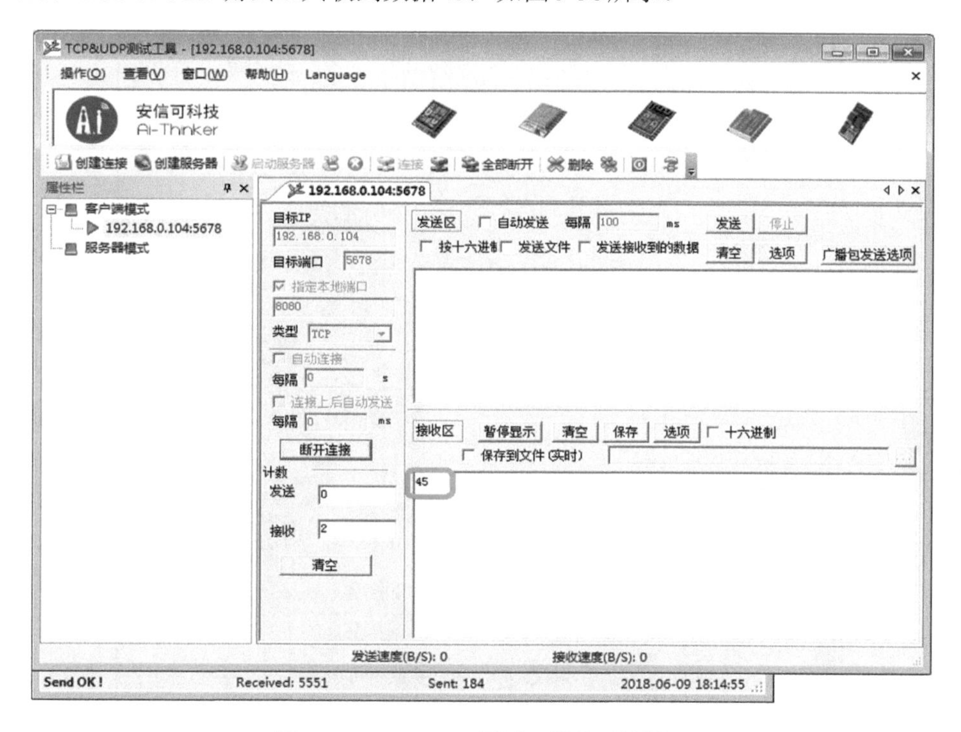

图5-38　TCP&UDP测试工具收到数据45

（19）TCP & UDP测试工具发送数据13，如图5-39所示。

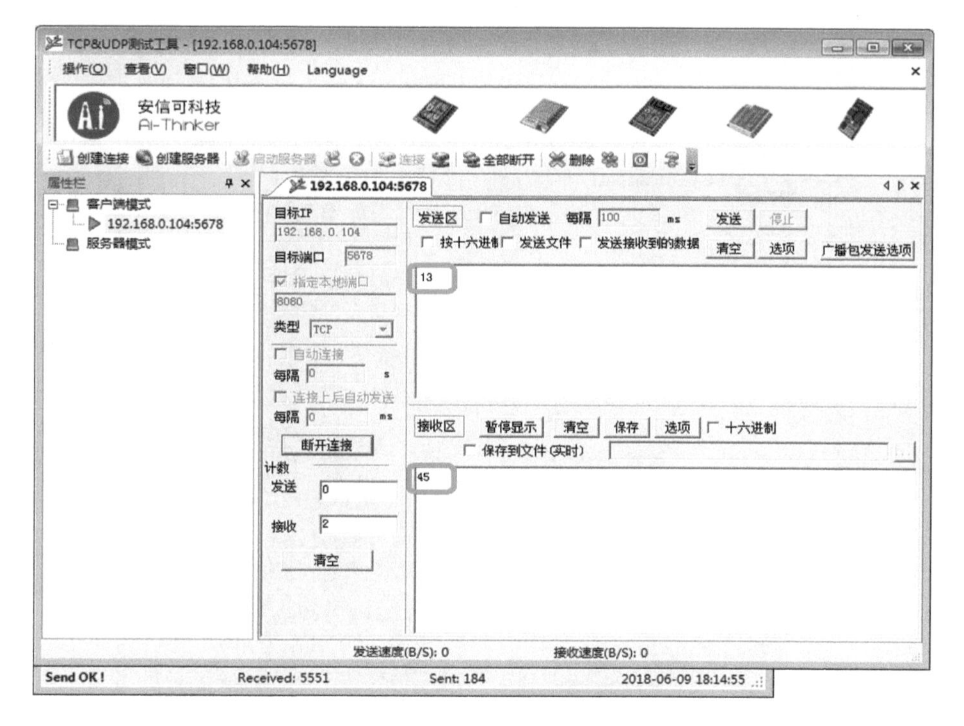

图5-39　TCP&UDP测试工具发送数据13

（20）安信可串口调试助手收到数据13，如图5-40所示。

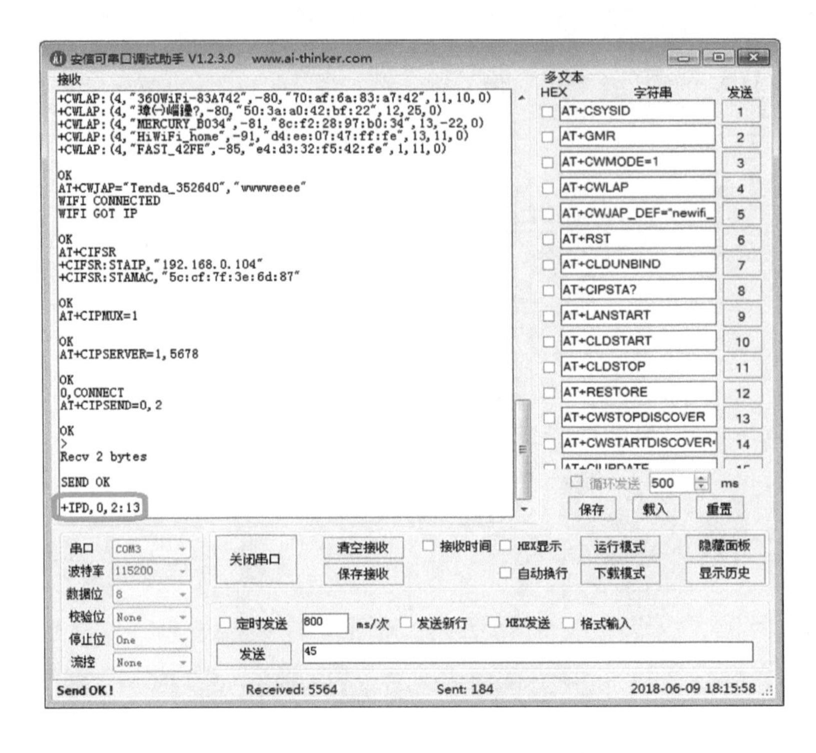

图5-40　安信可串口调试助手收到数据13

（21）+++　//退出透传，如图5-41所示。响应：+++。

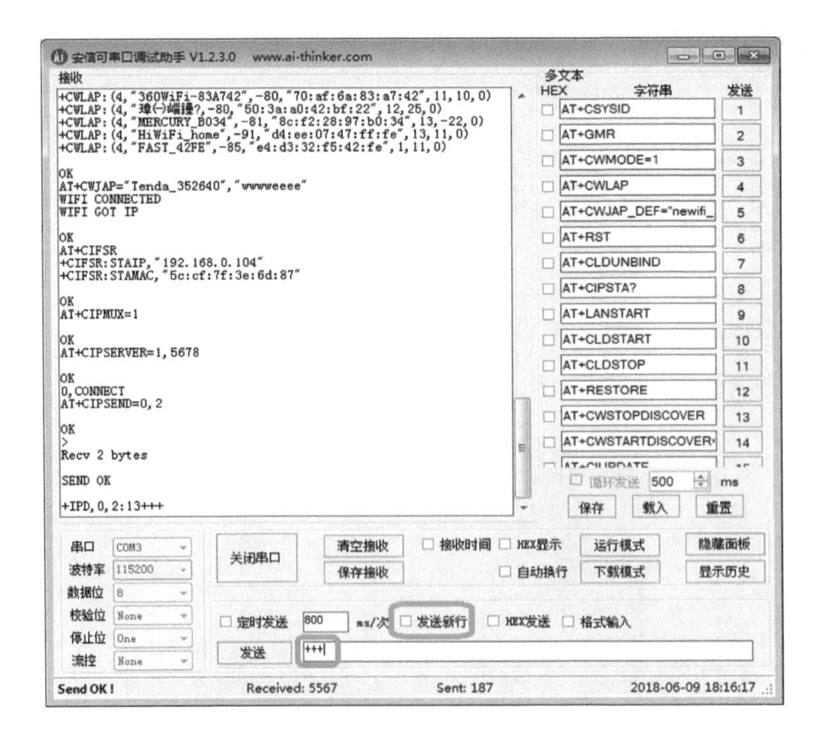

图5-41　+++　//退出透传

5.3　模块TCP client透传模式

（1）AT　//测试AT启动，如图5-42所示。响应：OK。

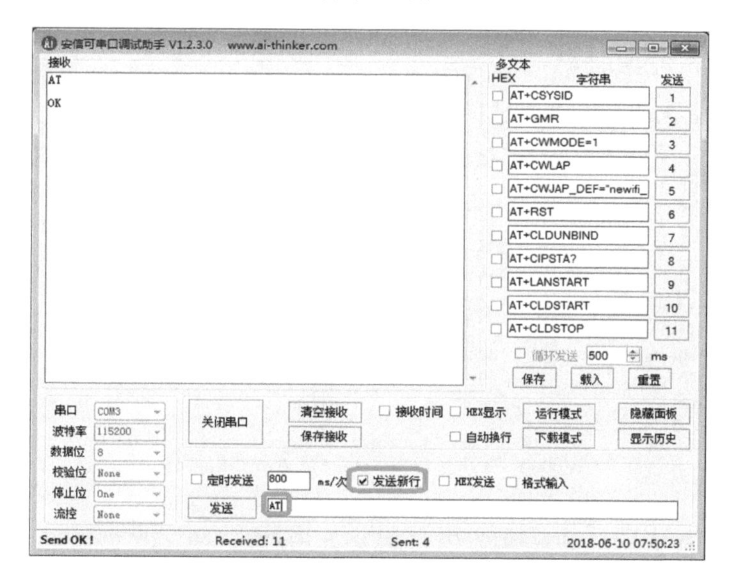

图5-42　AT　//测试AT启动

（2）AT+RESTORE　//恢复出厂设置，如图5-43所示。响应：OK。

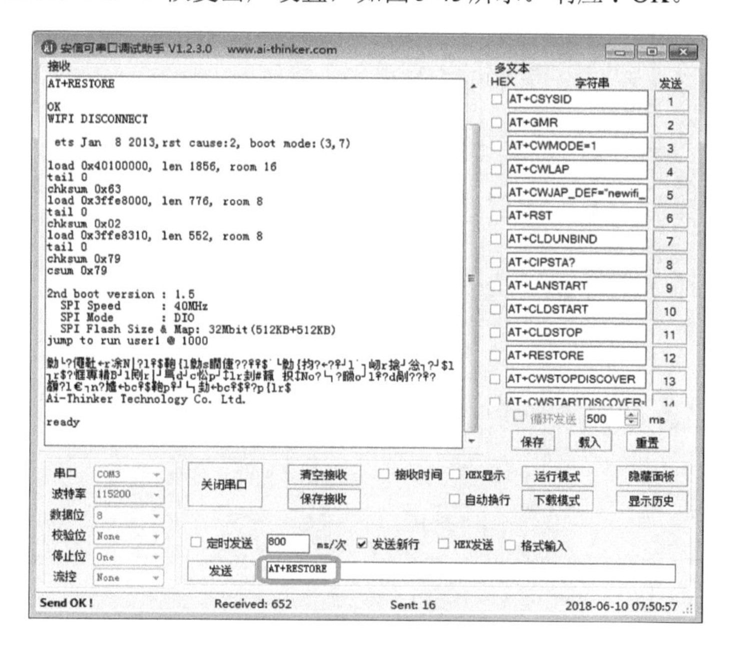

图5-43　AT+RESTORE　//恢复出厂设置

（3）AT+CWMODE=1　// station 模式，如图5-44所示。响应：OK。

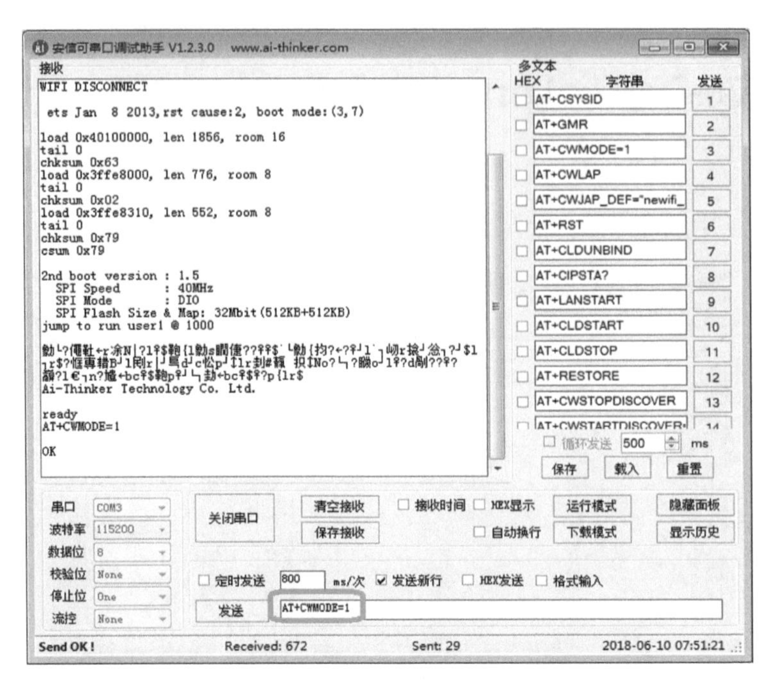

图5-44 AT+CWMODE=1 // station 模式

（4）AT+CWLAP //扫描当前可用的AP，如图5-45所示。响应：……OK。

图5-45 AT+CWLAP //扫描当前可用的AP

（5）AT+CWJAP=“Tenda_352640”，“wwwweeee” //连接AP，如图5-46所示。

响应：WIFI CONNECTED

WIFI GOT IP

OK

图5-46　AT+CWJAP="Tenda_352640"，"wwwweeee"　//连接AP

（6）AT+CIFSR　//查询本地IP地址，如图5-47所示。

响应：+CIFSR：STAIP，"192.168.0.102"

　　+CIFSR：STAMAC，" 5c：cf：7f：3e：6d：87"

　　OK

图5-47　AT+CIFSR　//查询本地IP地址

（7）AT+CIPMUX=0　//设置为多连接模式，如图5-48所示。响应：OK。

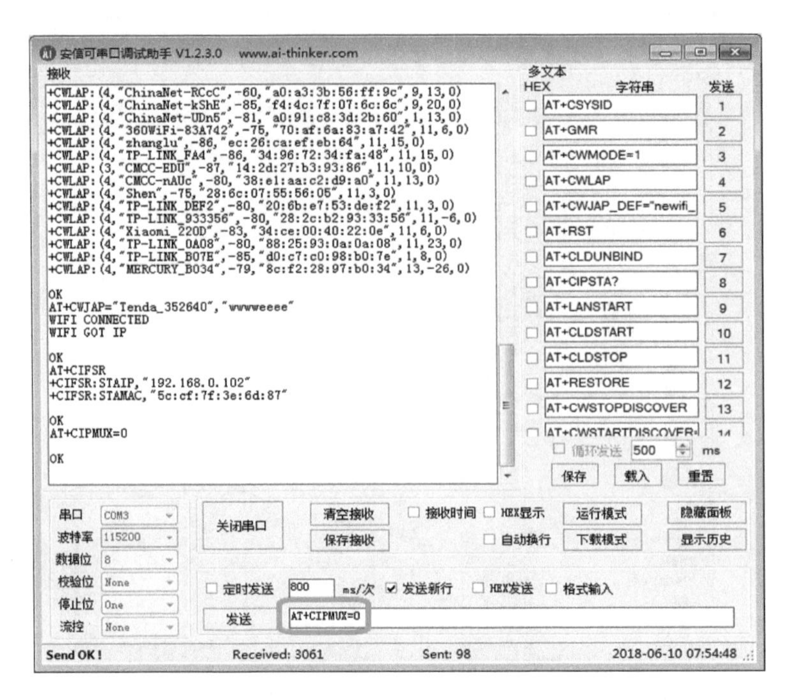

图5-48 AT+CIPMUX=0 //设置为多连接模式

（8）AT+CIPMODE=1 //设置为透传模式，如图5-49所示。响应：OK。

图5-49 AT+CIPMODE=1 //设置为透传模式

（9）笔记本电脑无线连接找到无线网络Tenda_352640，如图5-50所示。

（10）输入密码“wwwweeee”，连接到Tenda_352640，如图5-51所示。

图5-50　笔记本电脑无线连接找到无线网络Tenda_352640

图5-51　输入密码“wwwweeee”，连接到 Tenda_352640

（11）打开 TCP & UDP 测试工具，如图 5-52 所示。

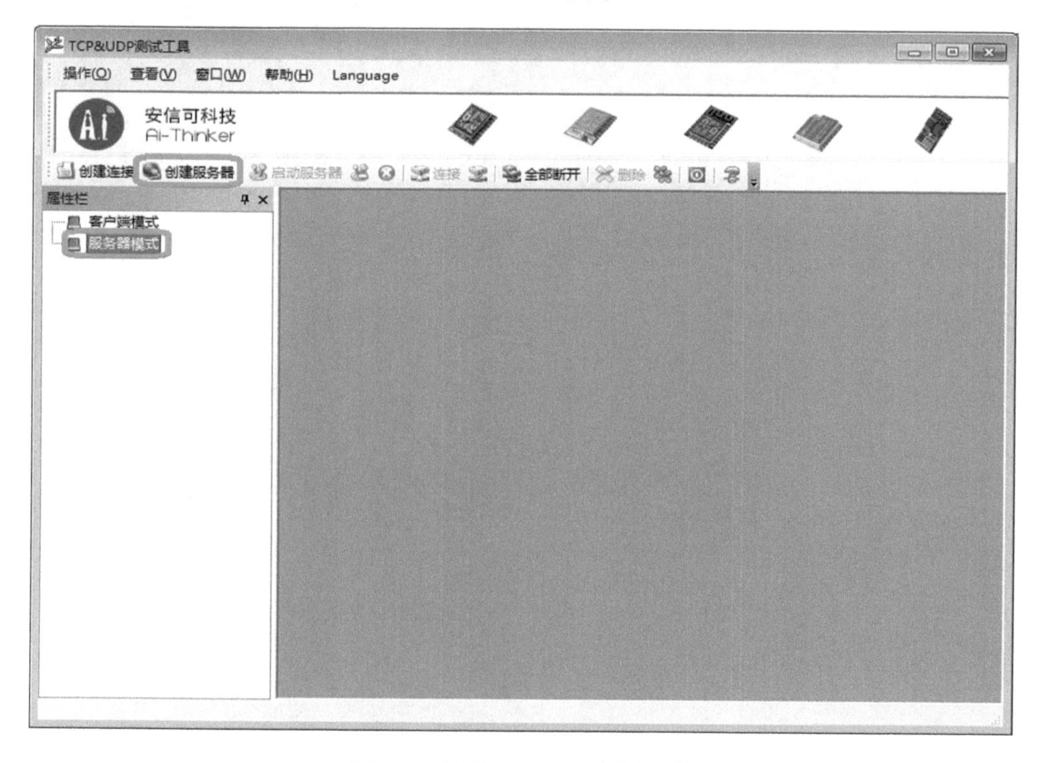

图5-52　打开TCP&UDP测试工具

（12）选择“服务器模式”，单击“创建服务器”，弹出如图5-53所示对话框。

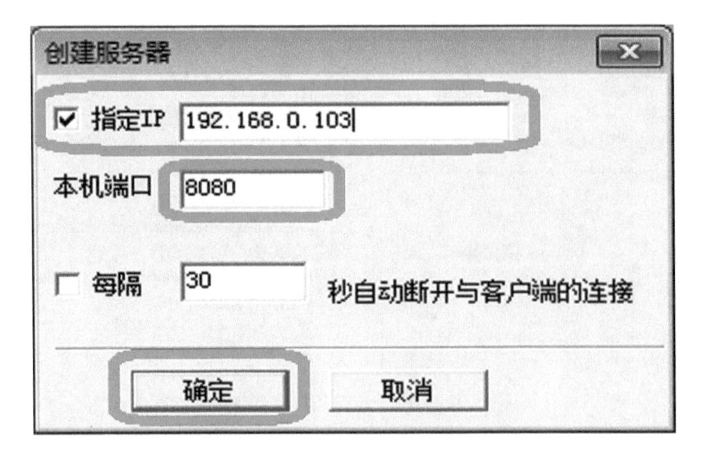

图5-53 “创建服务器”对话框

（13）单击“确定”按钮，得到如图5-54所示界面。

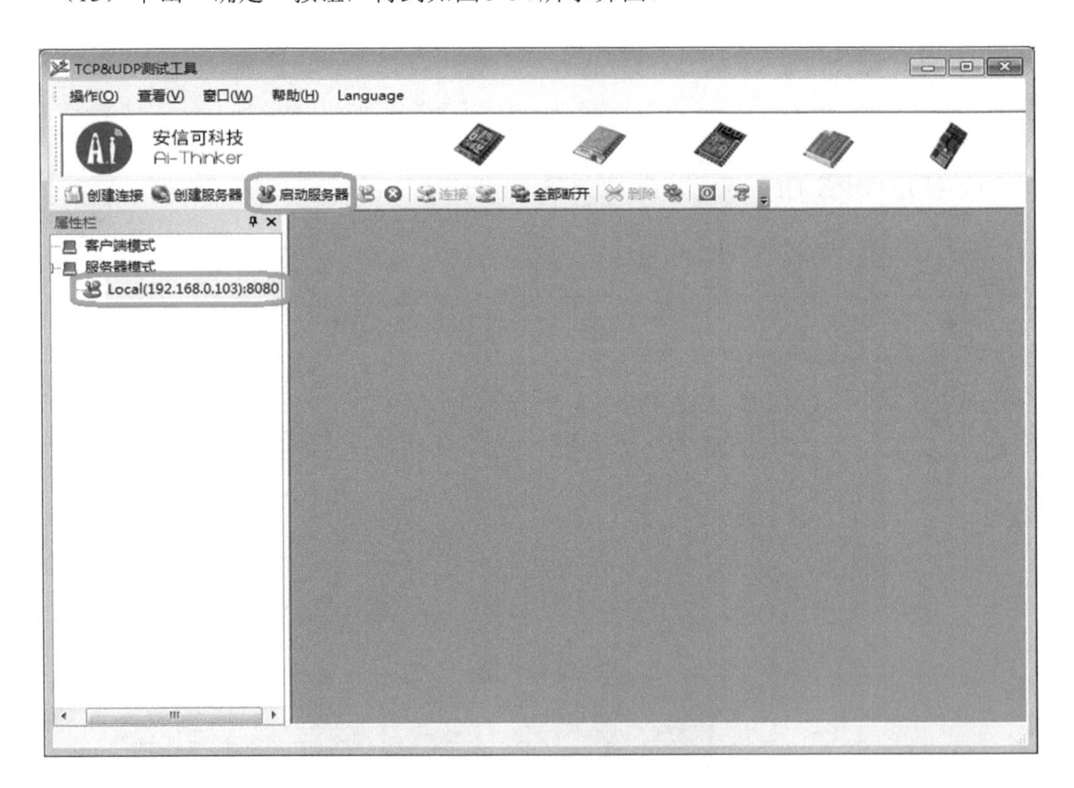

图5-54 单击“确定”按钮后得到的界面

（14）单击“启动服务器”，如图5-55所示。

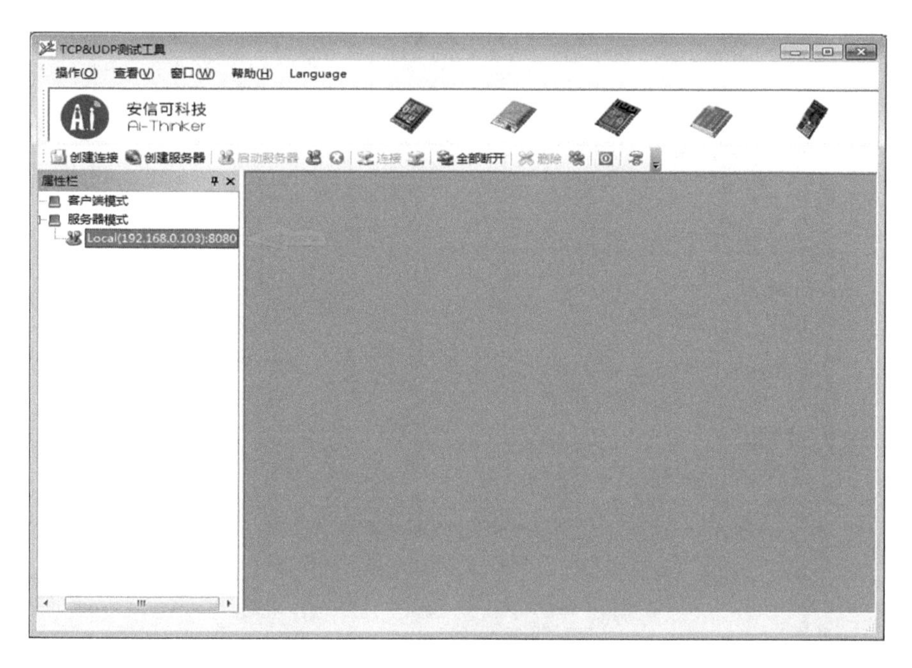

图5-55　单击“启动服务器”

（15）AT+CIPSTART=“TCP”，“192.168.0.103”，8080　//建立TCP连接。如图5-56所示。

响应：CONNECT

OK

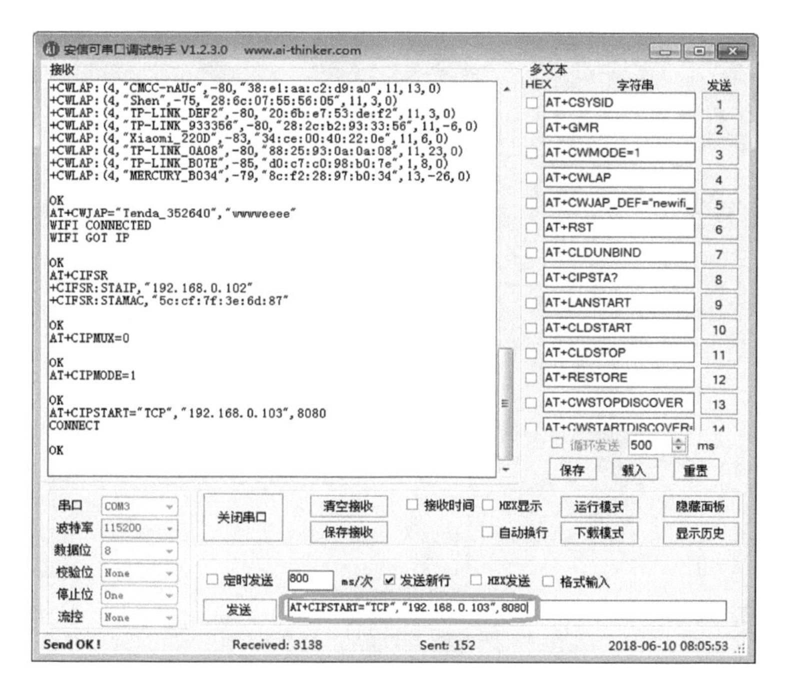

图5-56　AT+CIPSTART=“TCP”，“192.168.0.103”，8080　//建立TCP连接

（16）AT+CIPSEND　//发送数据，如图5-57所示。响应：OK。

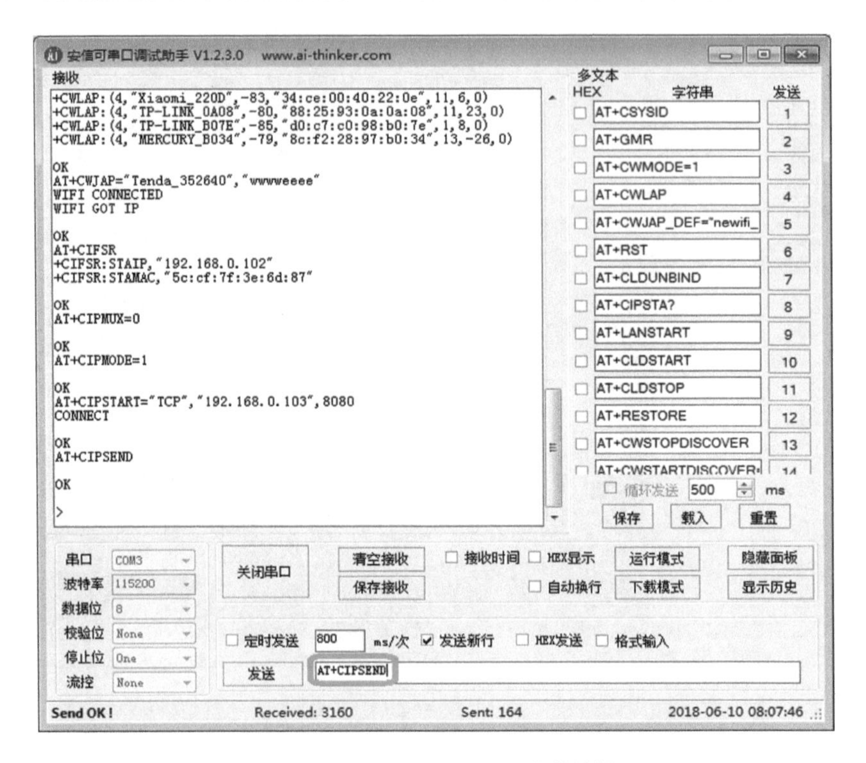

图5-57 AT+CIPSEND //发送数据

（17）TCP & UDP测试工具中显示有客户端接入，如图5-58所示。

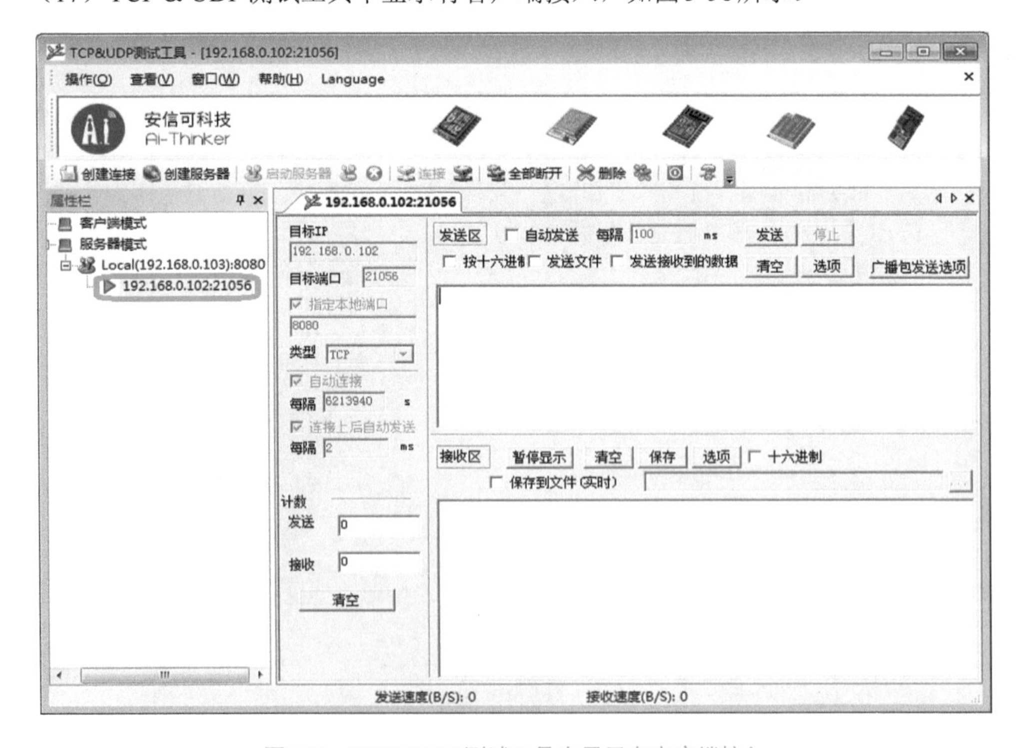

图5-58 TCP&UDP测试工具中显示有客户端接入

（18）安信可串口助手发送123456，如图5-59所示。

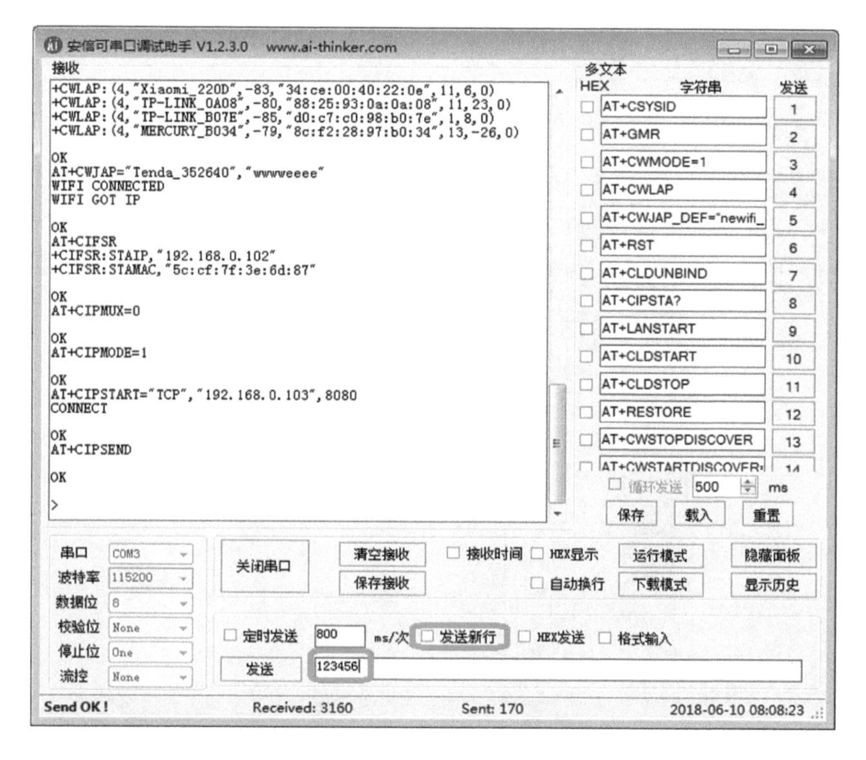

图5-59　安信可串口助手发送123456

（19）TCP & UDP测试工具收到123456，如图5-60所示。

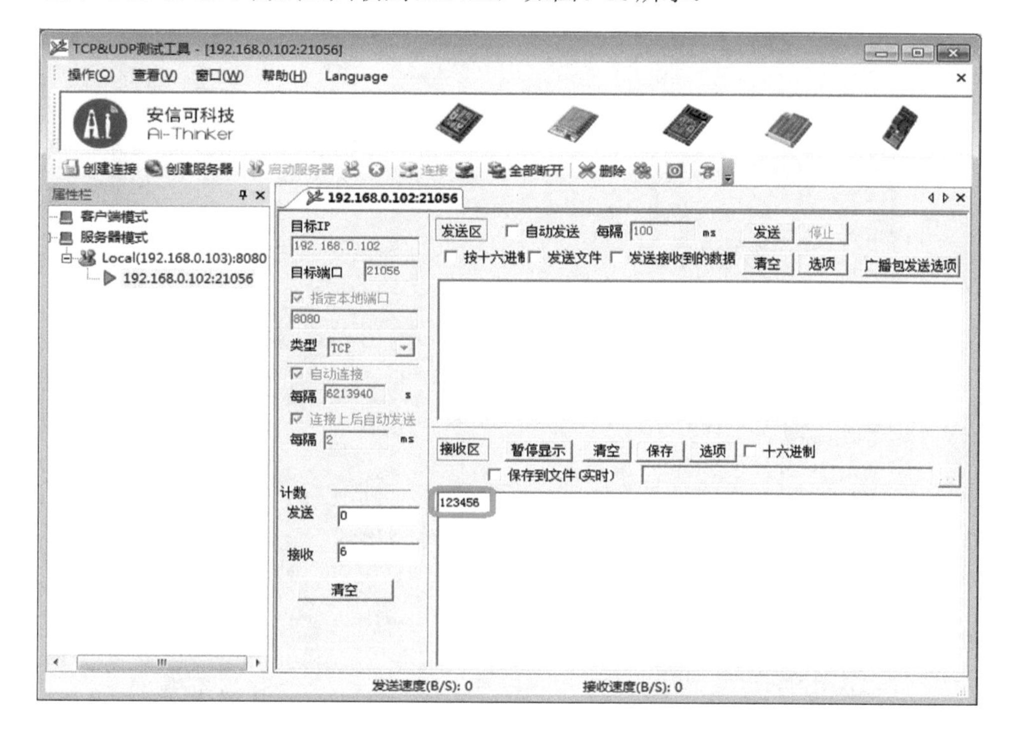

图5-60　TCP&UDP测试工具收到123456

（20）TCP & UDP测试工具发送654321，如图5-61所示。

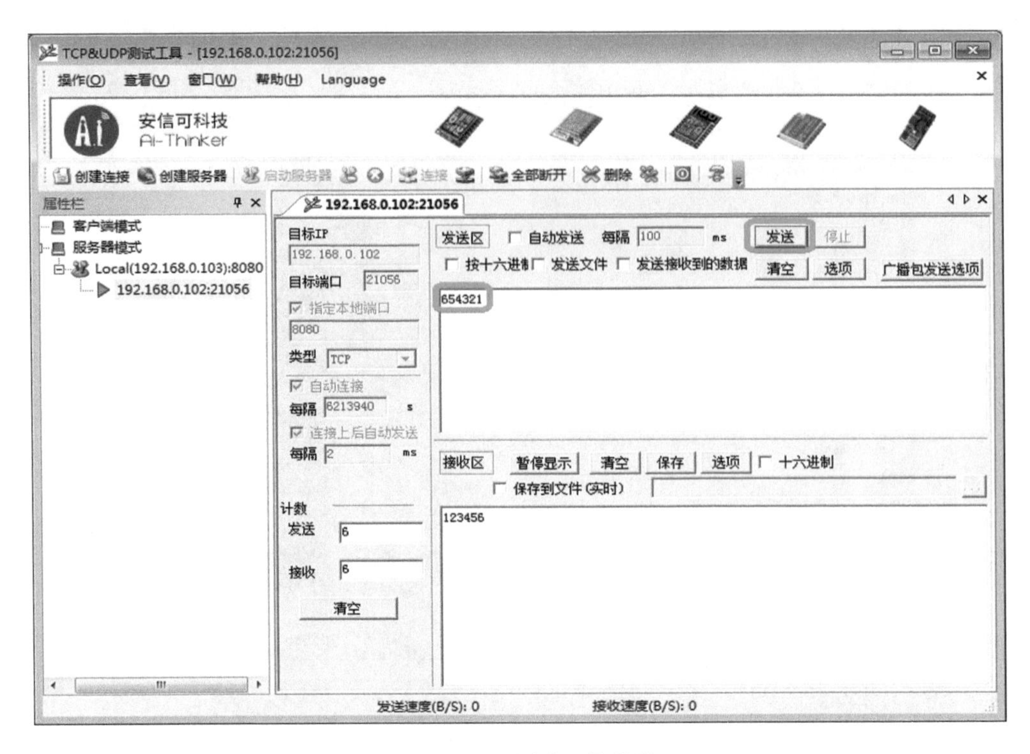

图5-61　TCP&UDP测试工具发送654321

（21）安信可串口助手收到654321，如图5-62所示。

图5-62　安信可串口助手收到654321

（22）+++　//退出透传，如图5-63所示。响应：+++。

图5-63　+++　//退出透传

5.4　模块 UDP 多连接模式

（1）AT　//测试AT启动，如图5-64所示。响应：OK。

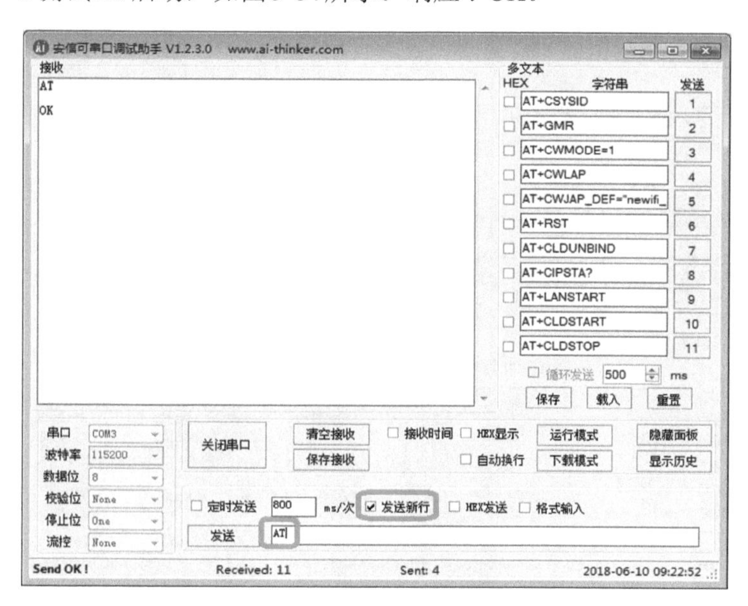

图5-64　AT　//测试AT启动

（2）AT+RESTORE　//恢复出厂设置，如图5-65所示。响应：OK。

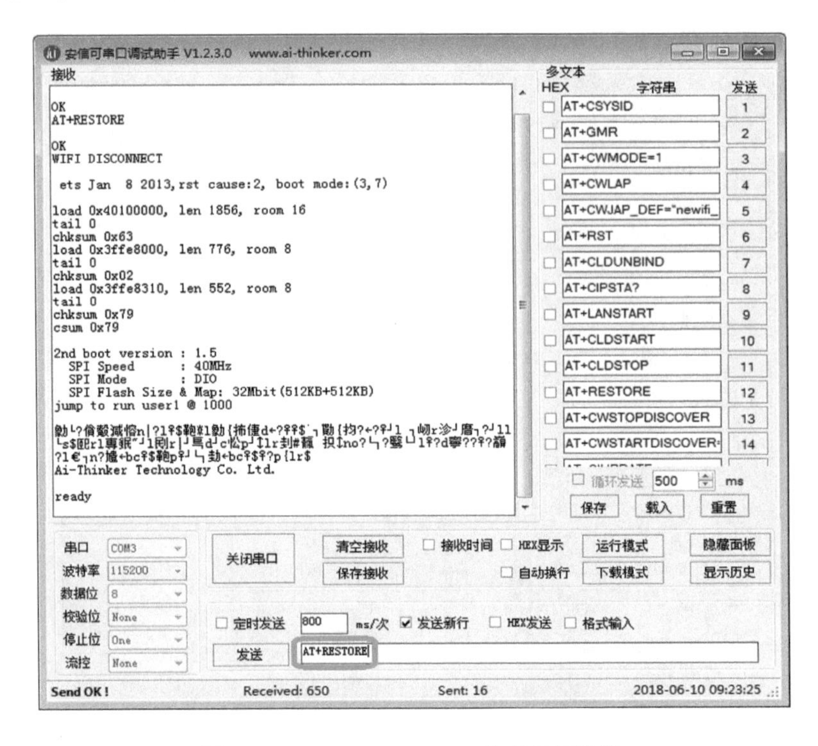

图5-65　AT+RESTORE　//恢复出厂设置

（3）AT+CWMODE=1　//station模式，如图5-66所示。响应：OK。

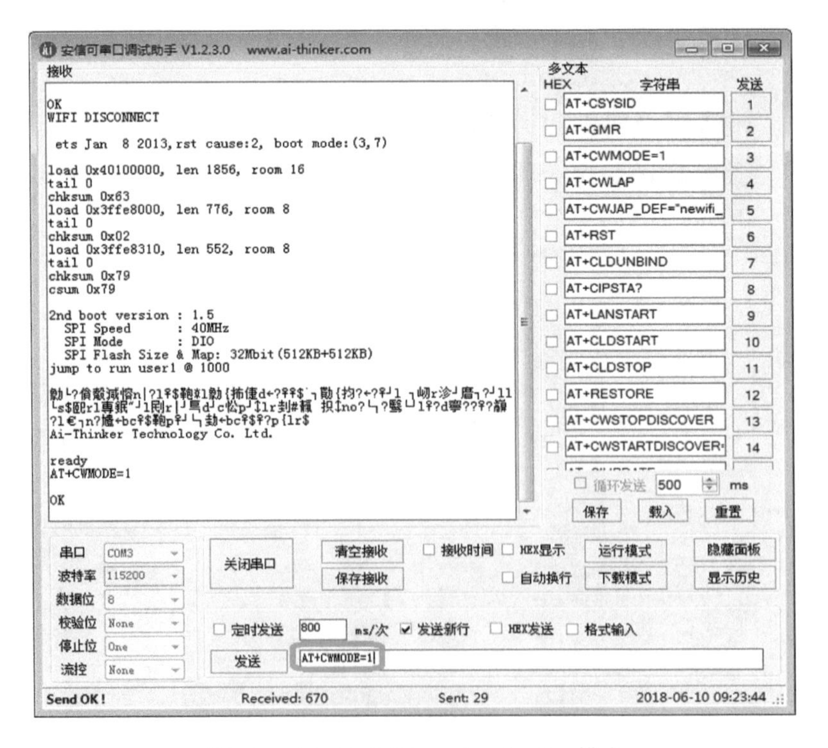

图5-66　AT+CWMODE=1　//station模式

（4）AT+CWLAP　//扫描当前可用的AP，如图5-67所示。响应：OK。

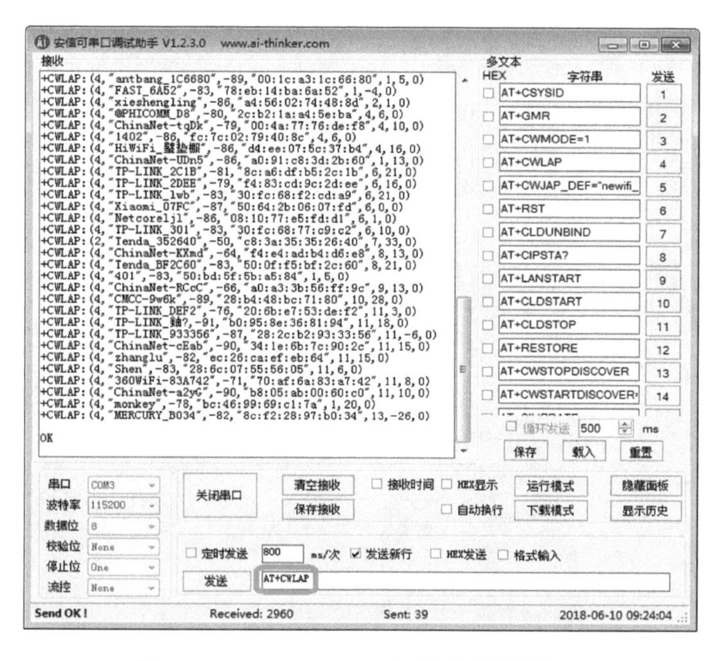

图5-67　AT+CWLAP　//扫描当前可用的AP

（5）AT+CWJAP=“Tenda_352640”，“wwwweeee”　//连接AP，如图5-68所示。

响应：WIFI CONNECTED

WIFI GOT IP

OK

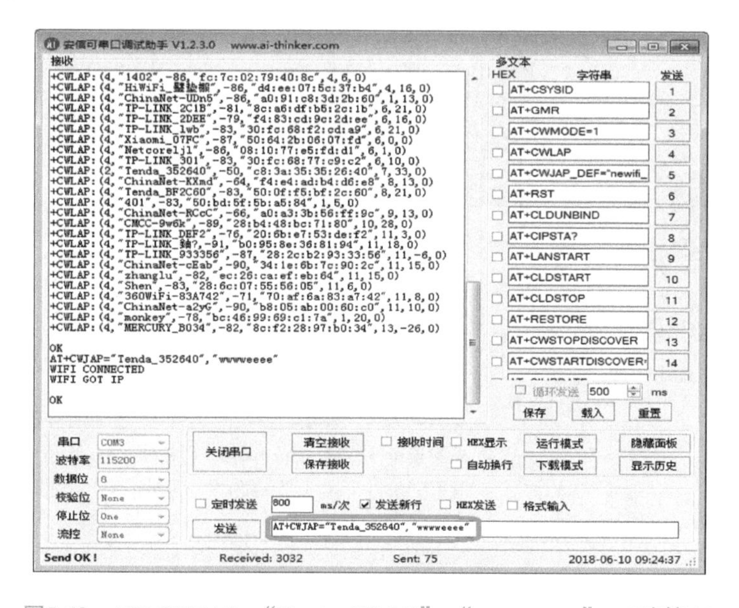

图5-68　AT+CWJAP=“Tenda_352640”，“wwwweeee”　//连接AP

（6）AT+CIFSR　//查询本地IP地址，如图5-69所示。

响应：+CIFSR：STAIP，“192.168.0.102”

+CIFSR：STAMAC，“5c：cf：7f：3e：6d：87”

OK

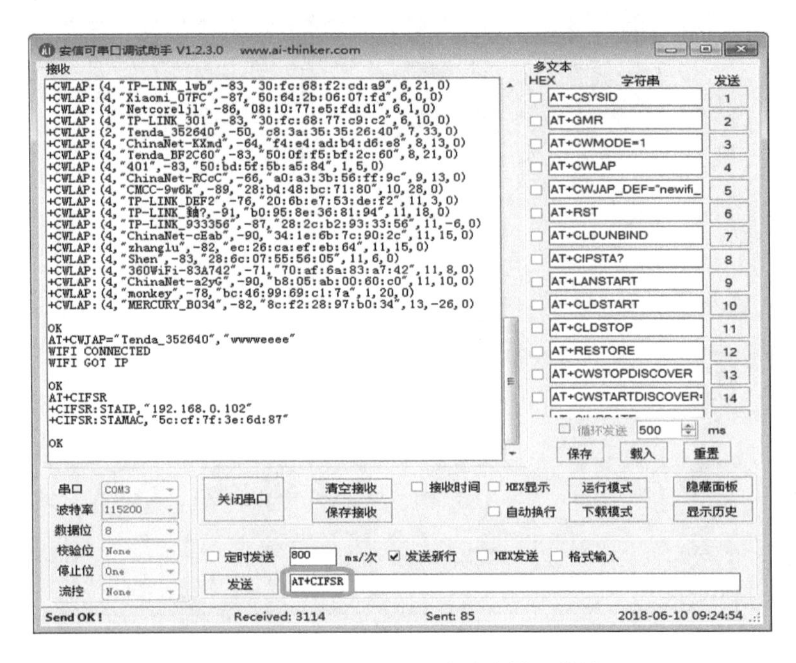

图5-69 AT+CIFSR //查询本地IP地址

（7）AT+CIPMUX=1 //设置为多连接模式，如图5-70所示。响应：OK。

图5-70 AT+CIPMUX=1 //设置为多连接模式

（8）笔记本电脑无线连接找到无线网络Tenda_352640，如图5-71所示。

（9）输入密码“wwwweeee”，连接到Tenda_352640，如图5-72所示。

图5-71　笔记本电脑无线连接找到无线网络Tenda_352640

图5-72　输入密码“wwwweeee”，连接到Tenda_352640

（10）打开 TCP & UDP 测试工具，如图 5-73 所示。

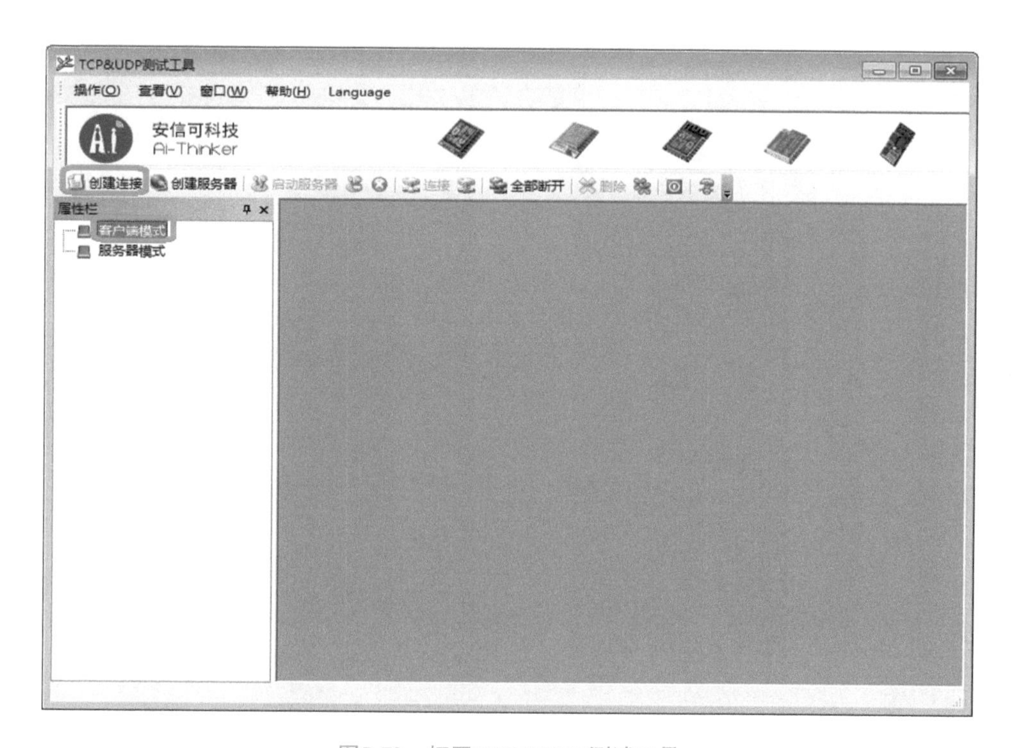

图5-73　打开TCP&UDP测试工具

（11）选择“客户端模式”，单击“创建连接”，弹出如图5-74所示对话框。

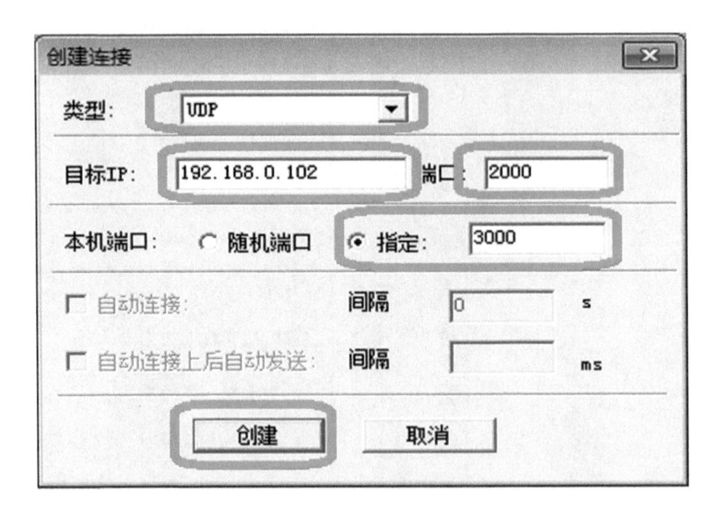

图5-74　“创建连接”对话框

（12）单击“创建”按钮，得到如图5-75所示界面。

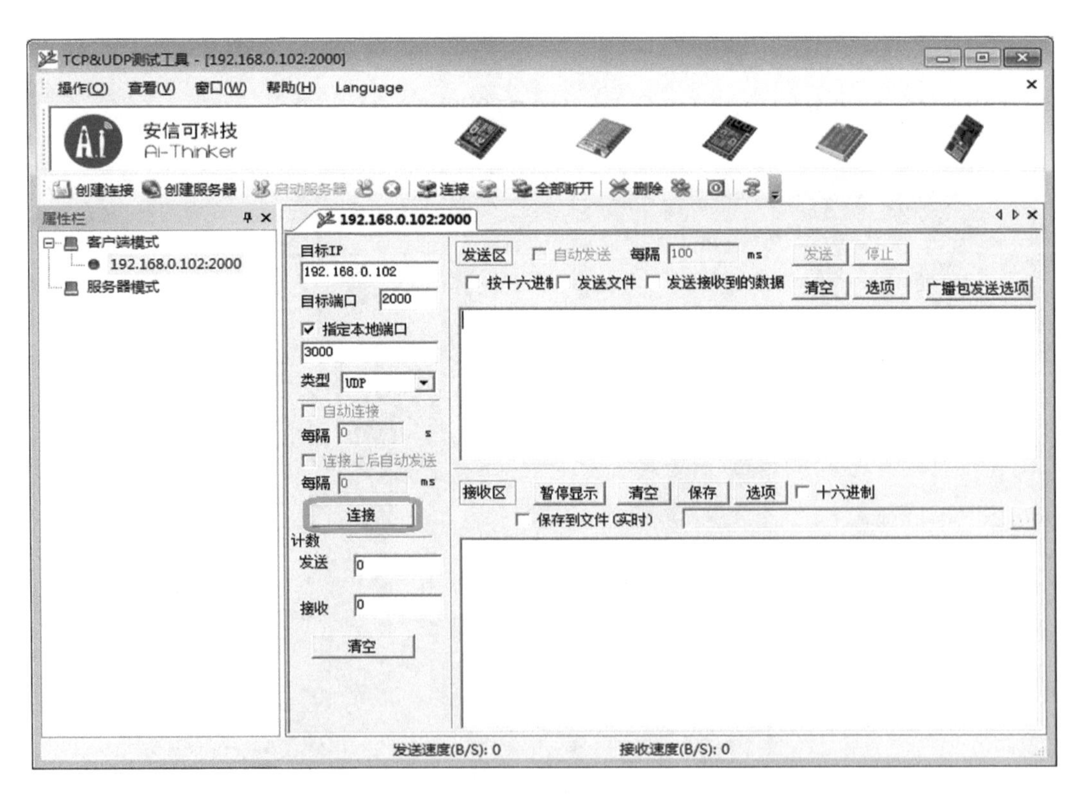

图5-75　单击“创建”按钮后得到的界面

（13）单击“连接”按钮，得到如图5-76所示界面。

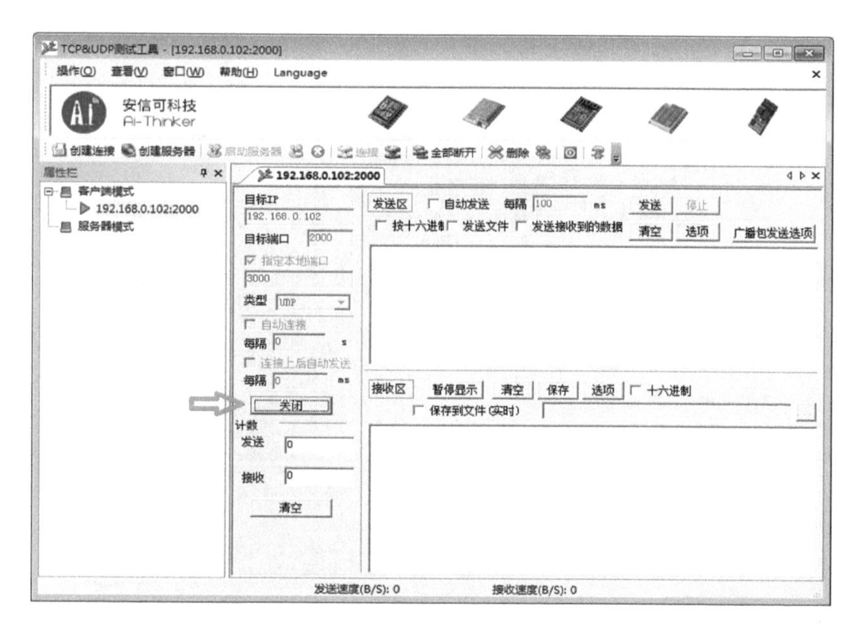

图5-76　单击“连接”按钮后得到的界面

（14）AT+CIPSTART=0，“UDP”，“192.168.0.103”,3000，2000，0　//建立TCP连接，如图5-77所示。

响应：0，CONNECT

OK

图5-77　AT+CIPSTART=0，“UDP”，“192.168.0.103”，3000，2000，0　//建立TCP连接

（15）AT+CIPSEND=0，10　//向网络连接号为0的ID发送10个数据，如图5-78所示。

响应：OK。

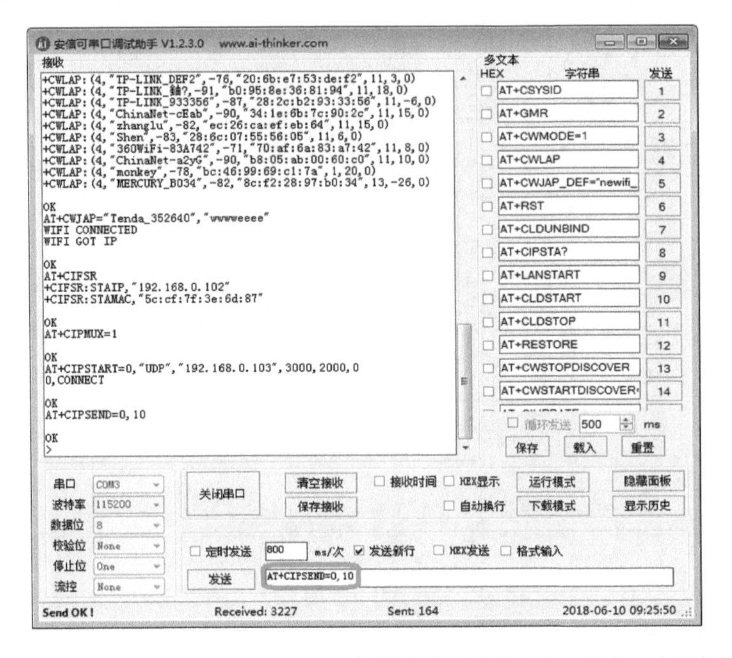

图5-78　AT+CIPSEND=0，10　//向网络连接号为0的ID发送10个数据

（16）发送数据0123456789，如图5-79所示。

响应：Recv 10 bytes

SEND OK

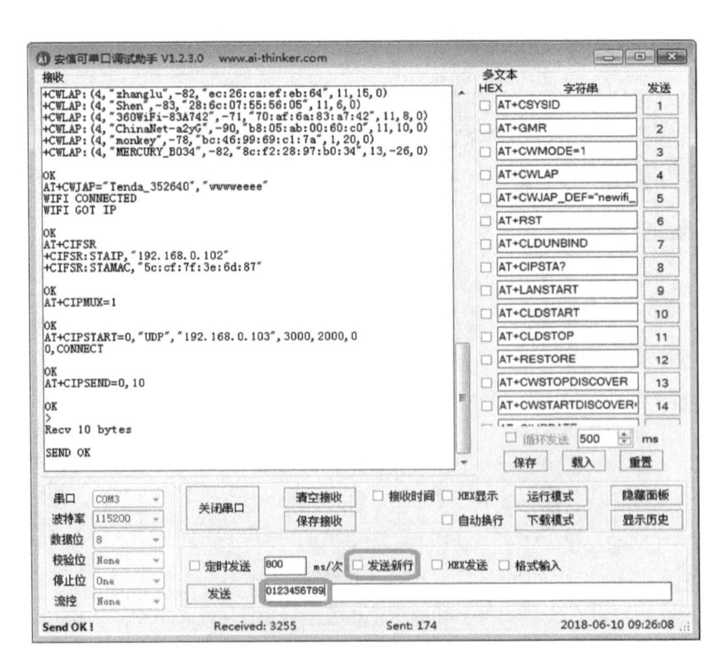

图5-79　发送数据0123456789

（17）TCP & UDP测试工具收到数据0123456789，如图5-80所示。

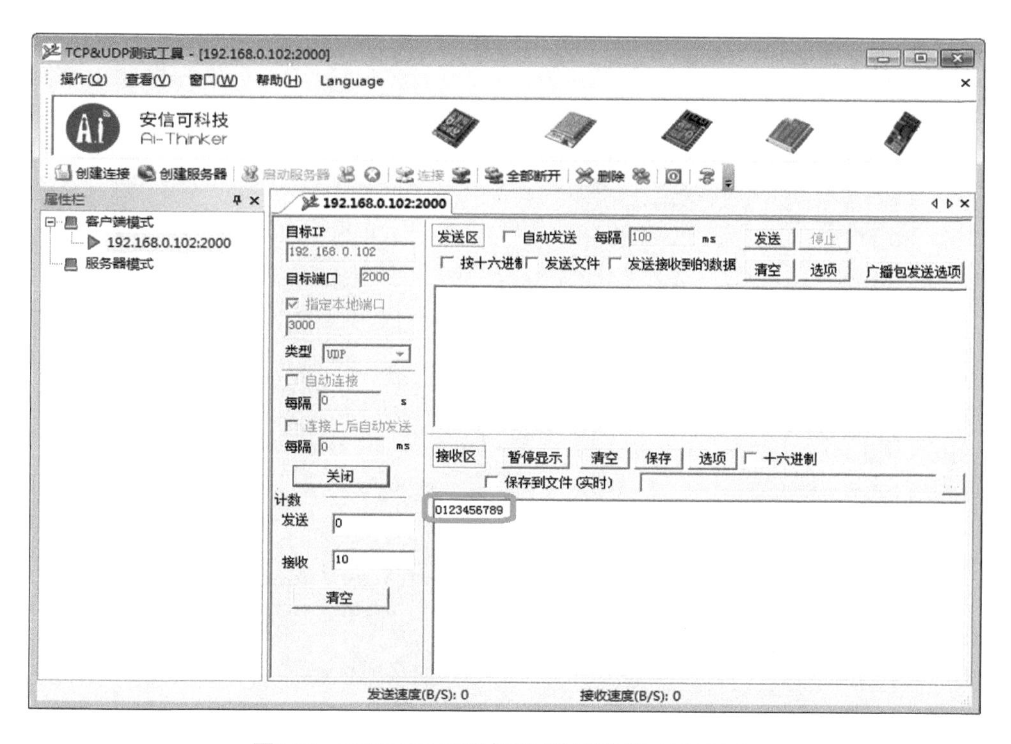

图5-80　TCP&UDP测试工具收到数据0123456789

（18）TCP & UDP 测试工具发送数据 9876543210，如图 5-81 所示。

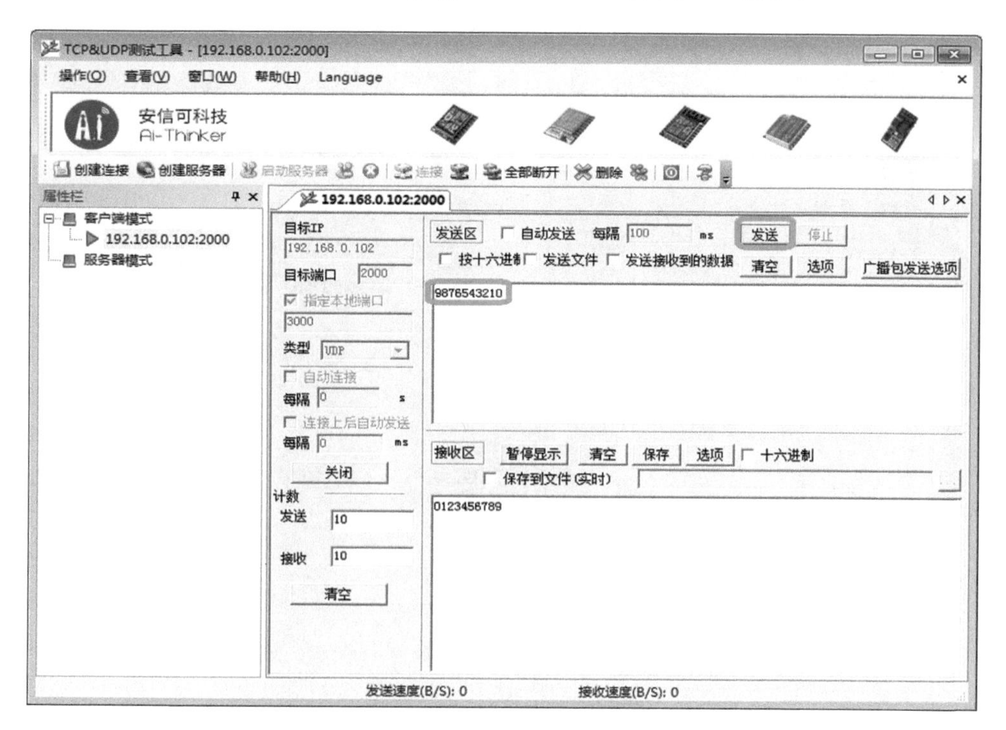

图5-81　TCP&UDP测试工具发送数据9876543210

（19）安信可串口调试助手收到数据 9876543210，如图 5-82 所示。

图5-82 安信可串口调试助手收到数据9876543210

（20）TCP & UDP测试工具发送数据123，如图5-83所示。

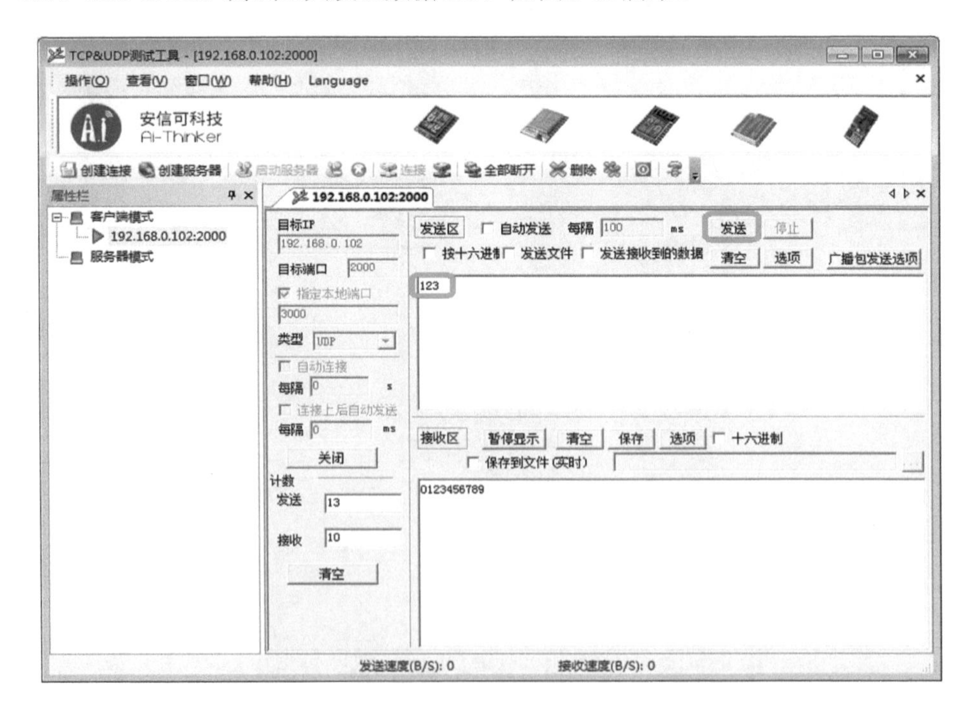

图5-83 TCP&UDP测试工具发送数据123

（21）安信可串口调试助手收到数据123，如图5-84所示。

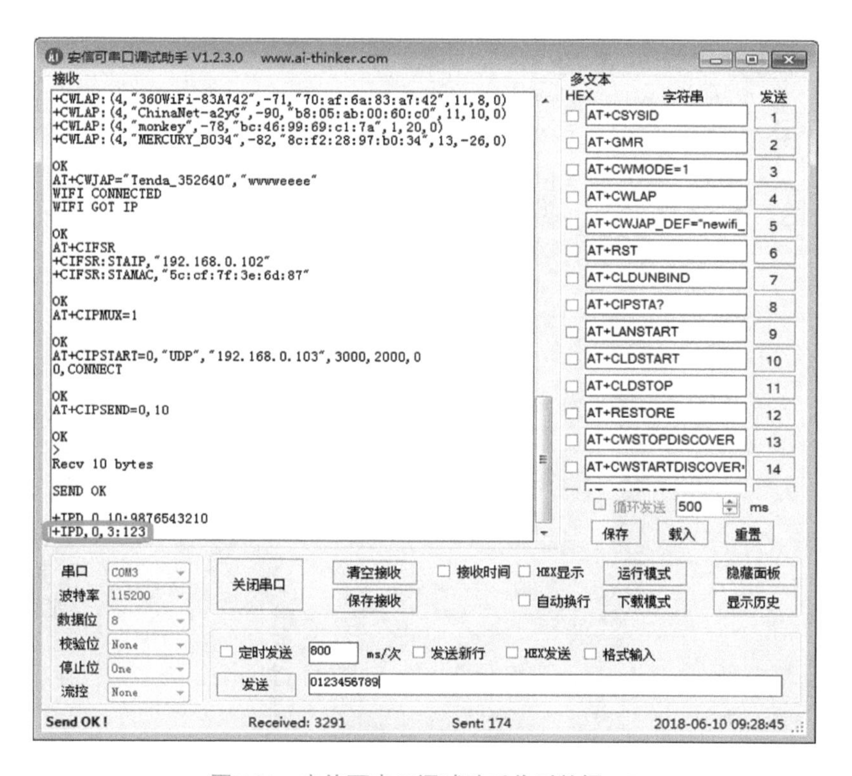

图5-84　安信可串口调试助手收到数据123

（22）单击“全部断开”按钮，如图5-85所示。

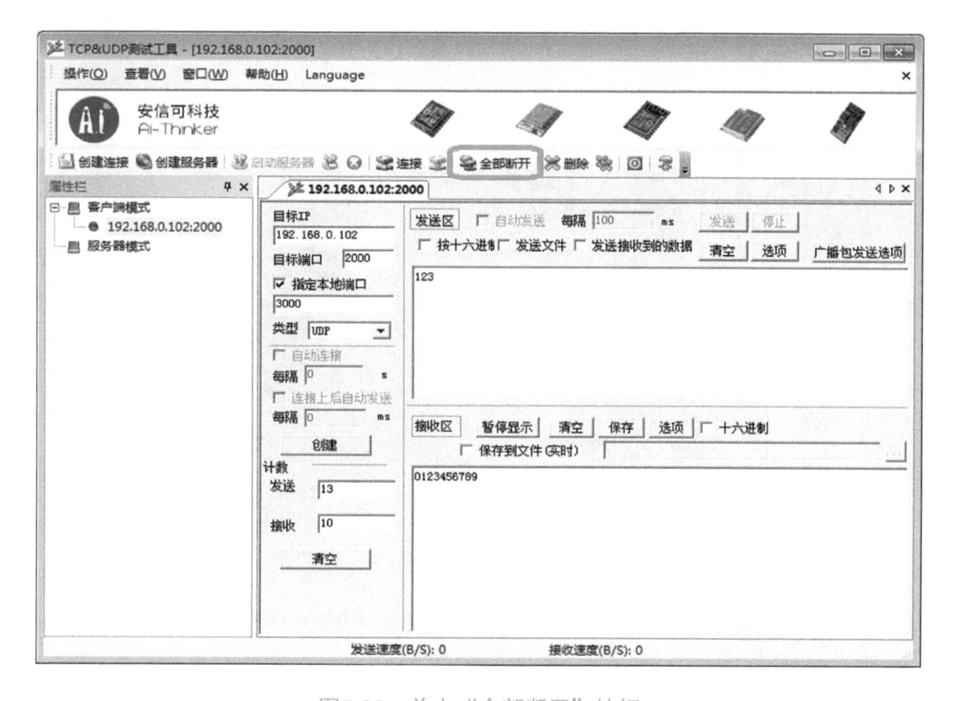

图5-85　单击“全部断开”按钮

（23）关闭之前的连接，如图5-86所示。

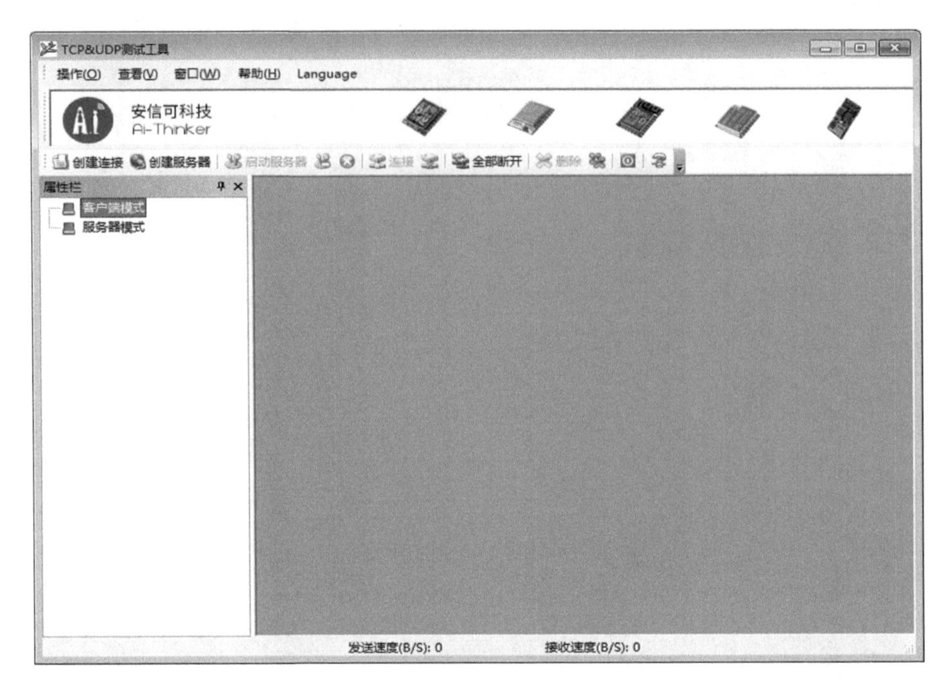

图5-86　关闭之前的连接

（24）找到计算机的网络和共享中心，如图5-87所示。

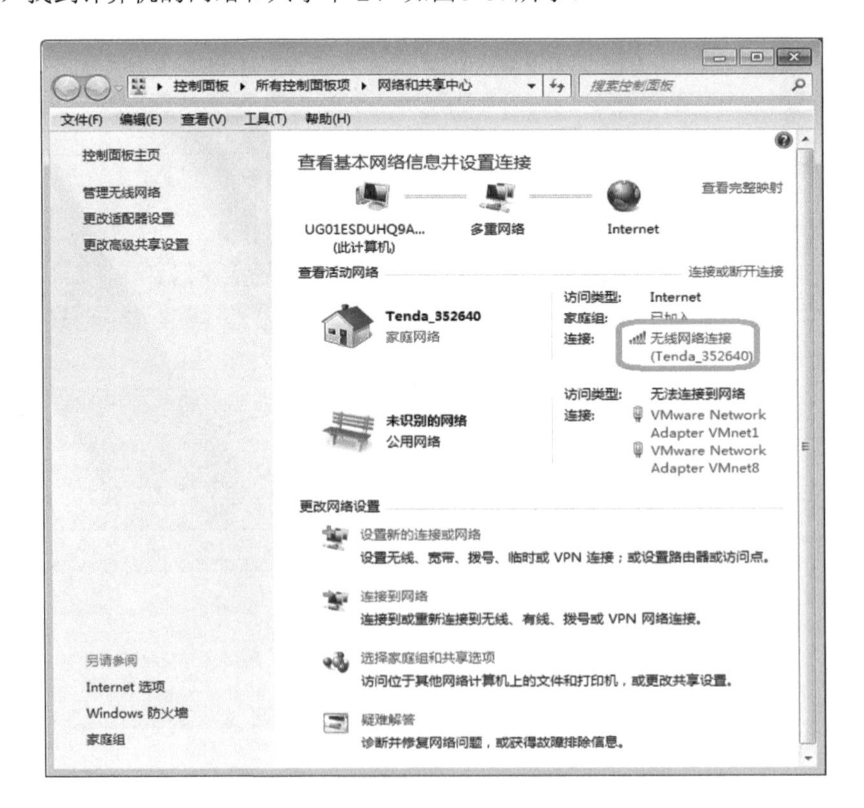

图5-87　找到计算机的网络和共享中心

（25）单击“无线网络连接”，弹出如图 5-88 所示对话框。

图5-88　“无线网络连接状态”对话框

（26）单击属性按钮，弹出如图 5-89 所示对话框。

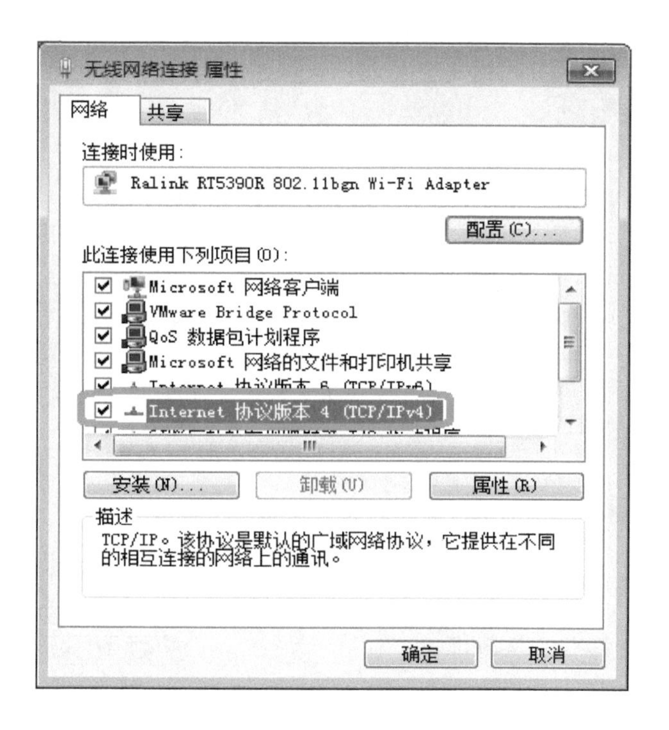

图5-89　“无线网络连接属性”对话框

（27）选择“Internet协议版本4（TCP/IPv4）”，单击安装按钮，弹出如图5-90所示对话框。

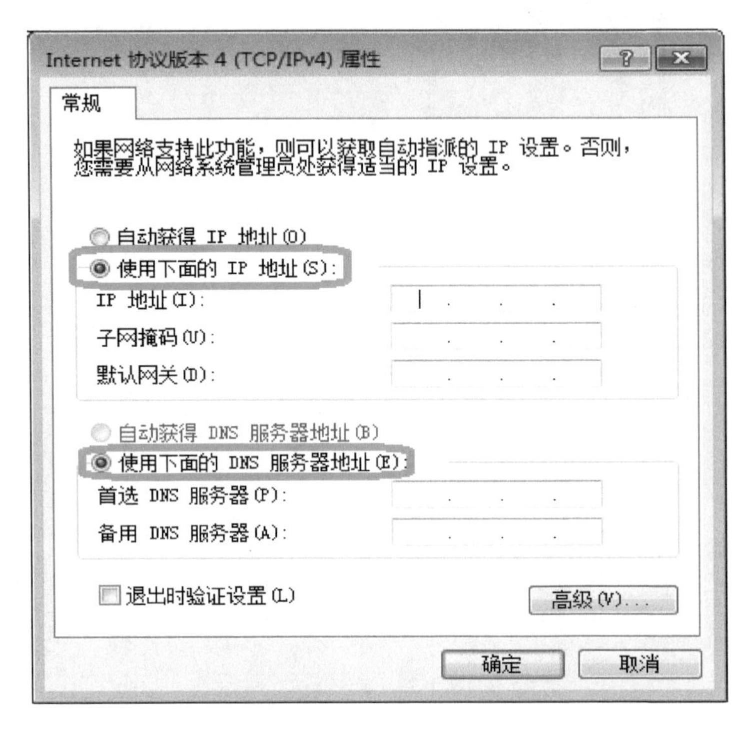

图5-90 “Internet协议版本4（TCP/IPv4）属性”对话框

（28）更换IP地址，重新连接，如图5-91所示。

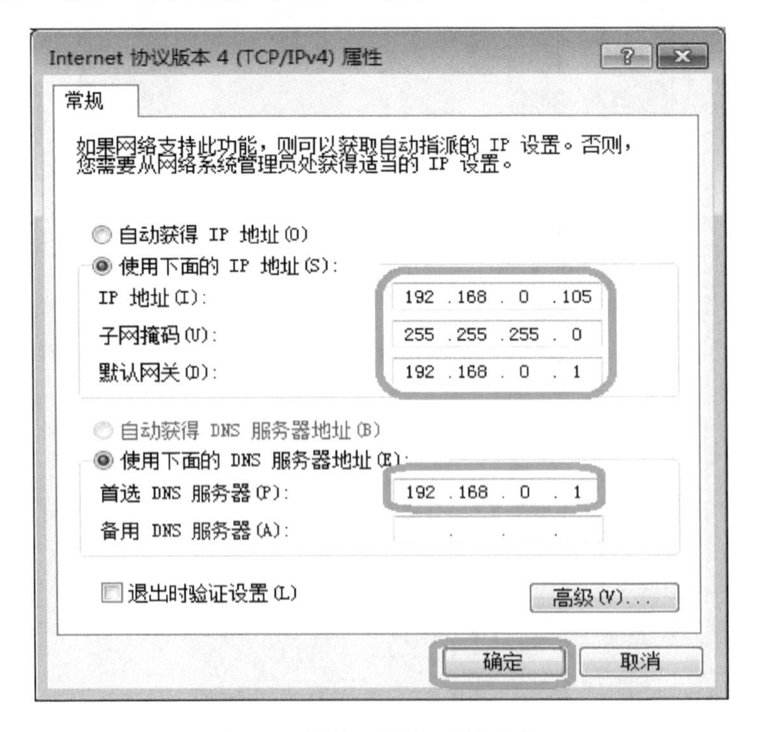

图5-91 更换IP地址，重新连接

（29）IP 地址更换为“192.168.0.105”，单击确定按钮，回到“无线网络连接属性”对话框如图 5-92 所示。

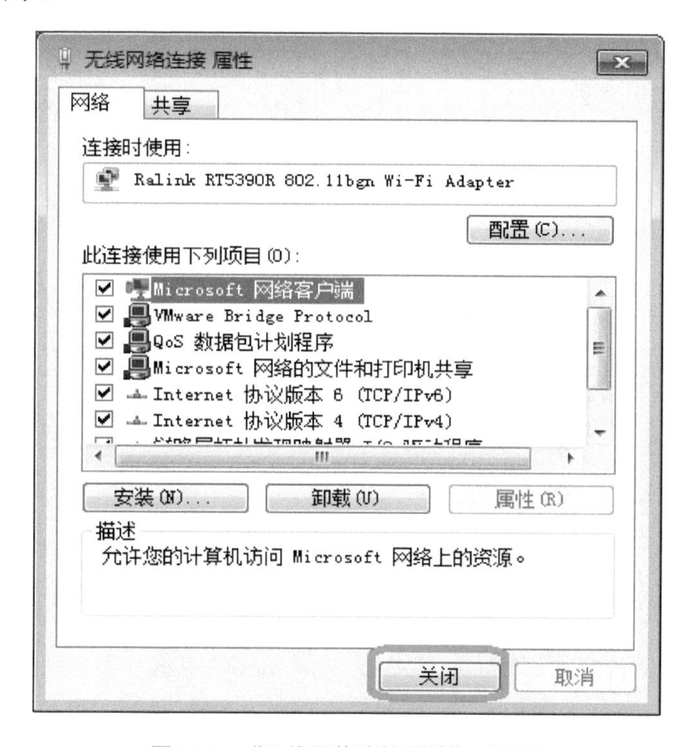

图5-92　“无线网络连接属性”对话框

（30）单击关闭按钮，回到“无线网络连接状态”对话框，如图 5-93 所示。

图5-93　“无线网络连接状态”对话框

（31）单击详细信息按钮，弹出如图5-94所示对话框。

图5-94 “网络连接详细信息”对话框

（32）切换到TCP&UDP测试工具界面，如图5-95所示。

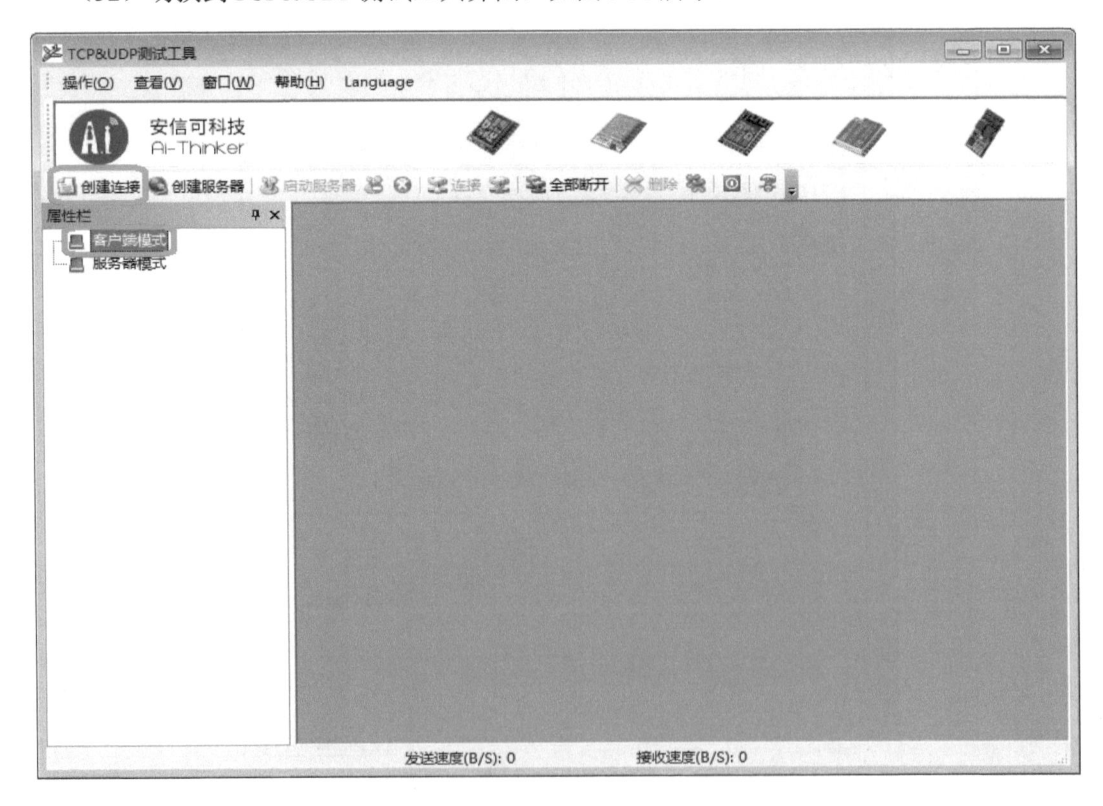

图5-95 切换到TCP&UDP测试工具界面

（33）选择“客户端模式”，单击“创建连接”，弹出如图5-96所示对话框。

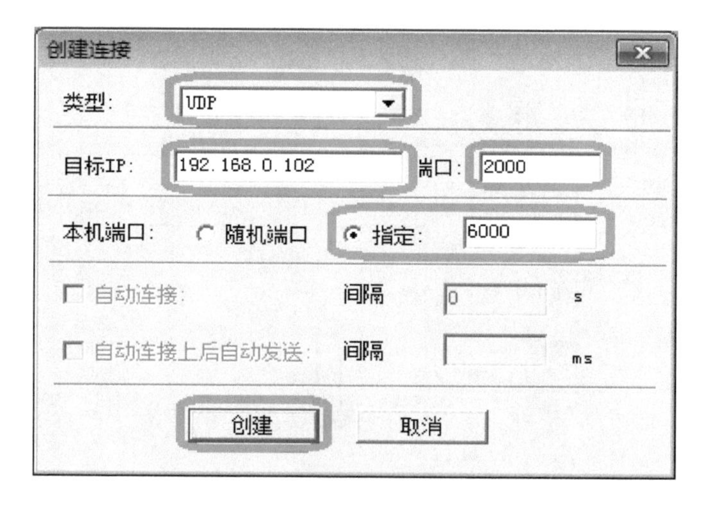

图5-96　“创建连接”对话框

（34）单击“创建”按钮，得到如图5-97所示界面。

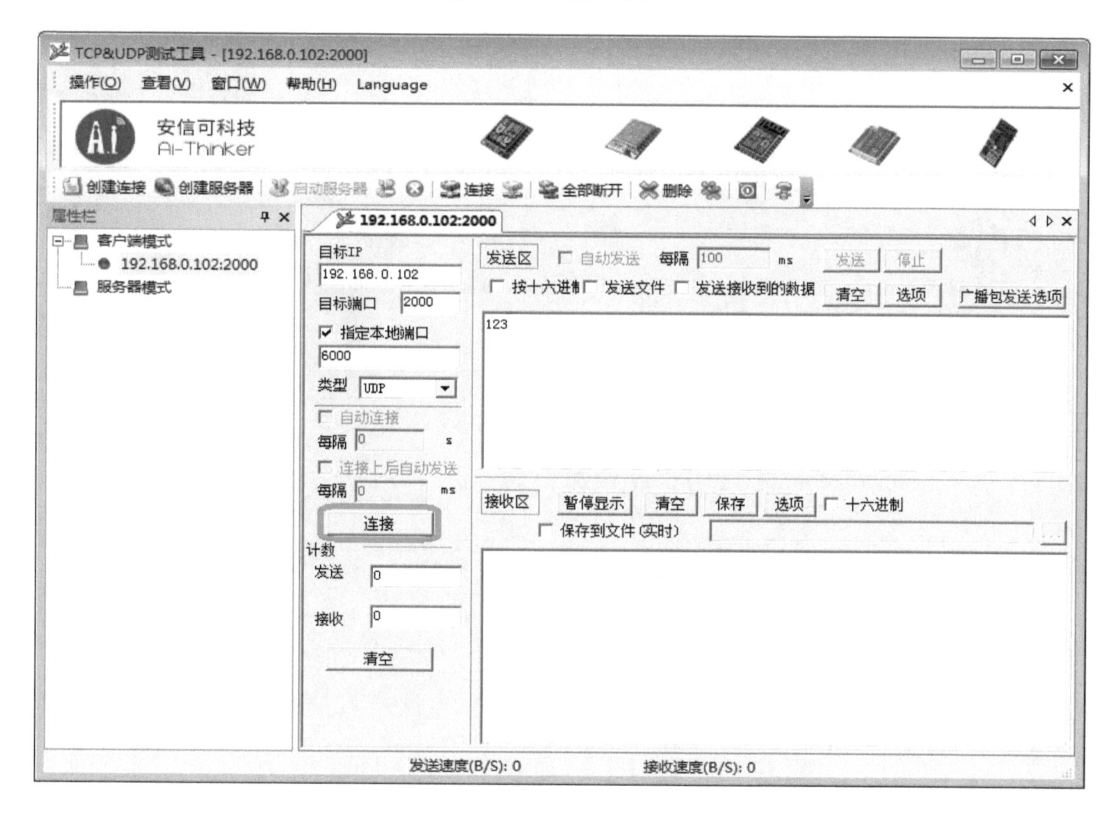

图5-97　单击“创建”按钮后得到的界面

（35）单击“连接”按钮，得到如图5-98所示界面。

（36）写入要发送的数据456，如图5-99所示。

（37）单击“发送”按钮，如图5-100所示。

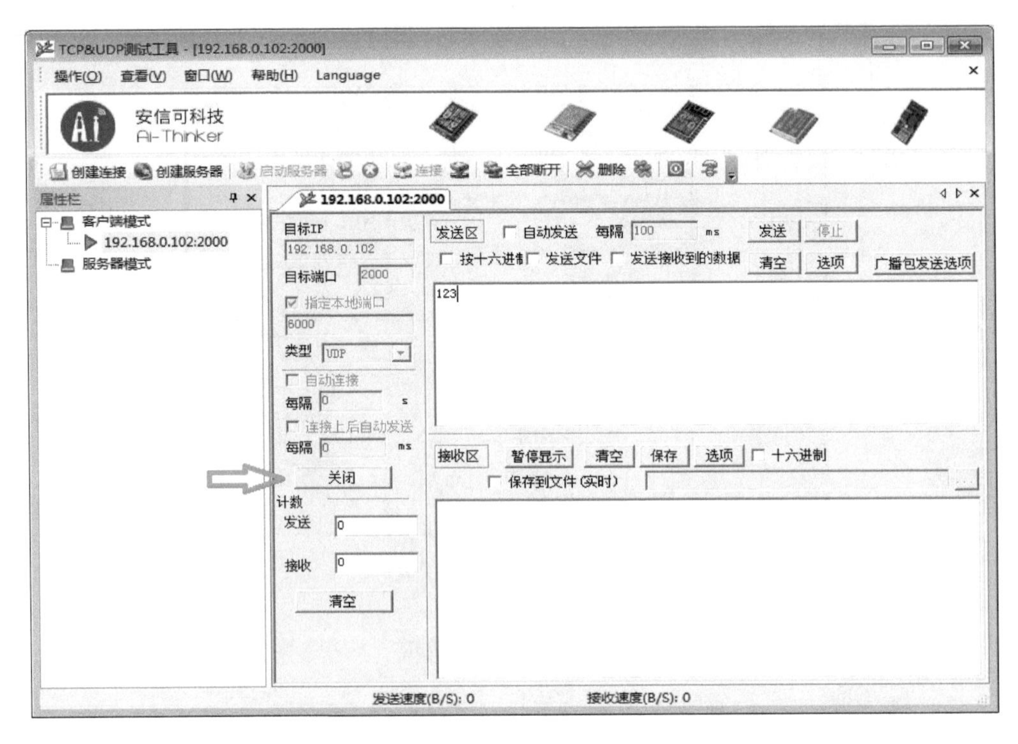

图5-98 单击“连接”按钮后得到的界面

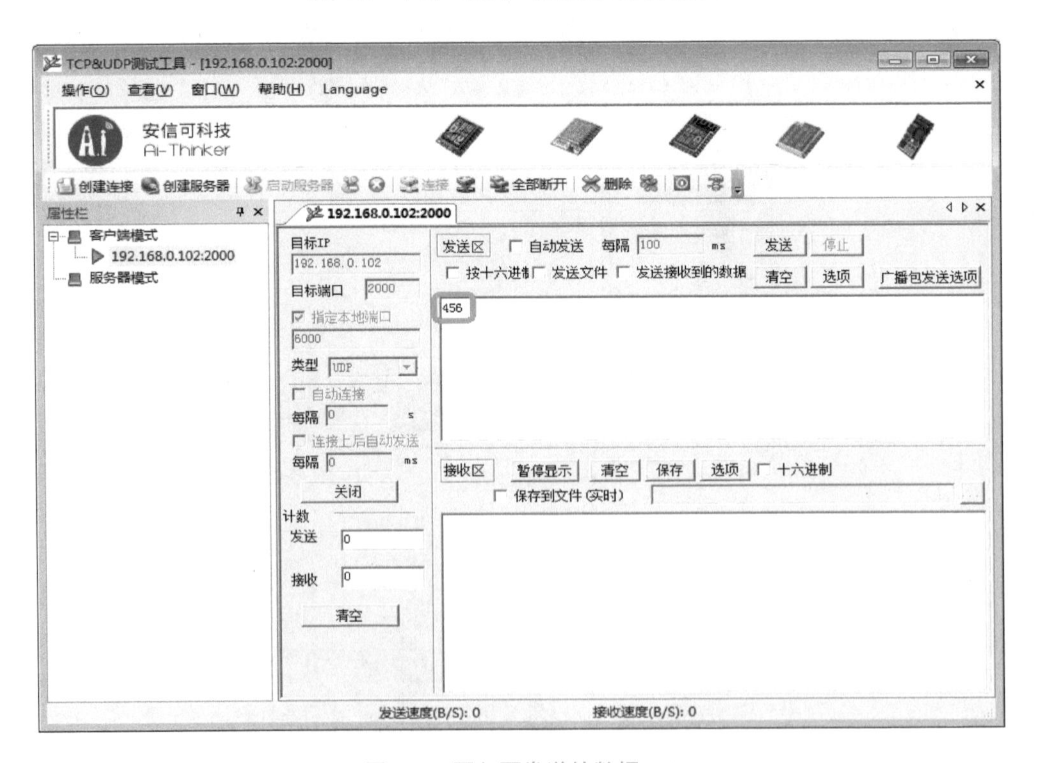

图5-99 写入要发送的数据456

（38）安信可串口调试助手接收到数据456，如图5-101所示。

（39）+++ //退出透传，如图5-102所示。响应：+++。

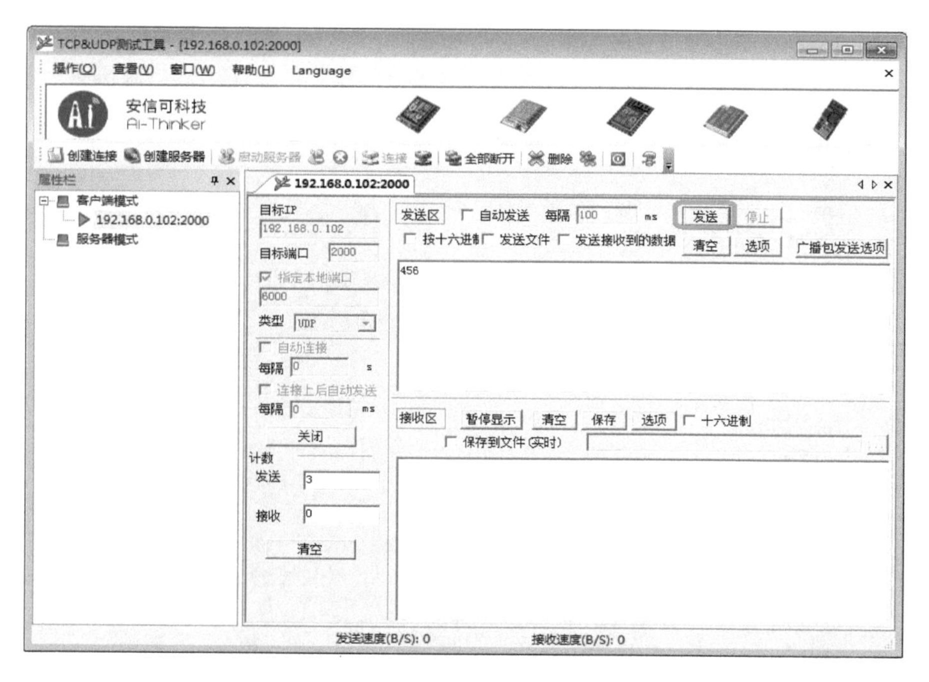

图5-100　单击“发送”按钮

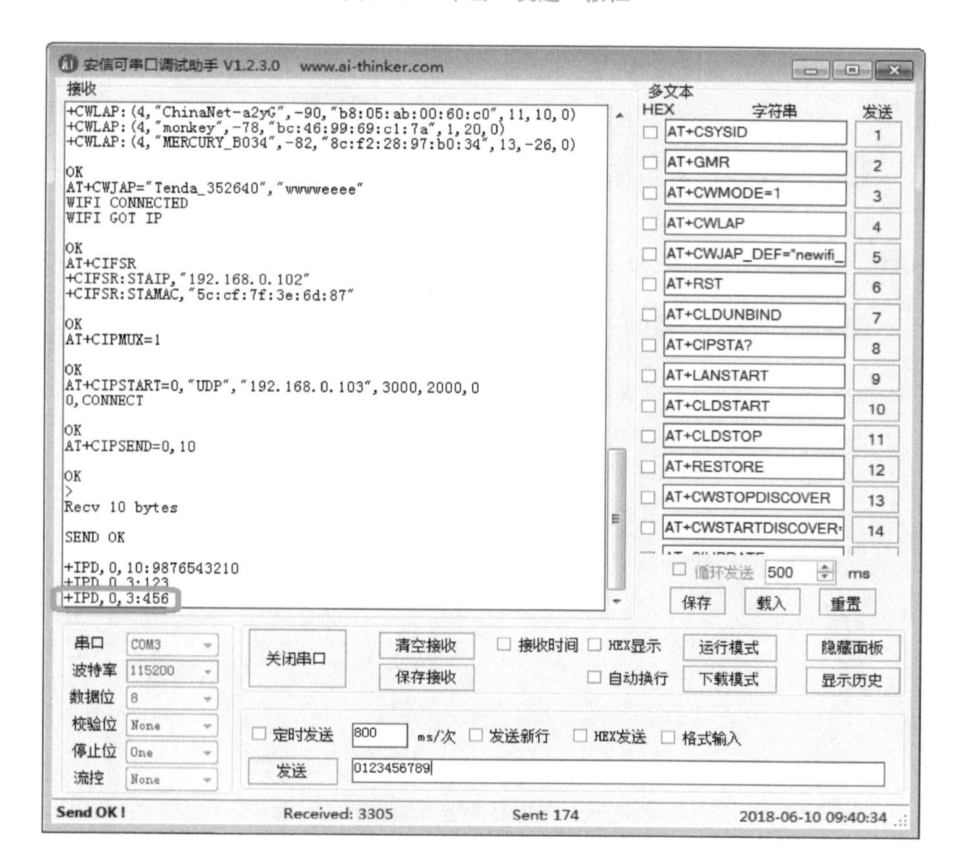

图5-101　安信可串口调试助手接收到数据456

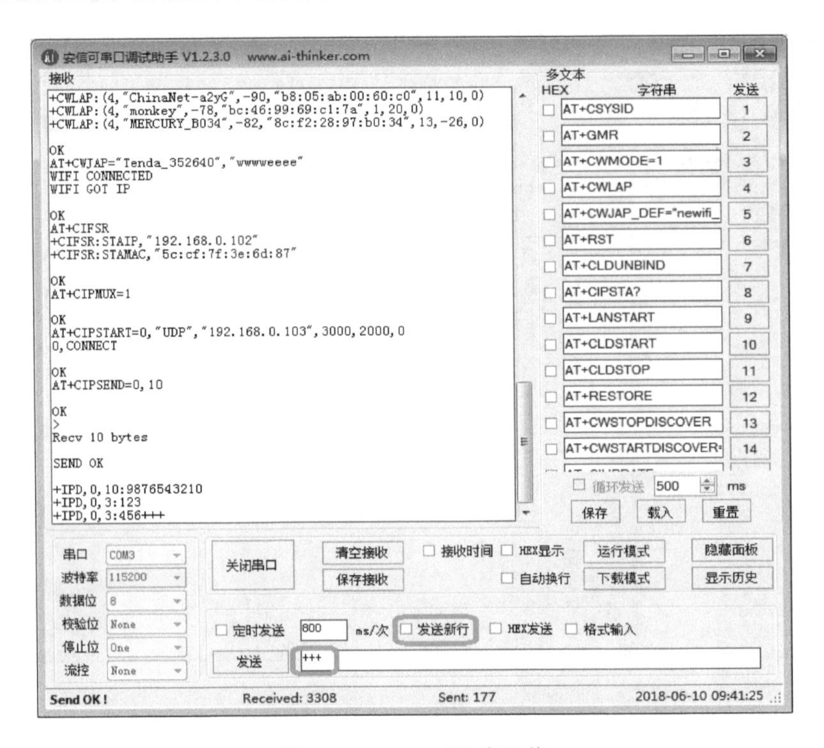

图5-102 +++ //退出透传

5.5 模块UDP透传模式

（1）AT //测试AT启动，如图5-103所示。响应：OK。

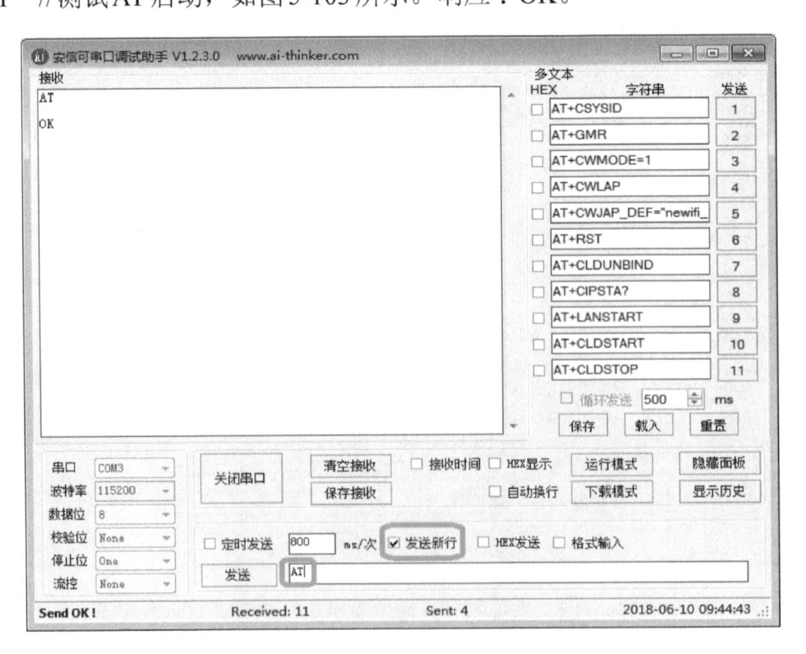

图5-103 AT //测试AT启动

（2）AT+RESTORE //恢复出厂设置，如图5-104所示。响应：OK。

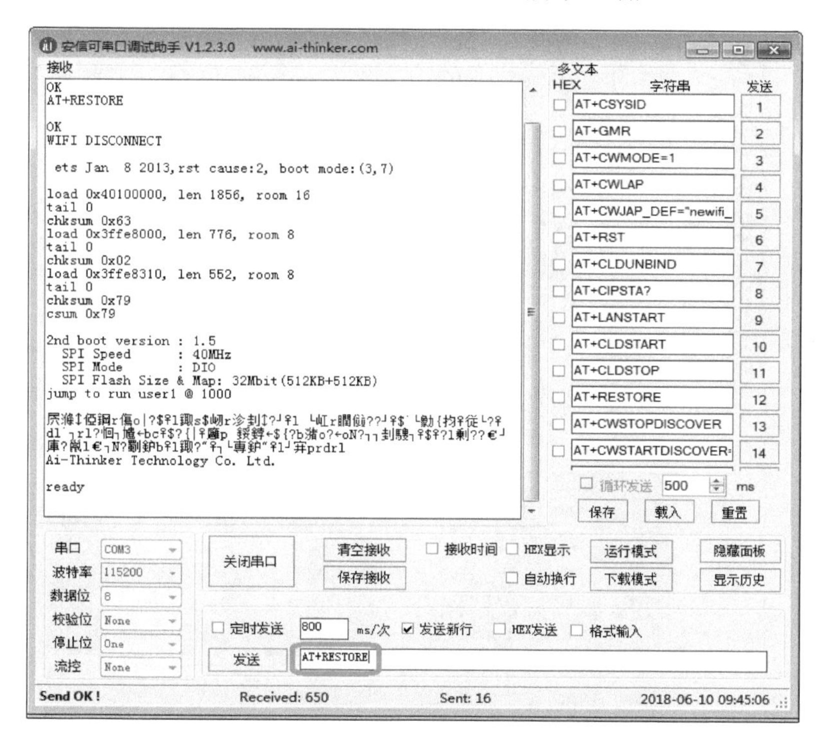

图5-104 AT+RESTORE //恢复出厂设置

（3）AT+CWMODE=1 //station模式，如图5-105所示。响应：OK。

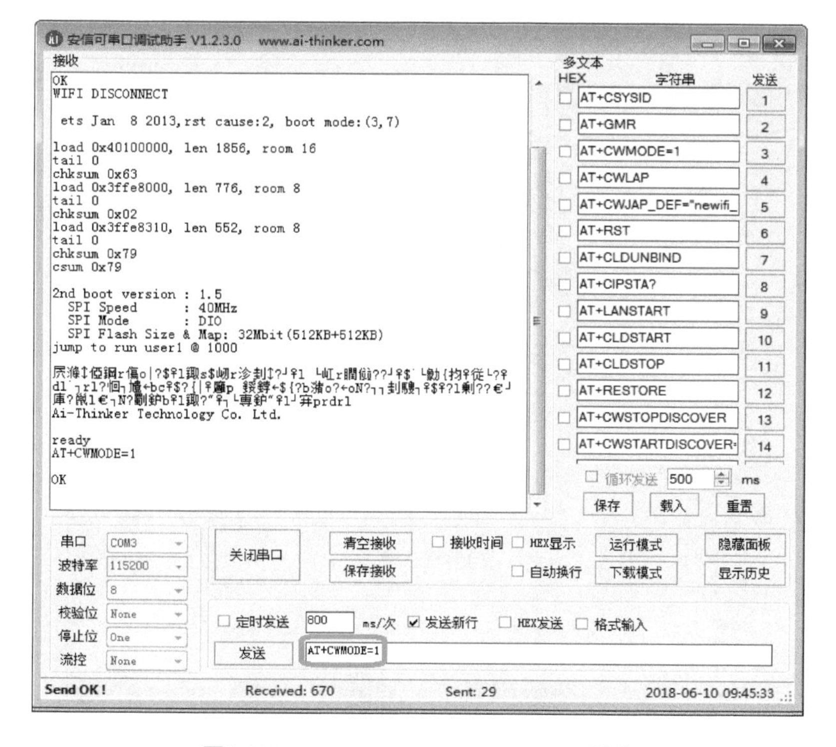

图5-105 AT+CWMODE=1 //station模式

（4）AT+CWLAP　//扫描当前可用的AP，如图5-106所示。响应：OK。

图5-106　AT+CWLAP　//扫描当前可用的AP

（5）AT+CWJAP=“Tenda_352640”，“wwwweeee”　//连接AP，如图5-107所示。

响应：WIFI CONNECTED

WIFI GOT IP

OK

图5-107　AT+CWJAP=“Tenda_352640”，“wwwweeee”　//连接AP

（6）AT+CIFSR　//查询本地IP地址，如图5-108所示。

响应：+CIFSR：STAIP，“192.168.0.102”

+CIFSR：STAMAC，“5c：cf：7f：3e：6d：87”

OK

图5-108　AT+CIFSR　//查询本地IP地址

（7）AT+CIPMUX=0　//设置为单连接模式，如图5-109所示。响应：OK。

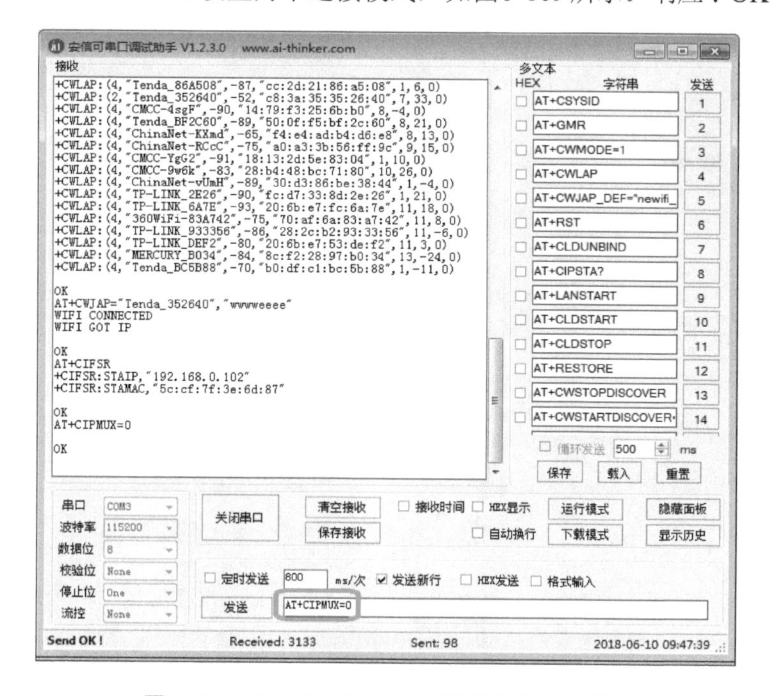

图5-109　AT+CIPMUX=0　//设置为单连接模式

（8）AT+CIPMODE=1 //透传模式，如图5-110所示。响应：OK。

图5-110 AT+CIPMODE=1 //透传模式

（9）笔记本电脑无线连接找到无线网络Tenda_352640，如图5-111所示。

（10）输入密码“wwwweeee”，连接到Tenda_352640，如图5-112所示。

图5-111 笔记本电脑无线连接找到无线网络Tenda_352640

图5-112 输入密码“wwwweeee”，连接到Tenda_352640

（11）找到计算机的网络和共享中心，如图5-113所示。

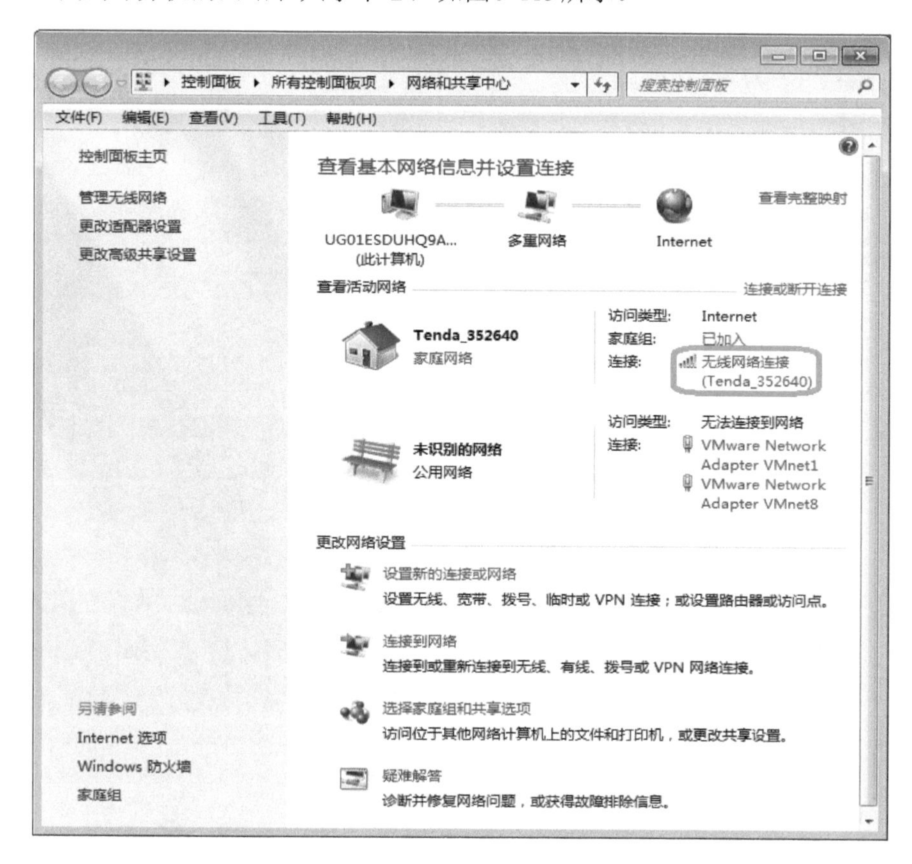

图5-113　找到计算机的网络和共享中心

（12）单击“无线网络连接”，弹出如图5-114所示对话框。

（13）单击“详细信息”按钮，弹出如图5-115所示对话框。

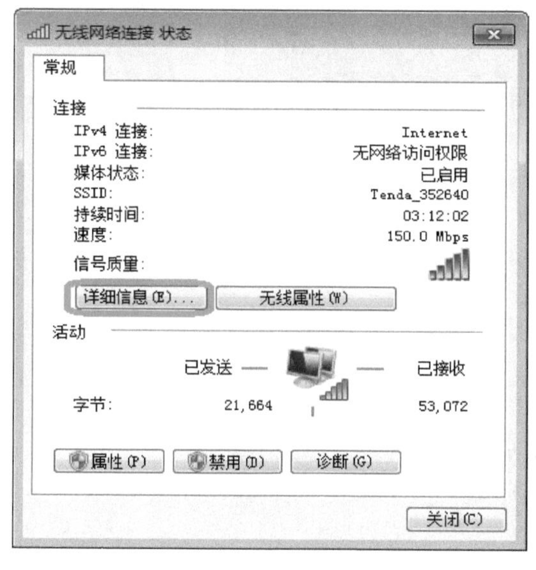

图5-114　“无线网络连接状态”对话框

网络连接详细信息

网络连接详细信息(D):

属性	值
连接特定的 DNS 后缀	
描述	Ralink RT5390R 802.11bgn Wi-Fi
物理地址	80-56-F2-33-17-4D
已启用 DHCP	是
IPv4 地址	192.168.0.103
IPv4 子网掩码	255.255.255.0
获得租约的时间	2018年6月10日 9:50:12
租约过期的时间	2018年6月11日 9:50:12
IPv4 默认网关	192.168.0.1
IPv4 DHCP 服务器	192.168.0.1
IPv4 DNS 服务器	192.168.1.1
IPv4 WINS 服务器	
已启用 NetBIOS ove...	否
连接-本地 IPv6 地址	fe80::e0d2:eb8f:5e8f:4639%13
IPv6 默认网关	
IPv6 DNS 服务器	

关闭(C)

图5-115　“网络连接详细信息”对话框

（14）打开TCP&UDP测试工具，如图5-116所示。

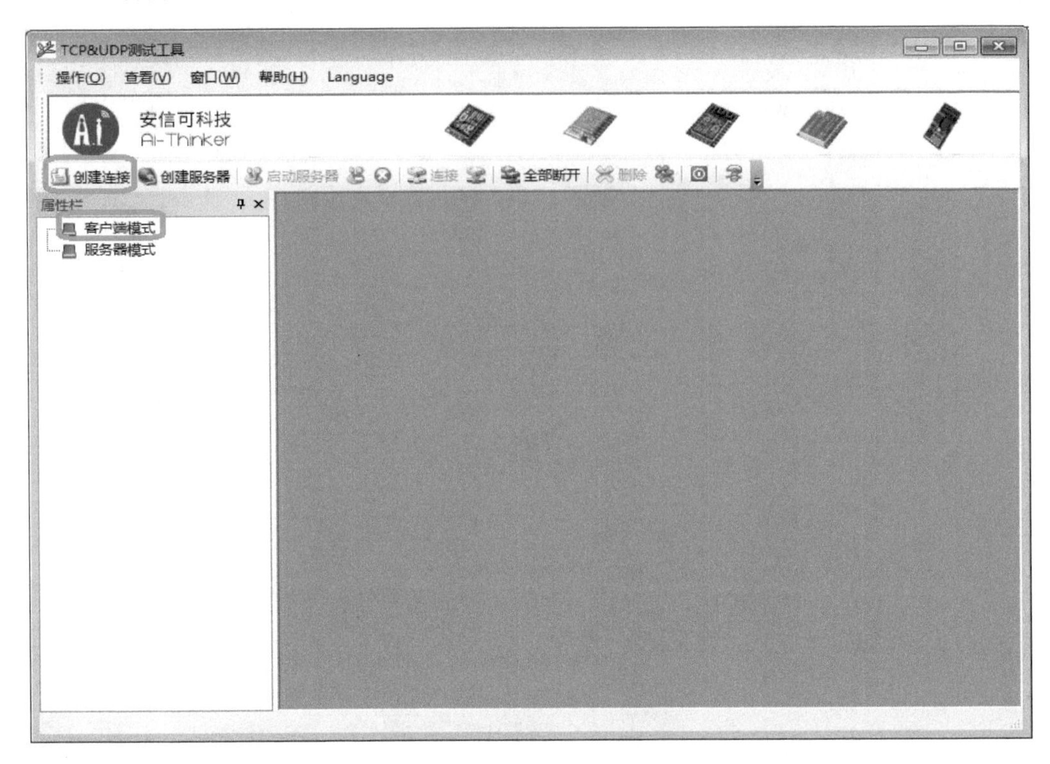

图5-116　打开TCP&UDP测试工具

（15）选择“客户端模式”，单击“创建连接”，弹出如图5-117所示对话框。

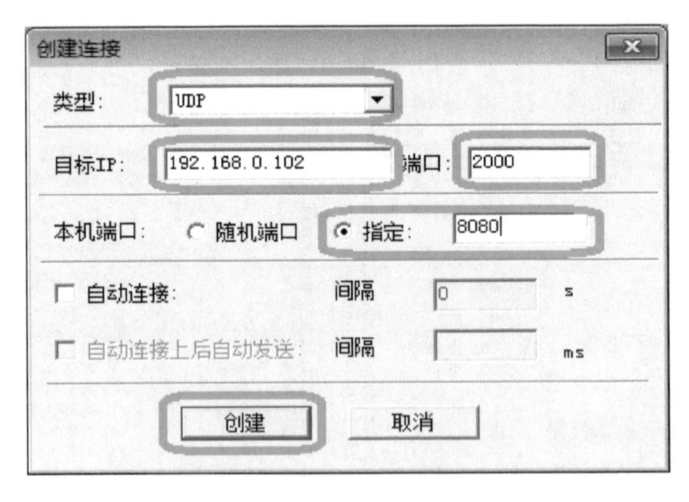

图5-117　“创建连接”对话框

（16）单击“创建”按钮，得到如图5-118所示界面。

（17）单击“连接”按钮，得到如图5-119所示界面。

（18）安信可串口调试助手中：

AT+CIPSTART=“UDP”，“192.168.0.103”，8080，2000，0　//建立UDP连接，如图

5-120 所示。

响应：CONNECT

　　　OK

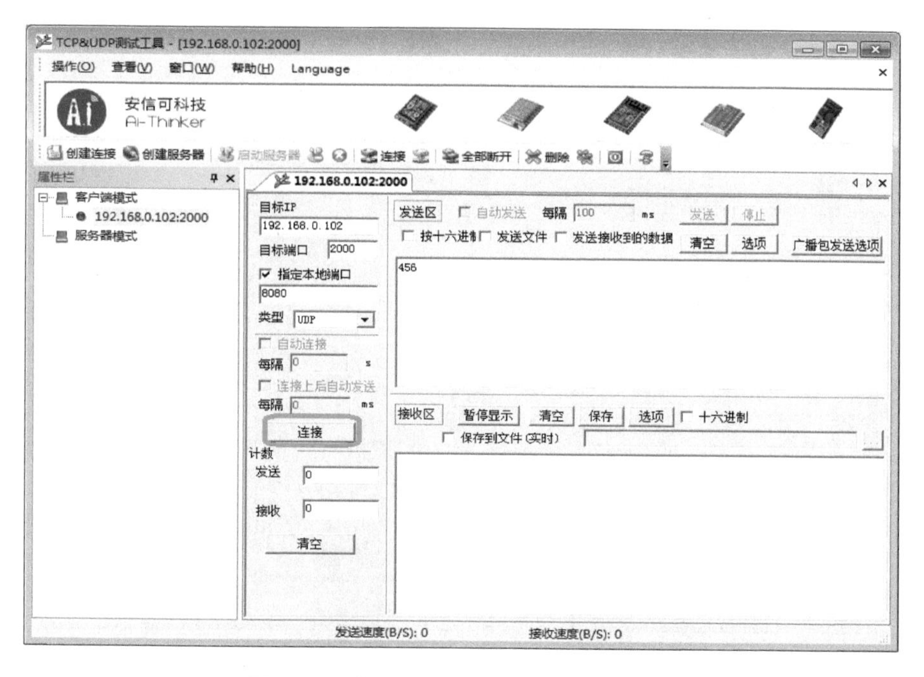

图5-118　单击“创建”按钮后得到的界面

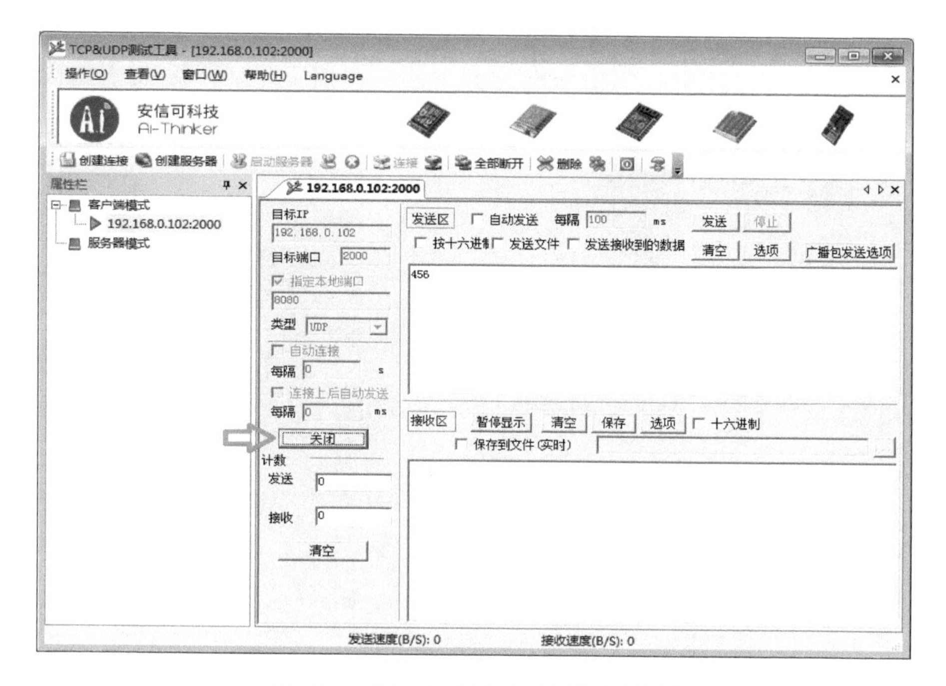

图5-119　单击“连接”按钮后得到的界面

（19）AT+CIPSEND　//发送数据，如图 5-121 所示。

响应：OK。

图5-120　AT+CIPSTART="UDP"，"192.168.0.103"，8080，2000，0　//建立UDP连接

图5-121　AT+CIPSEND　//发送数据

（20）发送数据12345，如图5-122所示。

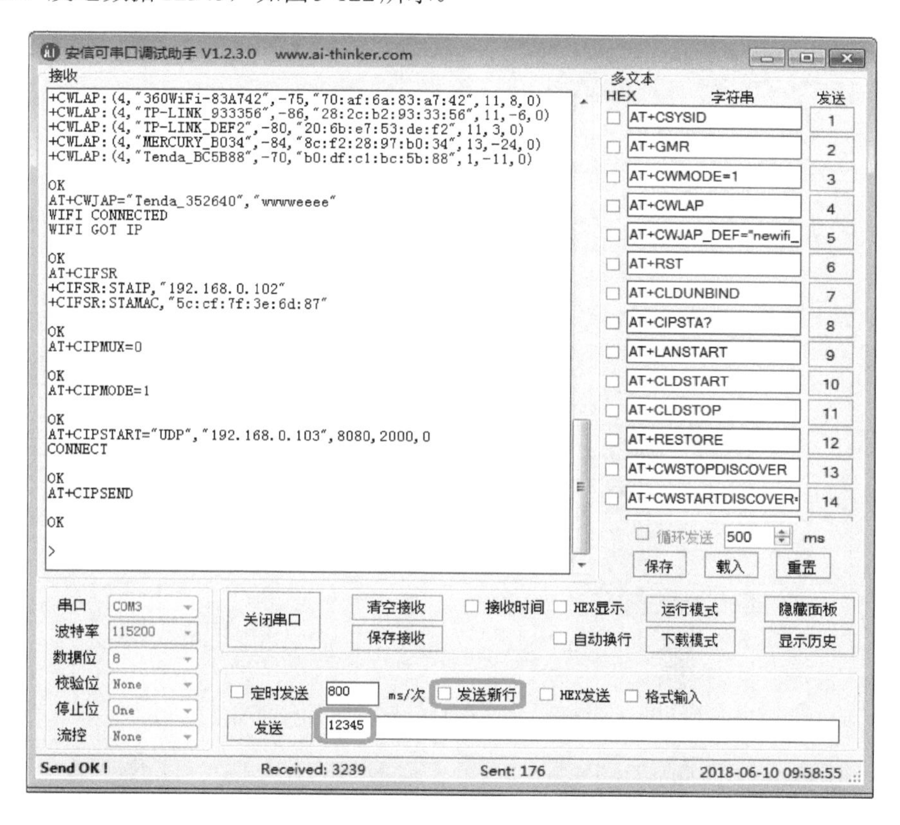

图5-122　发送数据12345

（21）TCP&UDP测试工具收到数据12345，如图5-123所示。

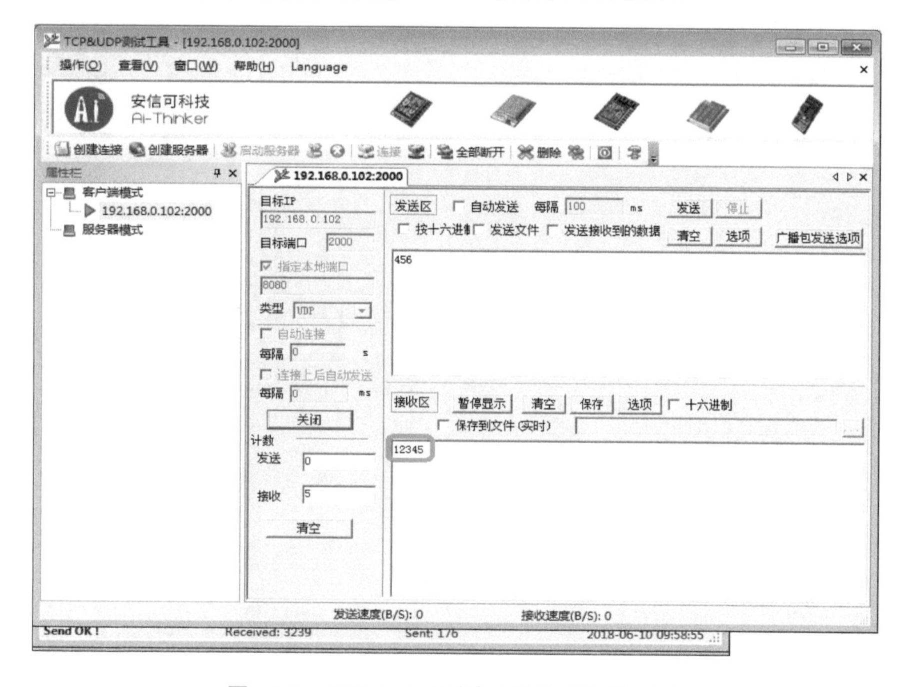

图5-123　TCP&UDP测试工具收到数据12345

（22）TCP&UDP测试工具发送数据54321，如图5-124所示。

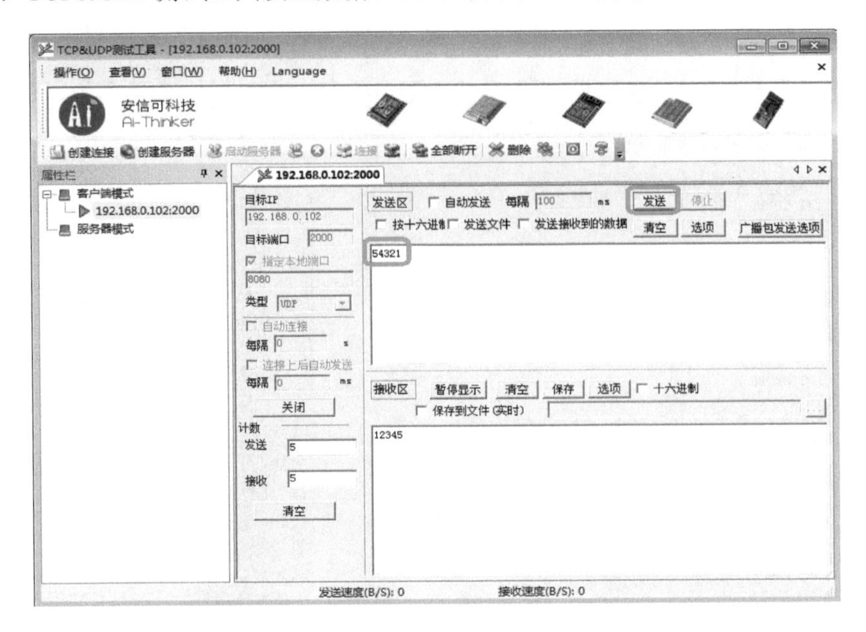

图5-124　TCP&UDP测试工具发送数据54321

（23）安信可串口调试助手收到数据54321，如图5-125所示。

图5-125　安信可串口调试助手收到数据54321

（24）+++　//退出透传，如图5-126所示。响应：+++。

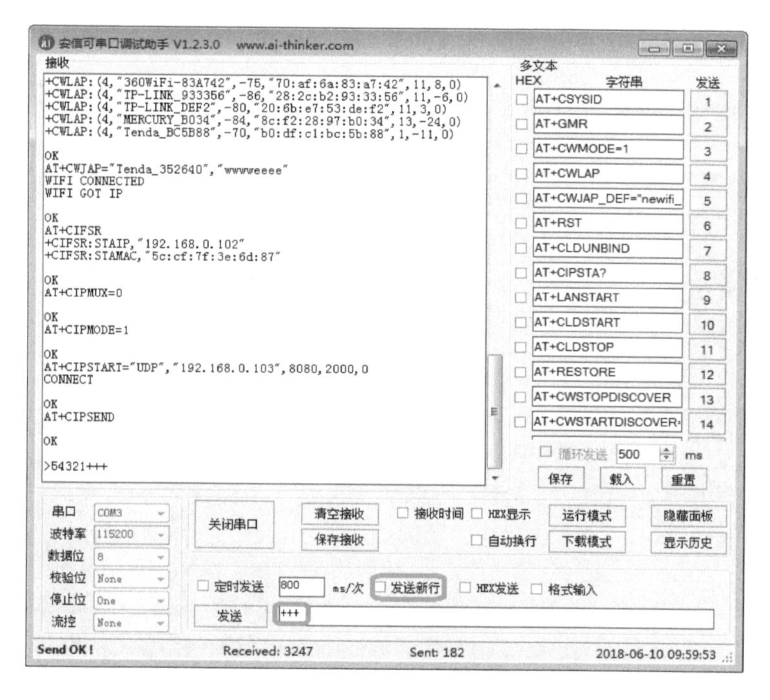

图5-126　+++　//退出透传

5.6　两个模块UDP传输模式

模块一

（1）AT　//测试AT启动，如图5-127所示。响应：OK。

图5-127　AT　//测试AT启动

（2）AT+RESTORE　//恢复出厂设置，如图5-128所示。响应：OK。

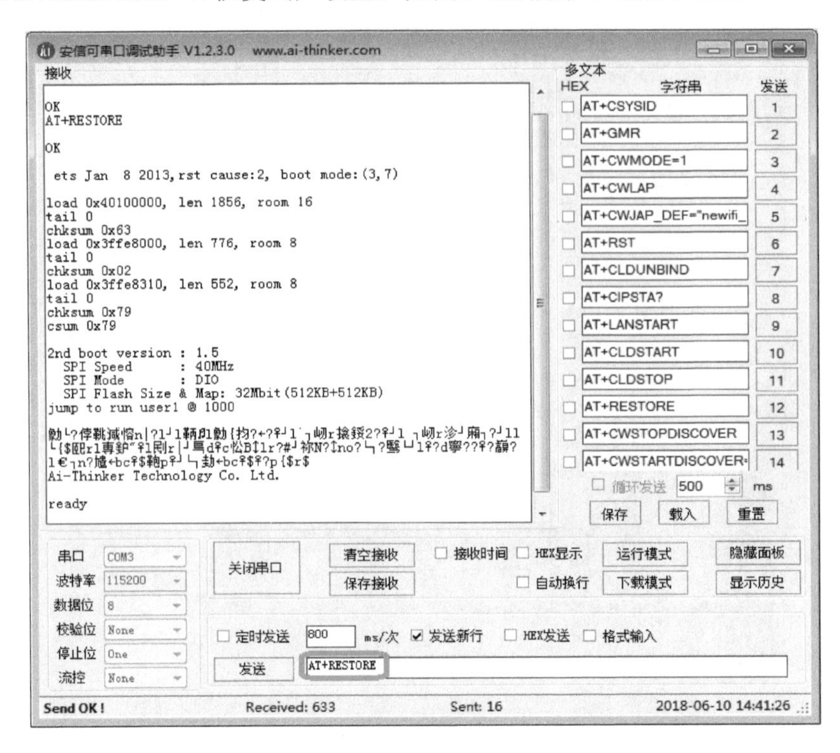

图5-128　AT+RESTORE　//恢复出厂设置

（3）AT+CWMODE=2　//AP模式，如图5-129所示。响应：OK。

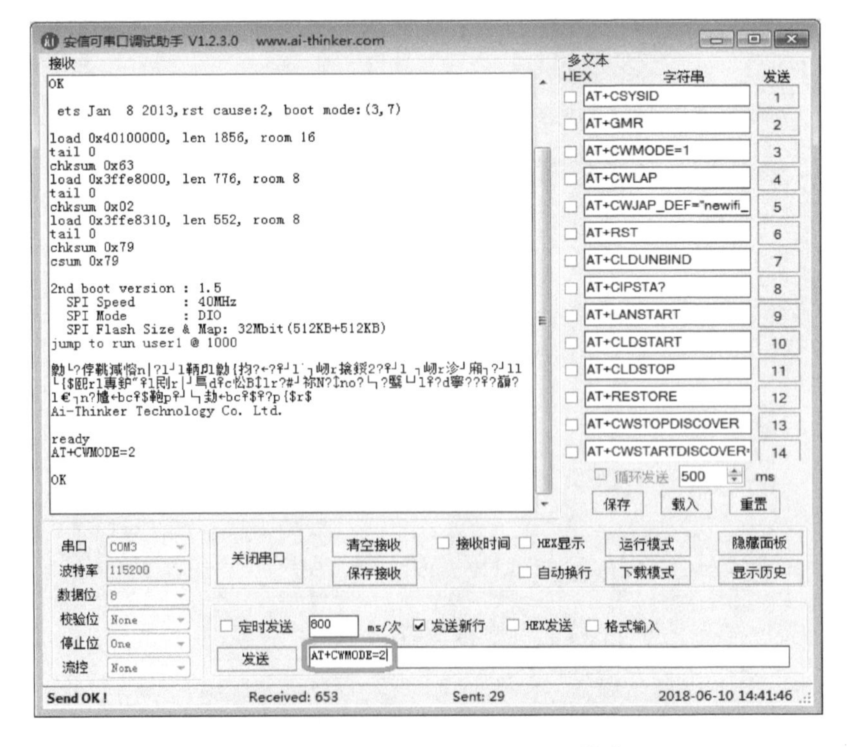

图5-129　AT+CWMODE=2　//AP模式

（4）AT+CWSAP=“ESP8266”，“12345678”，11，0　//设置模块名称、密码，如图5-130所示。响应：OK。

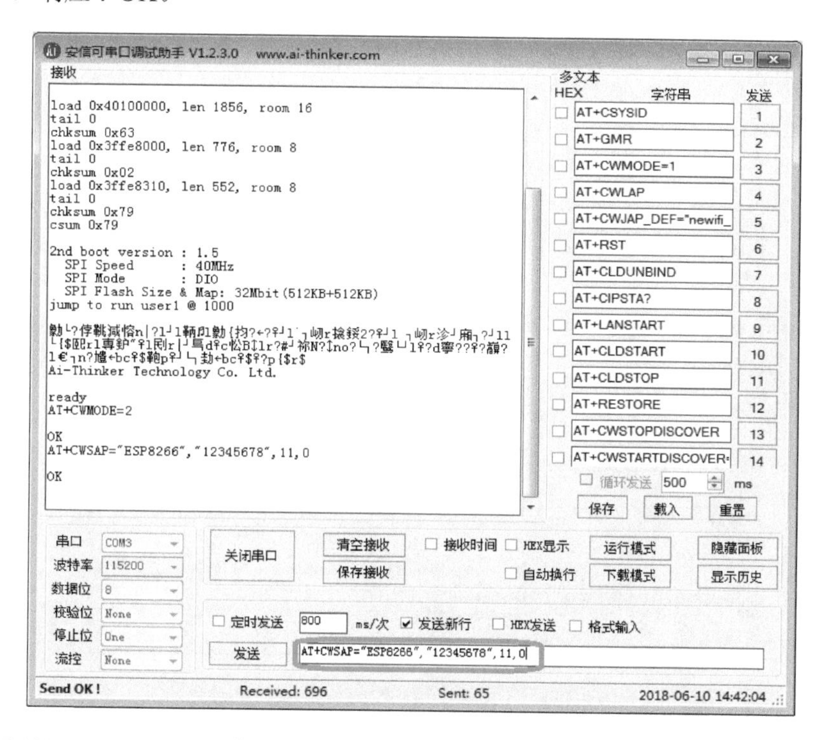

图5-130　AT+CWSAP=“ESP8266”，“12345678”，11，0　//设置模块名称、密码

（5）AT+CIPMUX=0　//单连接模式，如图5-131所示。响应：OK。

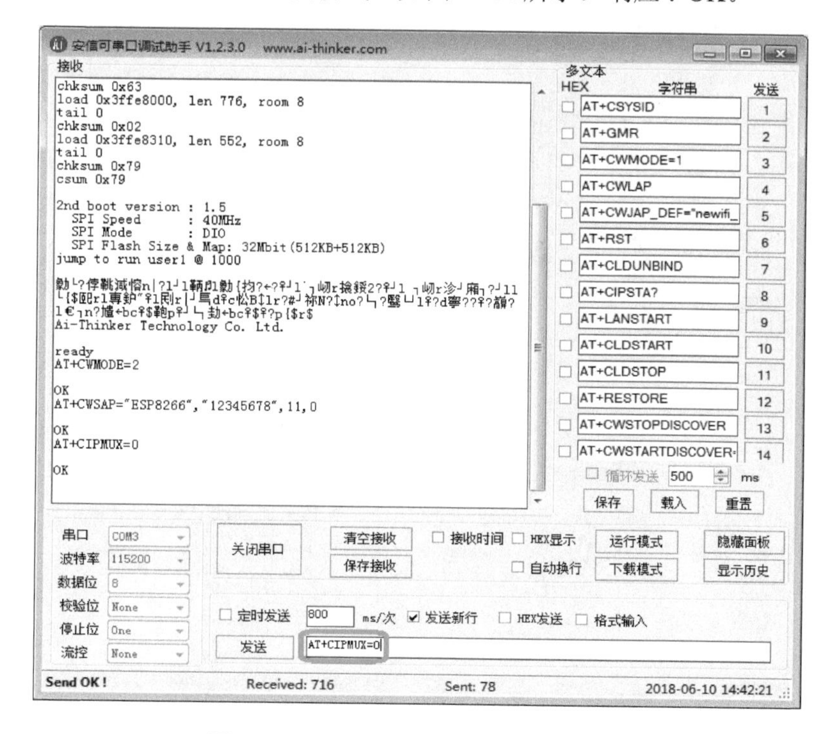

图5-131　AT+CIPMUX=0　//单连接模式

（6）AT+CIPMODE=1　//透传模式，如图5-132所示。响应：OK。

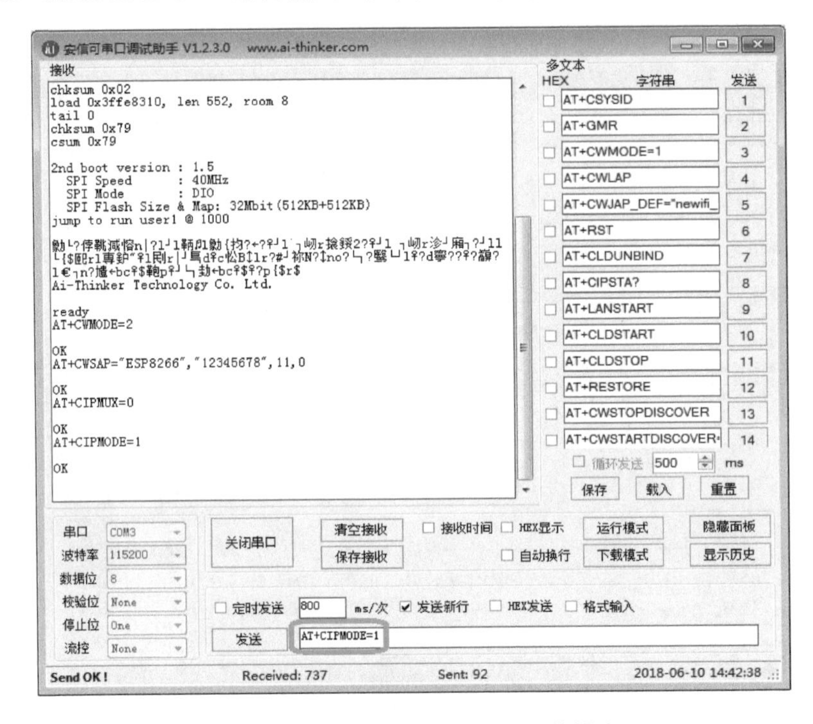

图5-132　AT+CIPMODE=1　//透传模式

（7）AT+CIFSR　//查询本地IP地址，如图5-133所示。

响应：+CIFSR：APIP，“192.168.4.1”

+CIFSR：APMAC，“5e：cf：7f：3e：6d：87”

OK

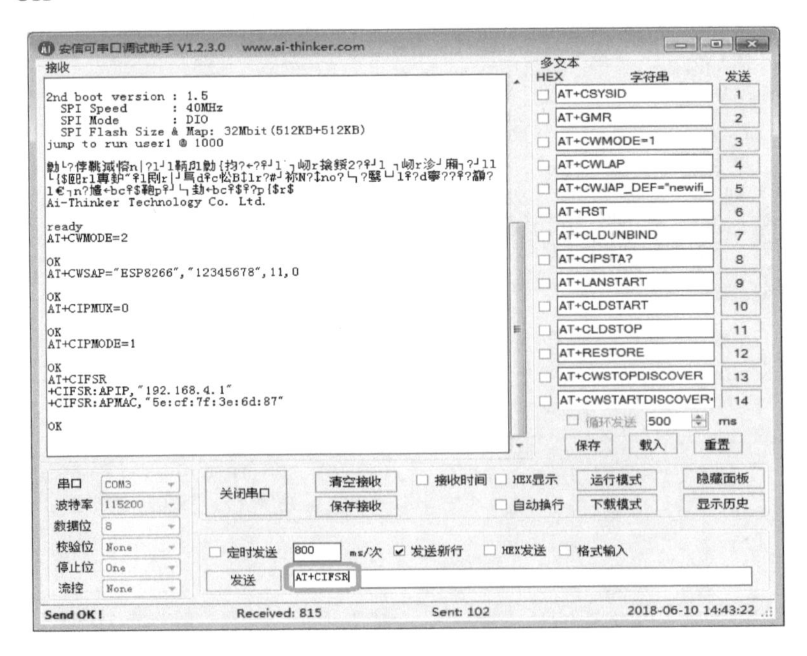

图5-133　AT+CIFSR　//查询本地IP地址

（8）AT　//测试AT启动，如图5-134所示。响应：OK。

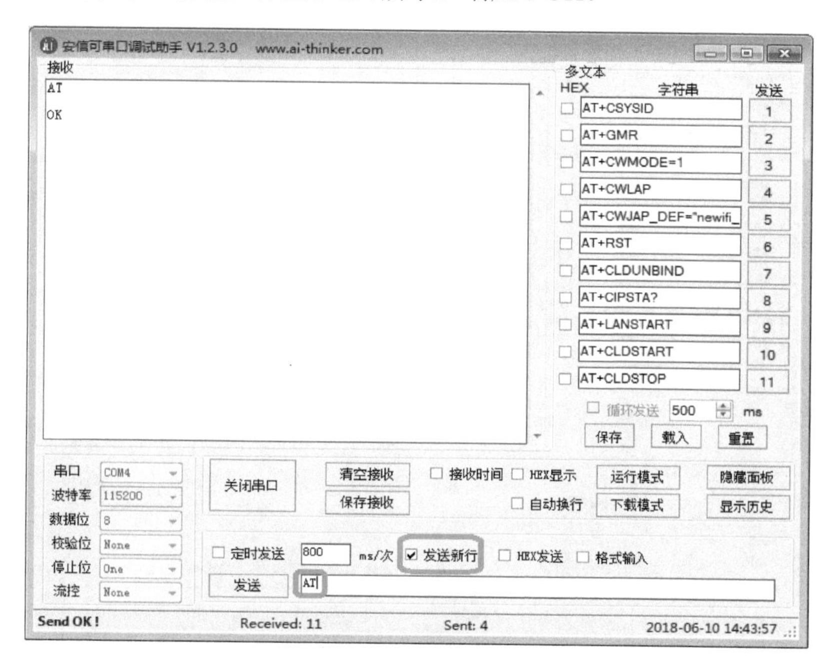

图5-134　AT　//测试AT启动

（9）AT+RESTORE　//恢复出厂设置，如图5-135所示。响应：OK。

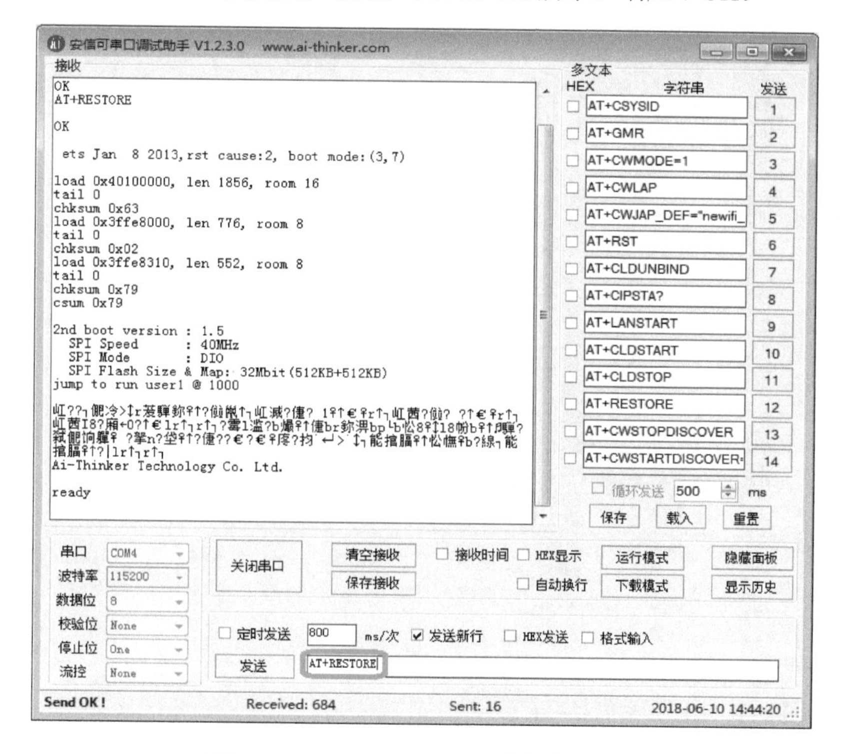

图5-135　AT+RESTORE　//恢复出厂设置

（10）AT+CWMODE=1　//station模式，如图5-136所示。响应：OK。

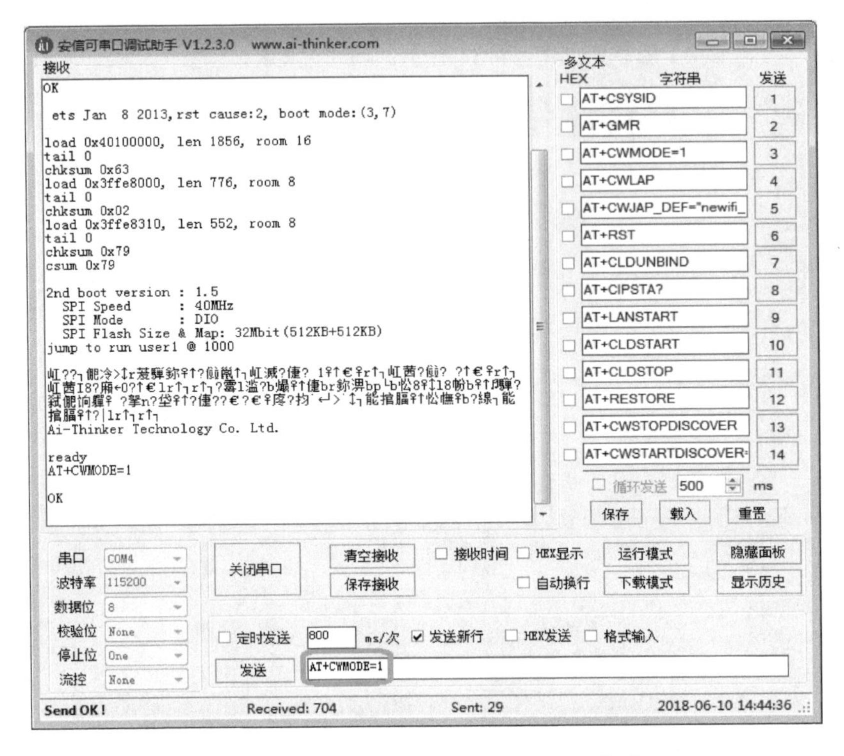

图5-136　AT+CWMODE=1　//station模式

（11）AT+CWLAP　//扫描当前可用的AP，如图5-137所示。响应：……OK。

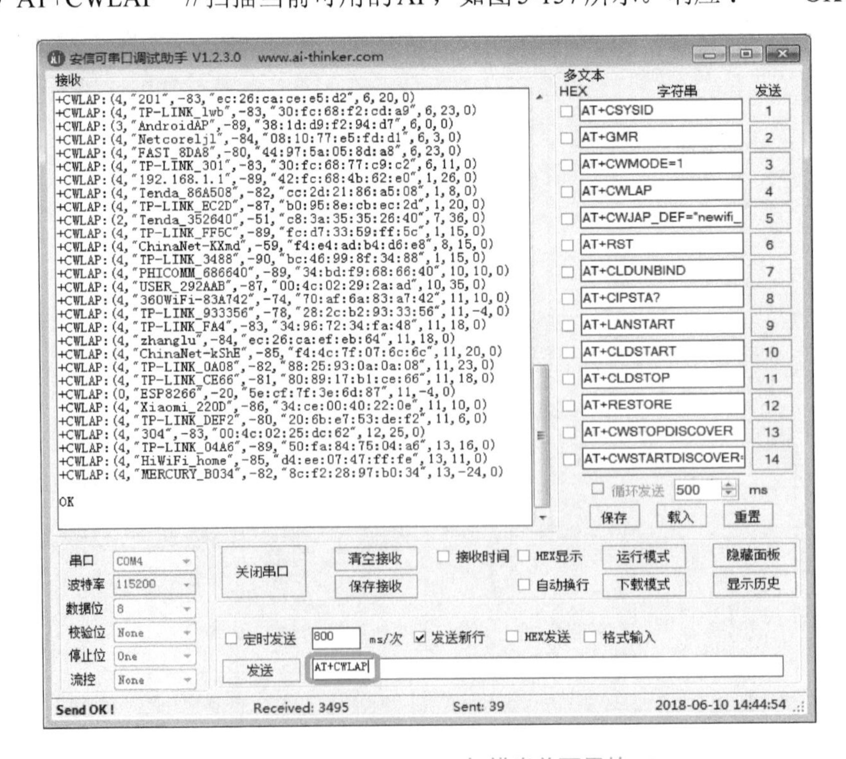

图5-137　AT+CWLAP　//扫描当前可用的AP

（12）AT+CWJAP=“ESP8266”，“12345678”　//连接AP，如图5-138所示。

响应：WIFI CONNECTED

　　　WIFI GOT IP

　　　OK

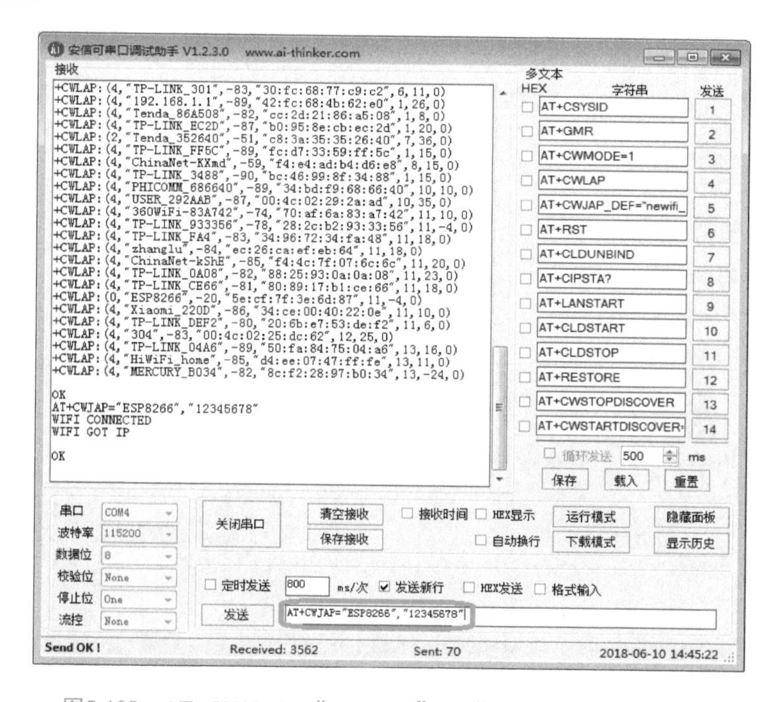

图5-138　AT+CWJAP=“ESP8266”，“12345678”　//连接AP

（13）AT+CIPMUX=0　//设置为单连接模式，如图5-139所示。响应：OK。

图5-139　AT+CIPMUX=0　//设置为单连接模式

（14）AT+CIPMODE=1　//透传模式，如图5-140所示。响应：OK。

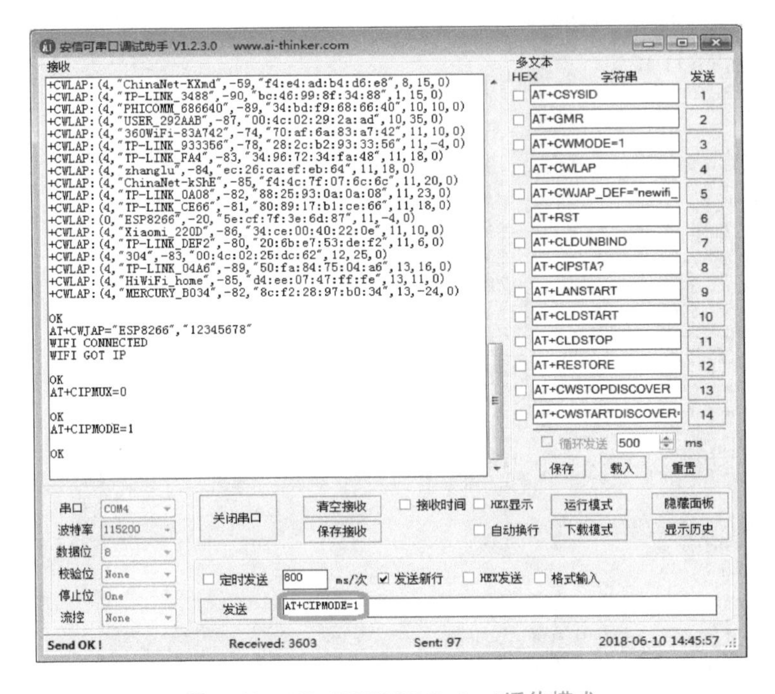

图5-140　AT+CIPMODE=1　//透传模式

（15）AT+CIFSR　//查询本地IP地址，如图5-141所示。

响应：+CIFSR：STAIP，“192.168.4.2”

　　　+CIFSR：STAMAC，“ec：fa：bc：0c：0b：97”

　　　OK

图5-141　AT+CIFSR　//查询本地IP地址

（16）AT+CIPSTART=“UDP”，“192.168.4.1”，333，333，0　//建立UDP连接，如图5-142所示。

响应：CONNECT

　　　OK

图5-142　AT+CIPSTART=“UDP”，“192.168.4.1”，333，333，0　//建立UDP连接

（17）AT+CIPSEND　//发送数据，如图5-143所示。响应：OK。

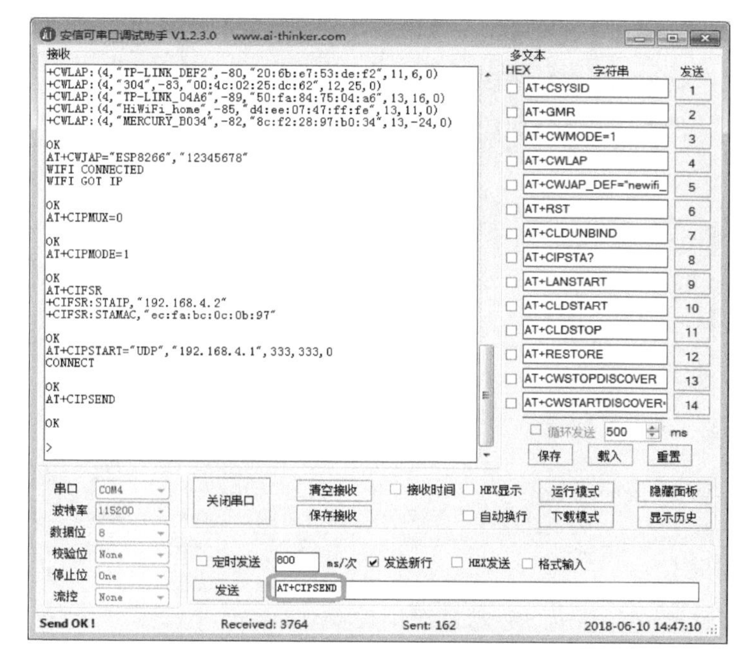

图5-143　AT+CIPSEND　//发送数据

（18）AT+CIPSTART=“UDP”，“192.168.4.2”，333，333，0　//建立TCP连接，如图5-144所示。

响应：CONNECT

　　　OK

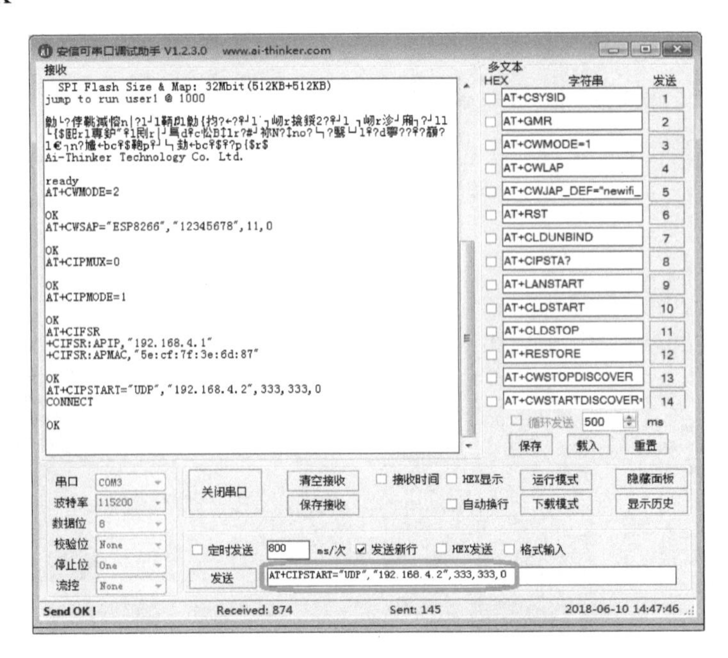

图5-144　AT+CIPSTART=“UDP”，“192.168.4.2”，333，333，0　//建立TCP连接

（19）AT+CIPSEND　//发送数据，如图5-145所示。响应：OK。

图5-145　AT+CIPSEND　//发送数据

（20）发送数据123，如图5-146所示。

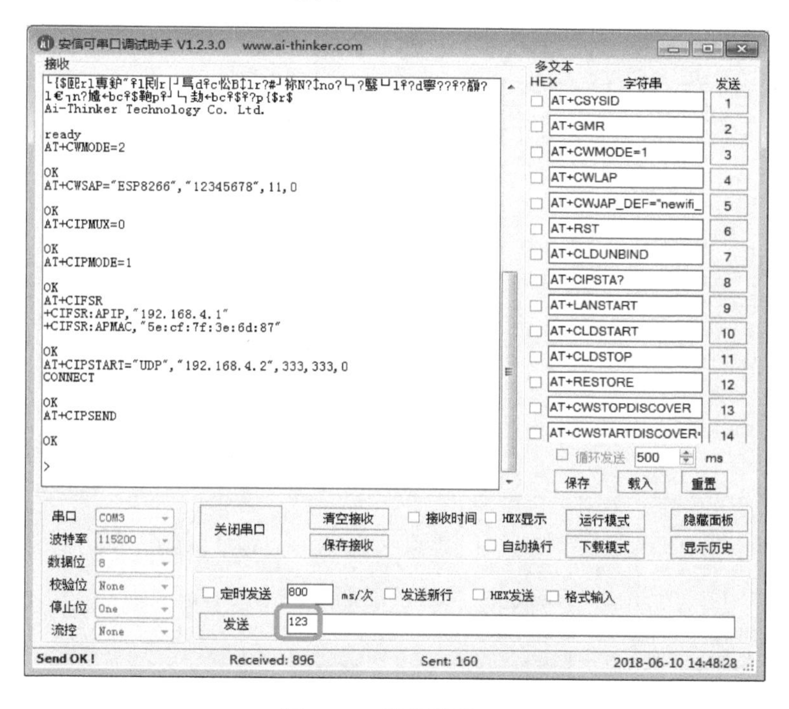

图5-146　发送数据123

模块二

（21）收到数据123，如图5-147所示。

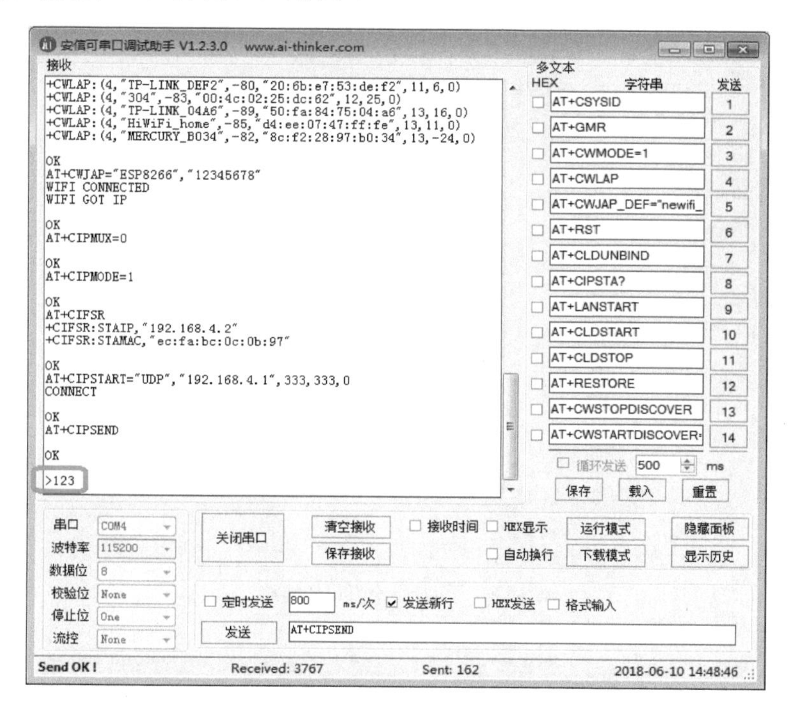

图5-147　收到数据123

（22）发送数据456，如图5-148所示。

图5-148 发送数据456

模块一

（23）收到数据456，如图5-149所示。

图5-149 收到数据456

（24）+++　//退出透传，如图5-150所示。响应：+++。

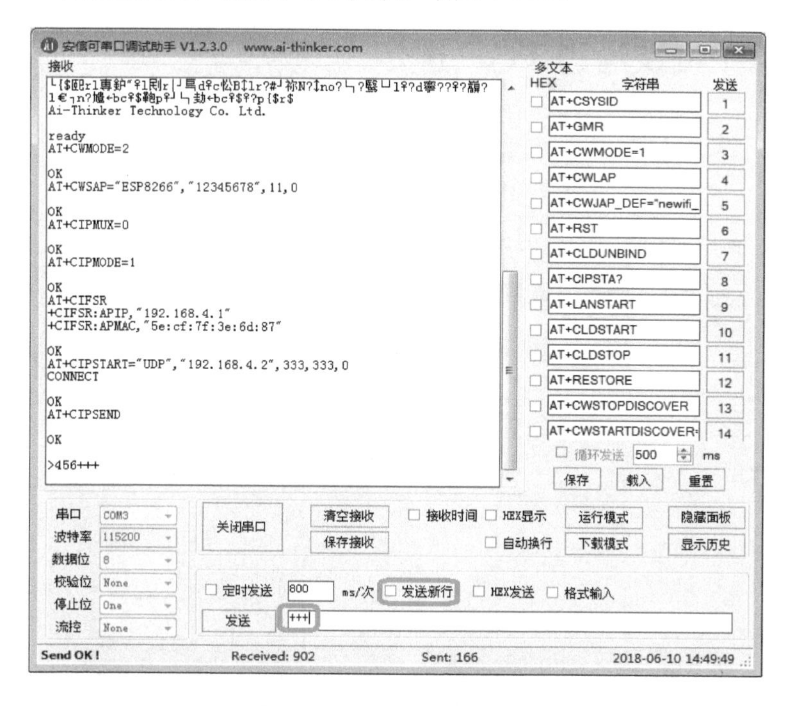

图5-150　+++　//退出透传

模块二

（25）+++　//退出透传，如图5-151所示。响应：+++。

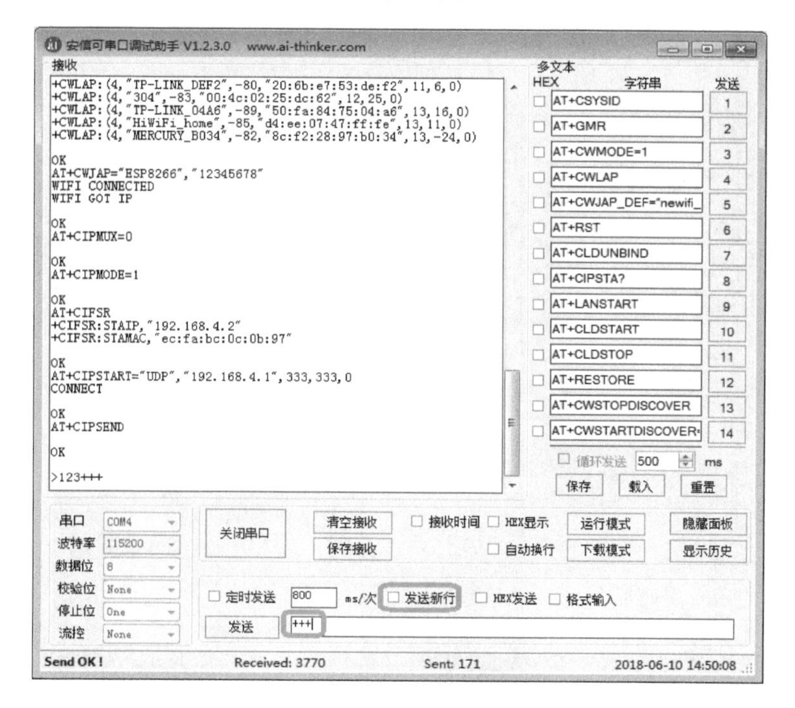

图5-151　+++　//退出透传

5.7 两个模块通过TCP透传

模块一

（1）AT //测试AT启动，如图5-152所示。响应：OK。

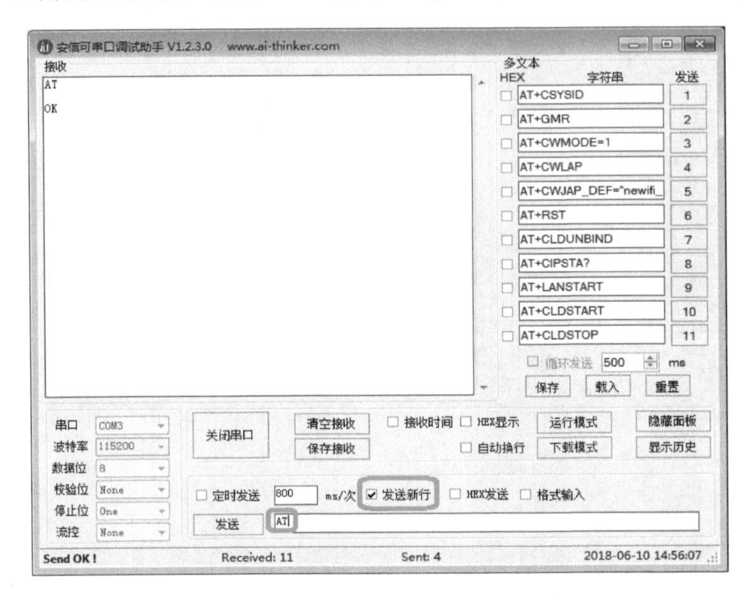

图5-152 AT //测试AT启动

（2）AT+RESTORE //恢复出厂设置，如图5-153所示。响应：OK。

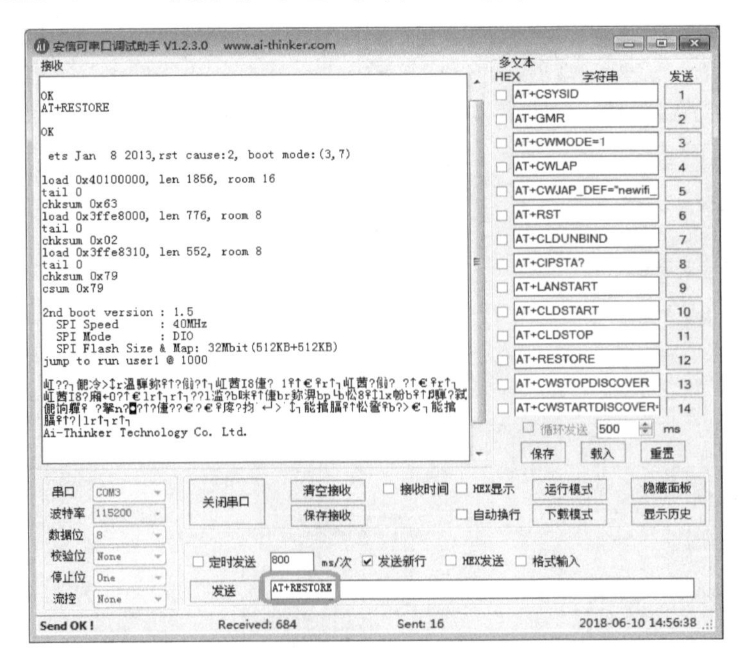

图5-153 AT+RESTORE //恢复出厂设置

（3）AT+CWMODE=2　//AP 模式，如图 5-154 所示。响应：OK。

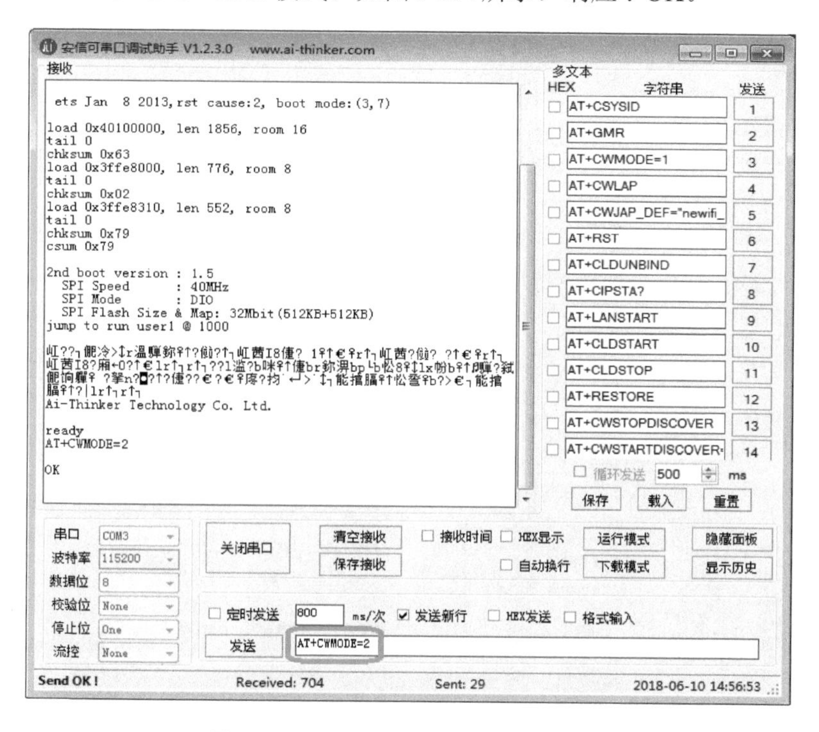

图5-154　AT+CWMODE=2　//AP模式

（4）AT+CWSAP=“ESP8266”，“12345678”，11，0　//设置模块名称、密码，如图 5-155 所示。响应：OK。

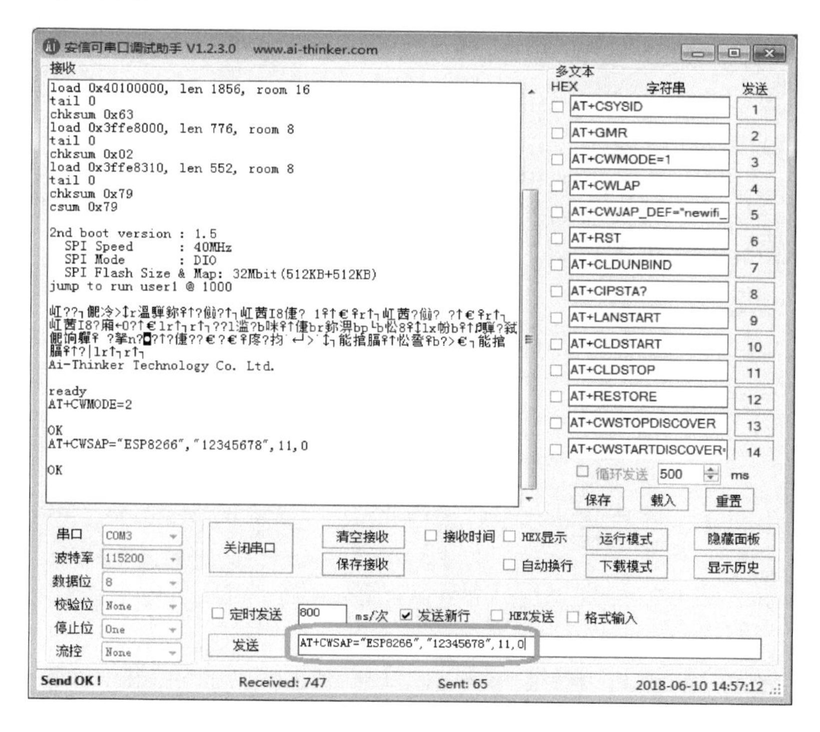

图5-155　AT+CWSAP=“ESP8266”，“12345678”，11，0　//设置模块名称、密码

（5）AT+CIPMUX=1　//多连接模式，如图5-156所示。响应：OK。

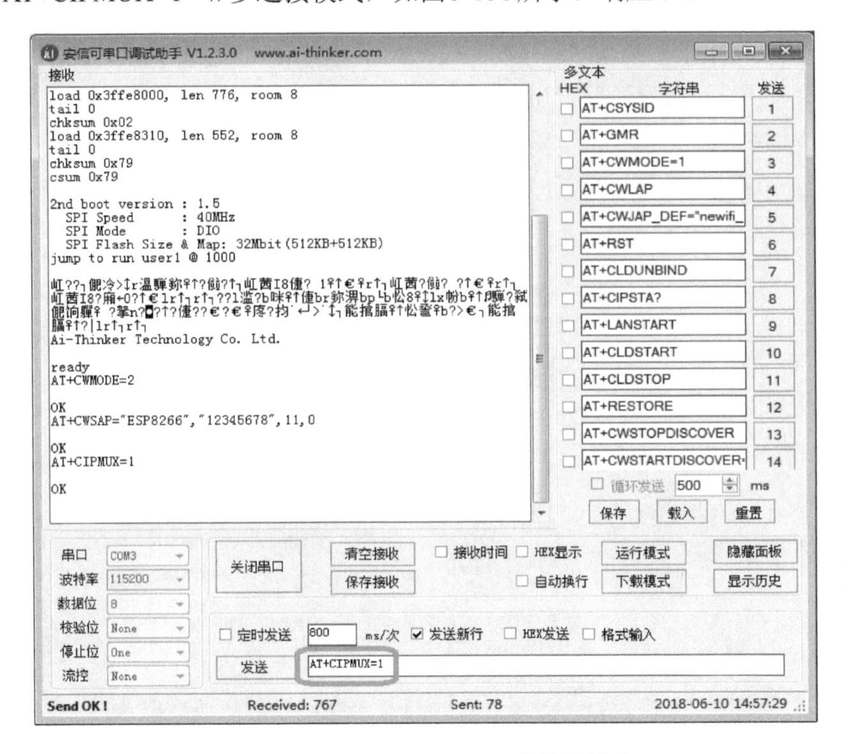

图5-156　AT+CIPMUX=1　//多连接模式

（6）AT+CIPSERVER=1，6789　//建立TCP server，如图5-157所示。响应：OK。

图5-157　AT+CIPSERVER=1，6789　//建立TCP server

（7）AT+CIFSR //查询本地 IP 地址，如图 5-158 所示。

响应：+CIFSR：APIP，“192.168.4.1”

+CIFSR：APMAC，“ee：fa：bc：0c：0b：97”

OK

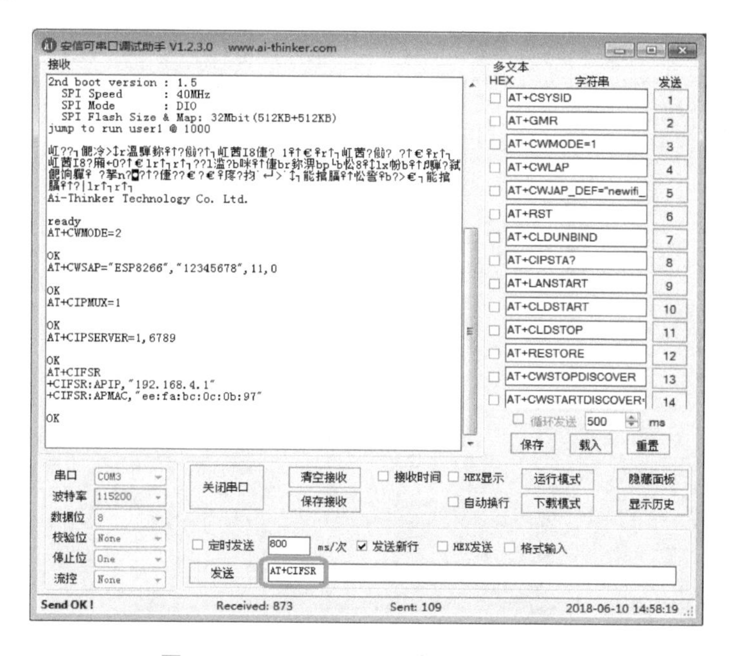

图5-158 AT+CIFSR //查询本地IP地址

模块二

（8）AT //测试 AT 启动，如图 5-159 所示。响应：OK。

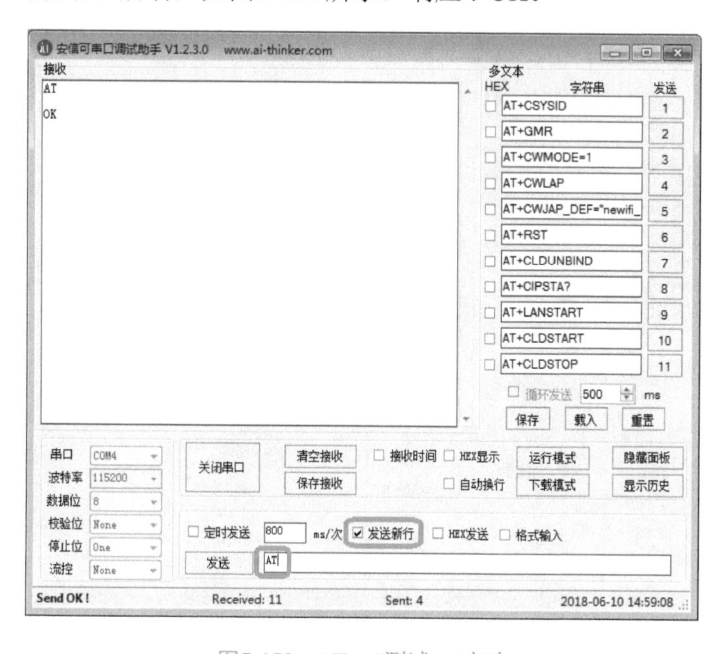

图5-159 AT //测试AT启动

（9）AT+RESTORE　//恢复出厂设置，如图5-160所示。响应：OK。

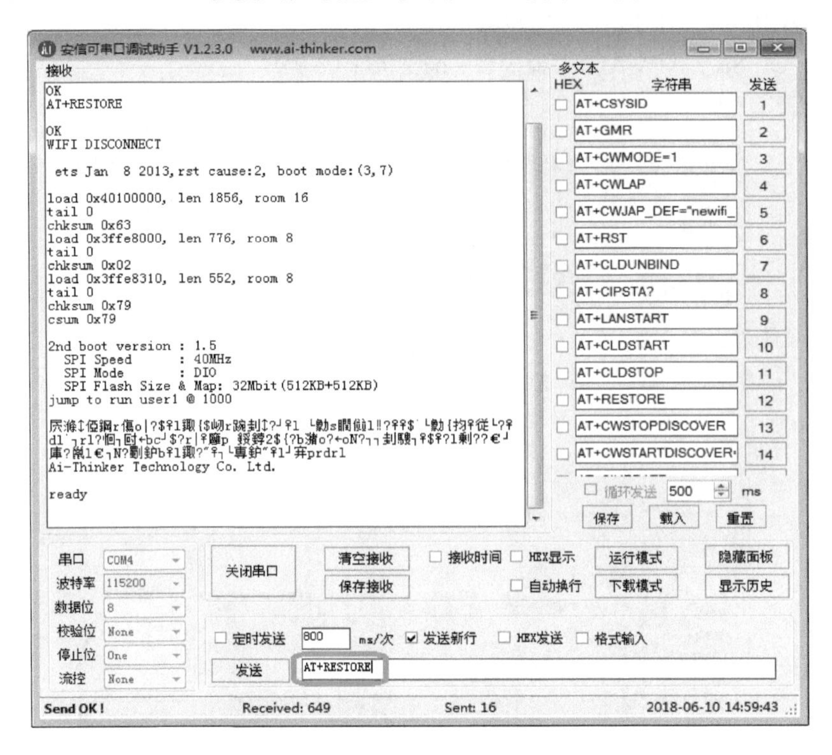

图5-160　AT+RESTORE　//恢复出厂设置

（10）AT+CWMODE=1　//station模式，如图5-161所示。响应：OK。

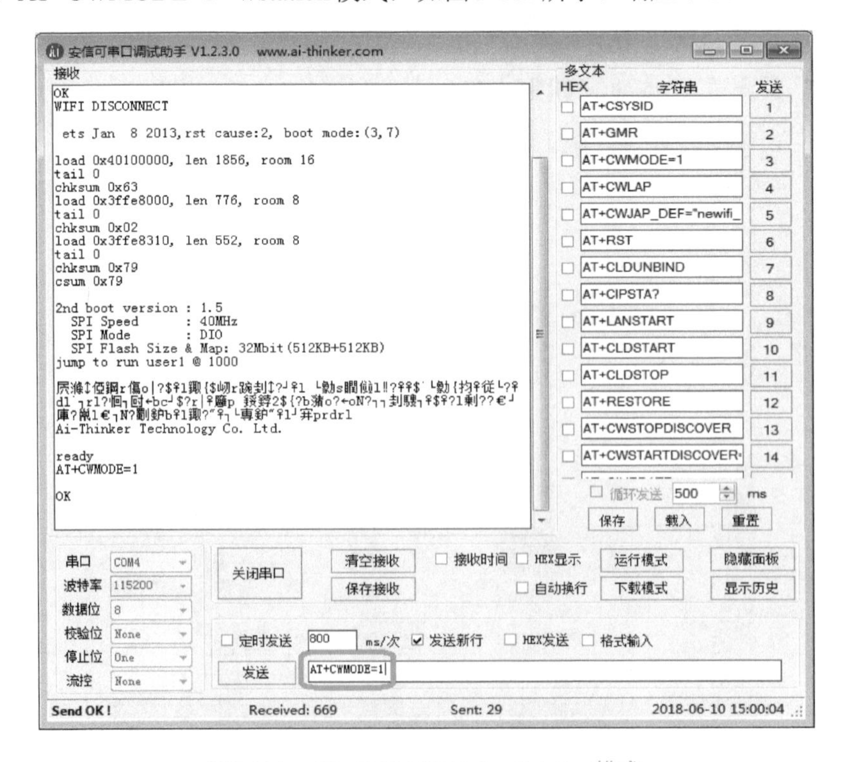

图5-161　AT+CWMODE=1　//station模式

（11）AT+CWLAP　//扫描当前可用的AP，如图5-162所示。响应：……OK。

图5-162　AT+CWLAP　//扫描当前可用的AP

（12）AT+CWJAP=“ESP8266”，“12345678”　//扫描当前可用的AP，如图5-163所示。
响应：WIFI CONNECTED

WIFI GOT IP

OK

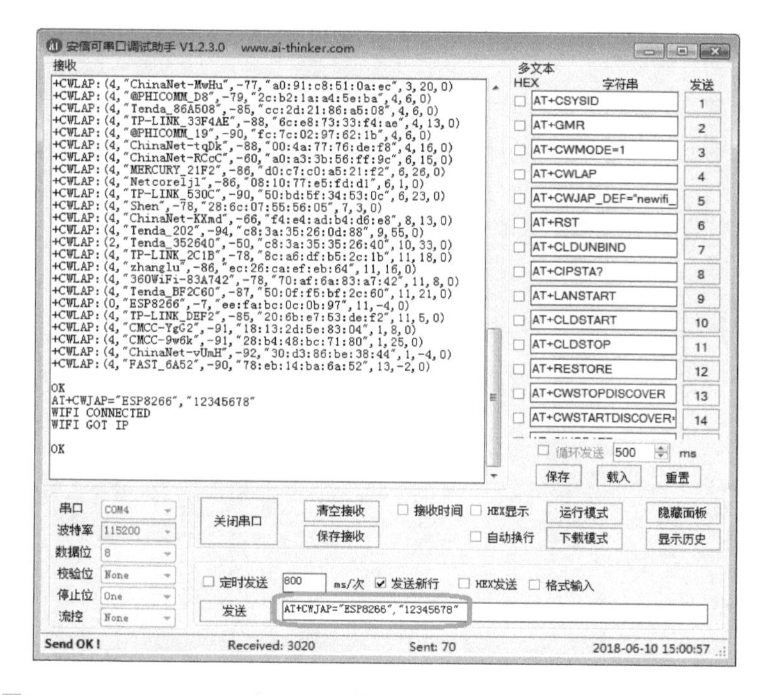

图5-163　AT+CWJAP=“ESP8266”，“12345678”　//扫描当前可用的AP

（13）AT+CIFSR　//查询本地IP地址，如图5-164所示。

响应：+CIFSR：STAIP，“192.168.4.2”

+CIFSR：STAMAC，“5c：cf：7f：3e：6d：87”

OK

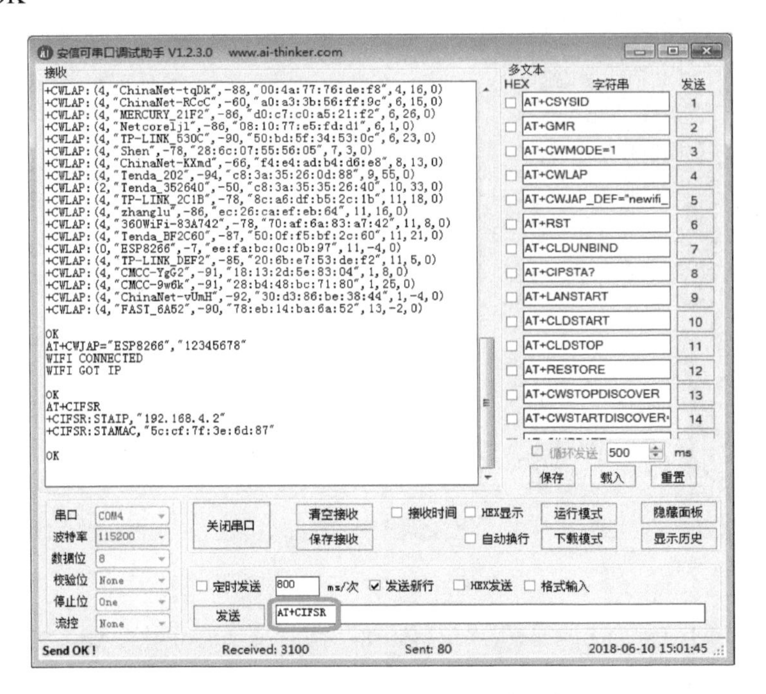

图5-164　AT+CIFSR　//查询本地IP地址

（14）AT+CIPMUX=0　//单连接模式，如图5-165所示。响应：OK。

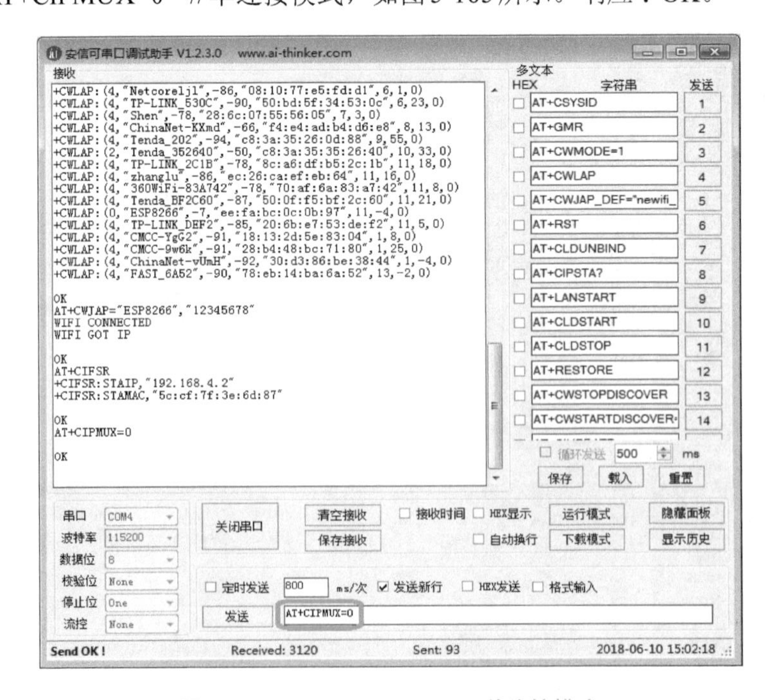

图5-165　AT+CIPMUX=0　//单连接模式

（15）AT+CIPMODE=1 //多连接模式，如图5-166所示。响应：OK。

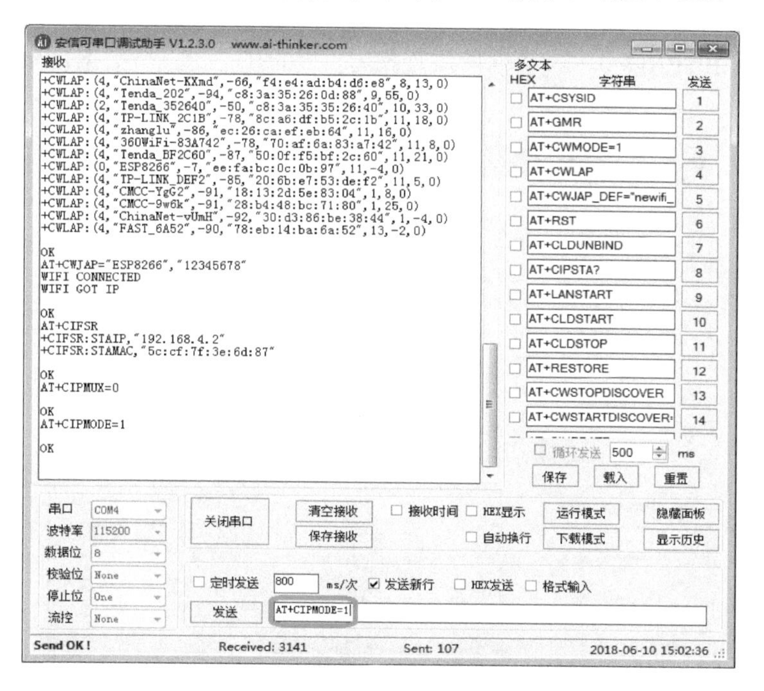

图5-166 AT+CIPMODE=1 //多连接模式

（16）AT+CIPSTART=“TCP”，“192.168.4.1”，6789 //建立TCP连接，如图5-167所示。

响应：CONNECT

OK

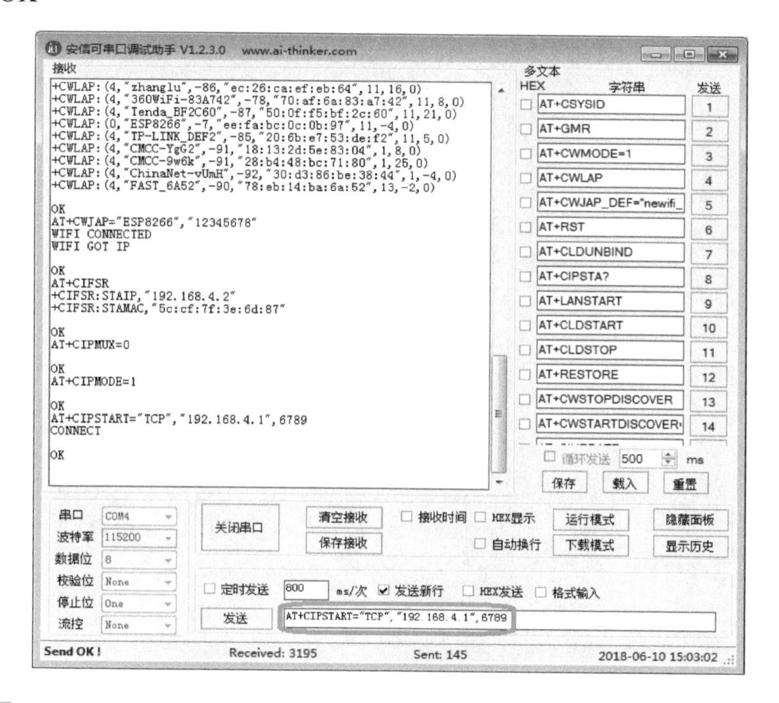

图5-167 AT+CIPSTART=“TCP”，“192.168.4.1”，6789 //建立TCP连接

模块一

（17）AT+CIPSEND=0，3　//向网络连接号为0的ID发送3个数据，如图5-168所示。响应：OK。

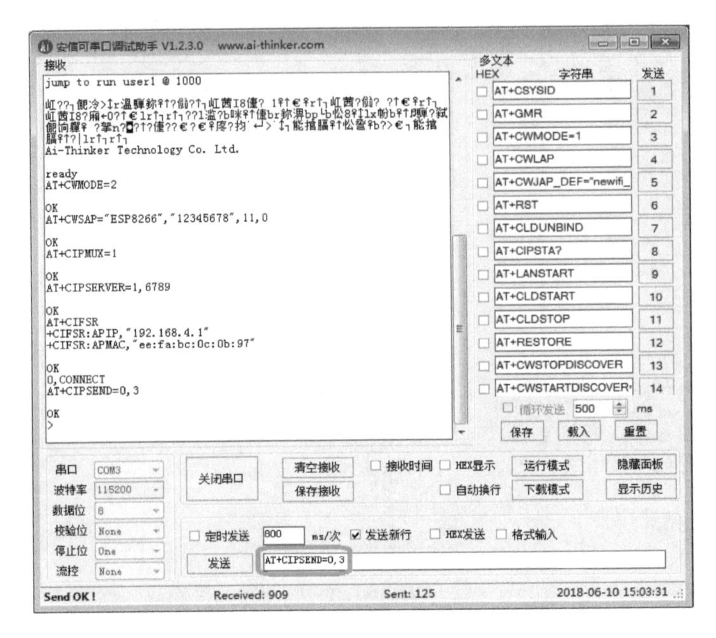

图5-168　AT+CIPSEND=0，3　//向网络连接号为0的ID发送3个数据

模块二

（18）AT+CIPSEND　//发送数据，如图5-169所示。响应：OK。

图5-169　AT+CIPSEND　//发送数据

（19）发送数据 1234，如图 5-170 所示。

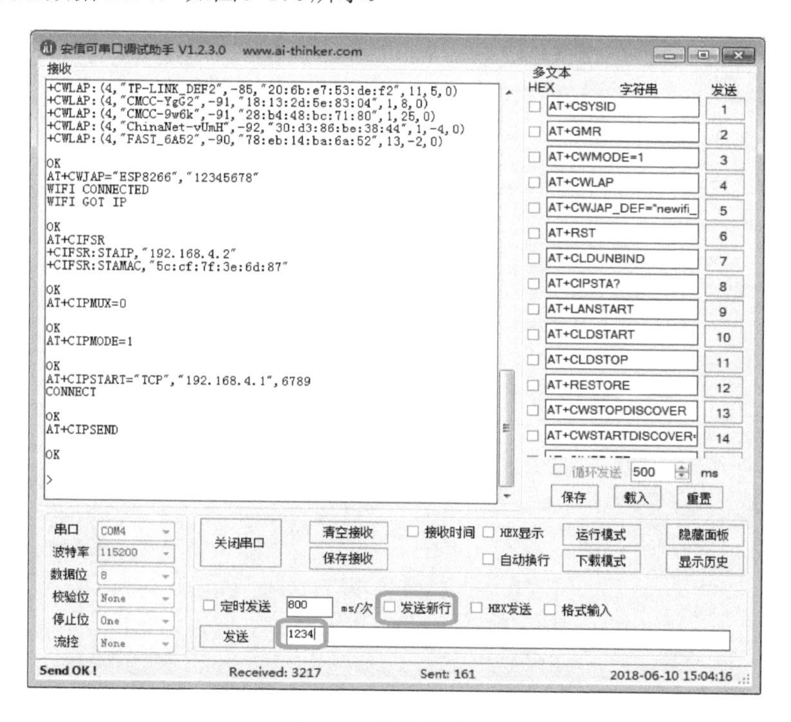

图5-170　发送数据1234

模块一

（20）接收到数据 1234，如图 5-171 所示。

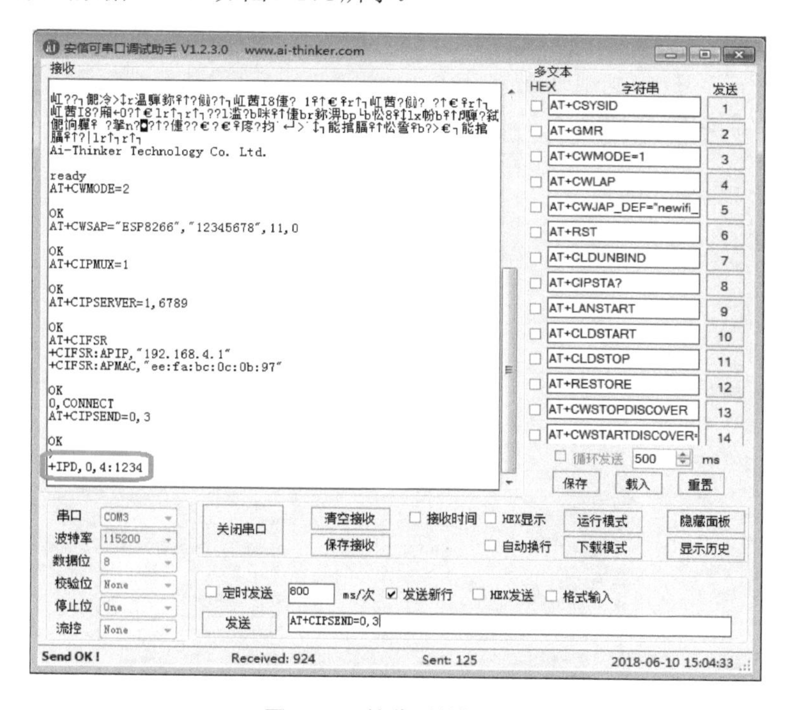

图5-171　接收到数据1234

（21）发送数据345，如图5-172所示。

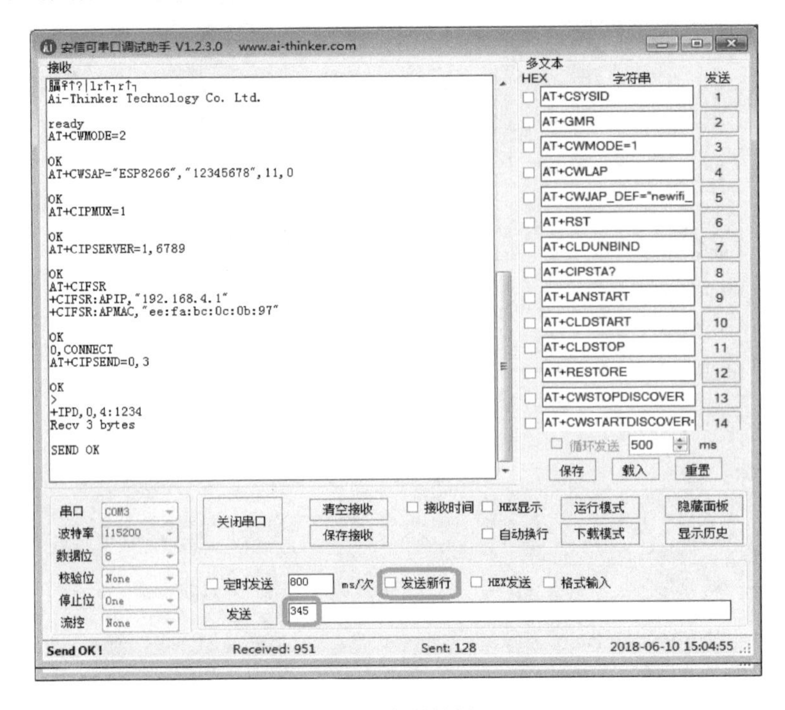

图5-172 发送数据345

模块二

（22）接收到数据345，如图5-173所示。

图5-173 接收到数据345

（23）+++　//退出透传，如图5-174所示。响应：+++。

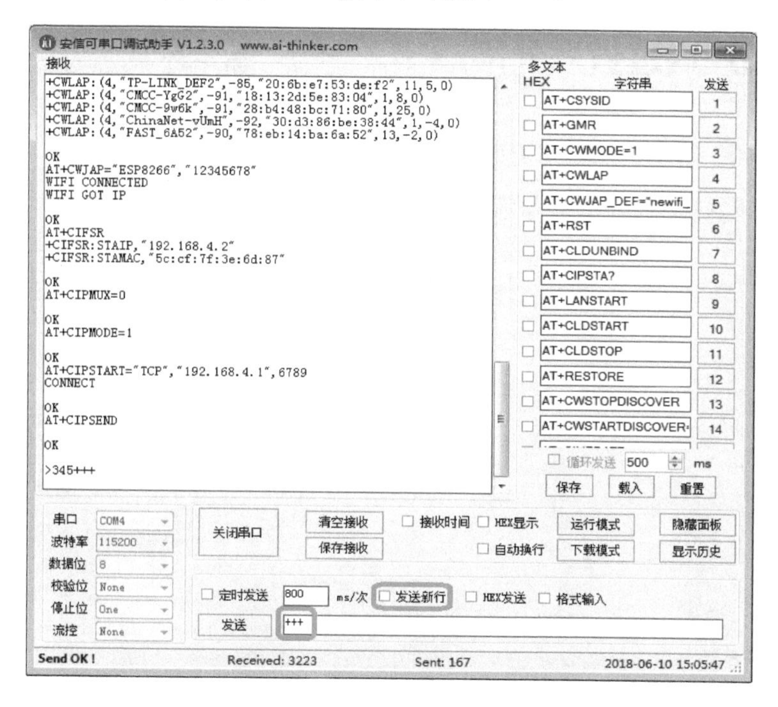

图5-174　+++　//退出透传

模块一

（24）+++　//退出透传，如图5-175所示。响应：+++。

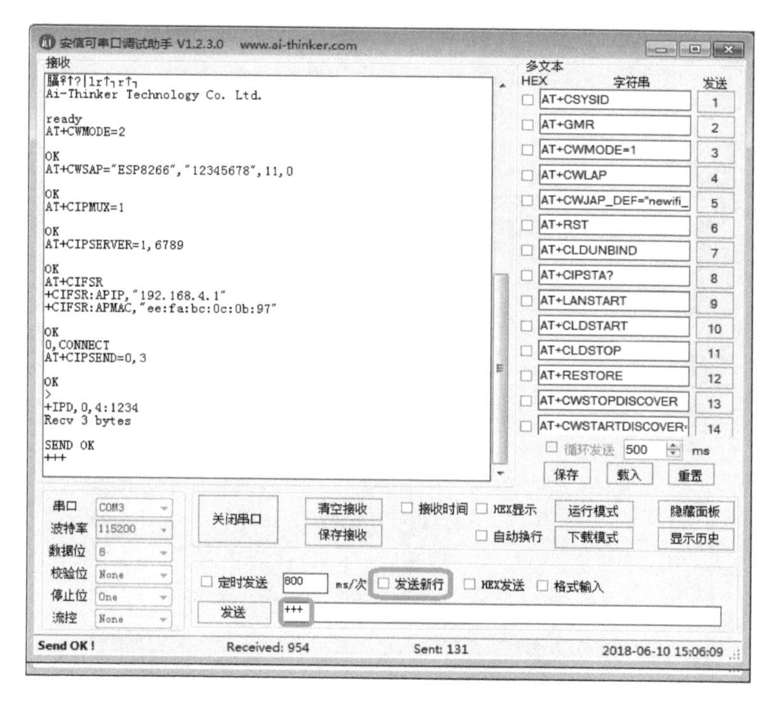

图5-175　+++　//退出透传

5.8 模块通过数据外网透传（一）

（1）AT //测试AT启动，如图5-176所示。响应：OK。

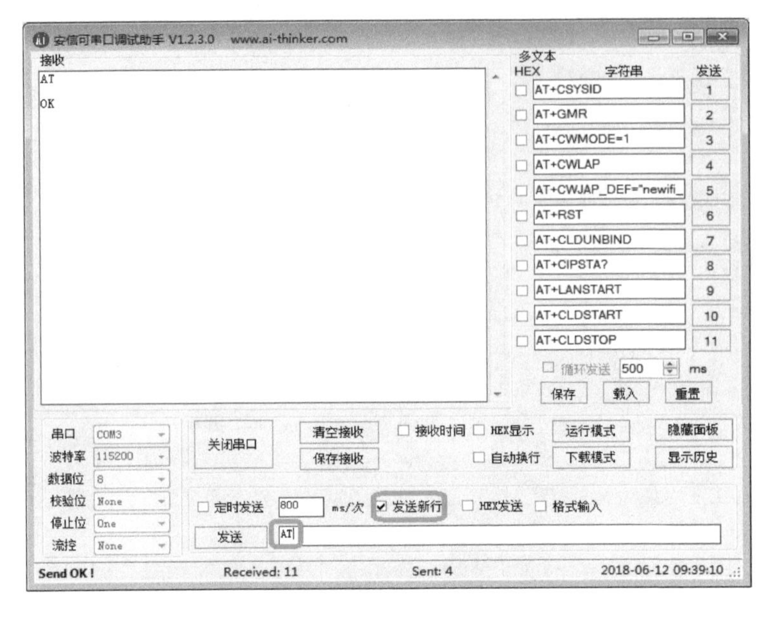

图5-176 AT //测试AT启动

（2）AT+RESTORE //恢复出厂设置，如图5-177所示。响应：OK。

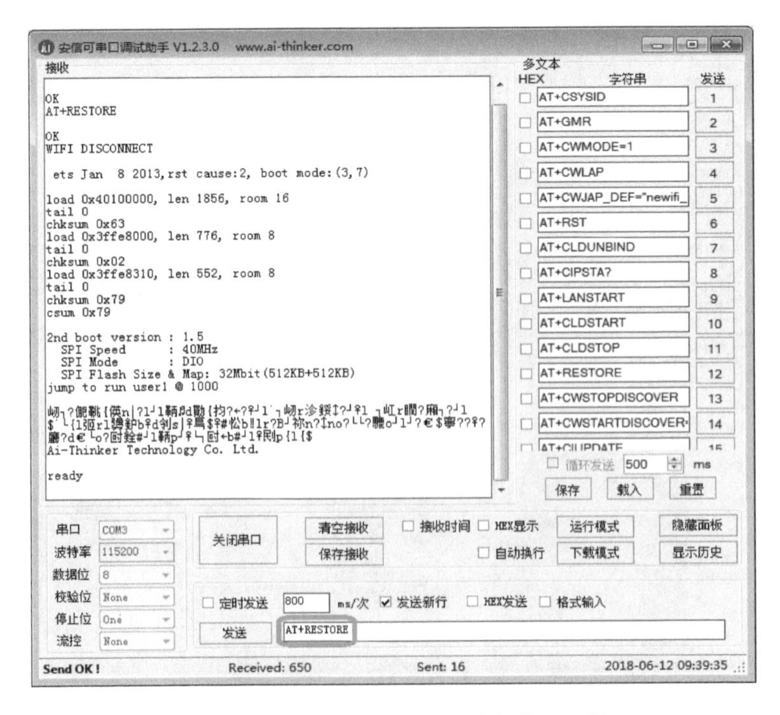

图5-177 AT+RESTORE //恢复出厂设置

（3）AT+CWMODE=3　//AP+station 模式，如图 5-178 所示。响应：OK。

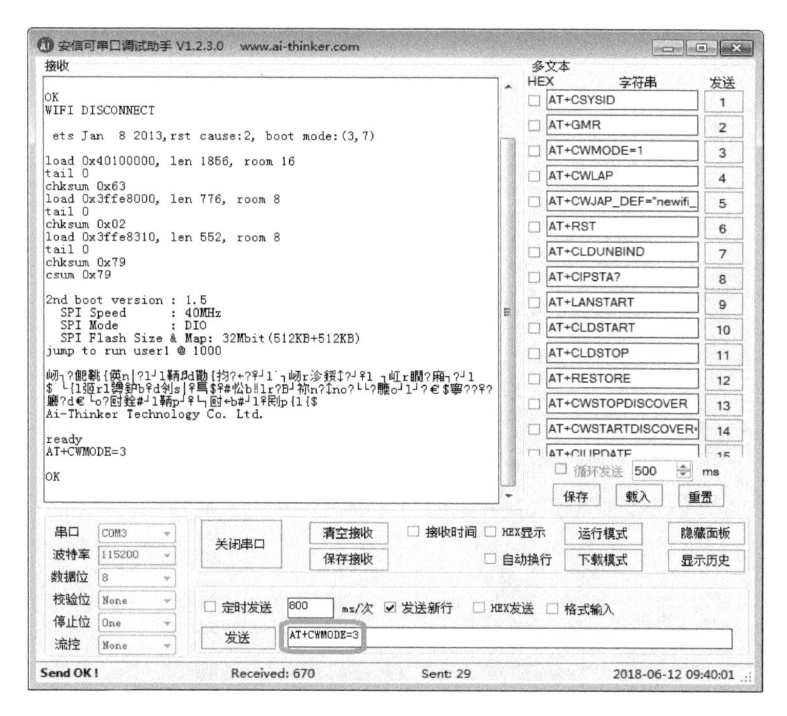

图5-178　AT+CWMODE=3　//AP+station模式

（4）AT+CWLAP　//扫描当前可用的 AP，如图 5-179 所示。响应：……OK。

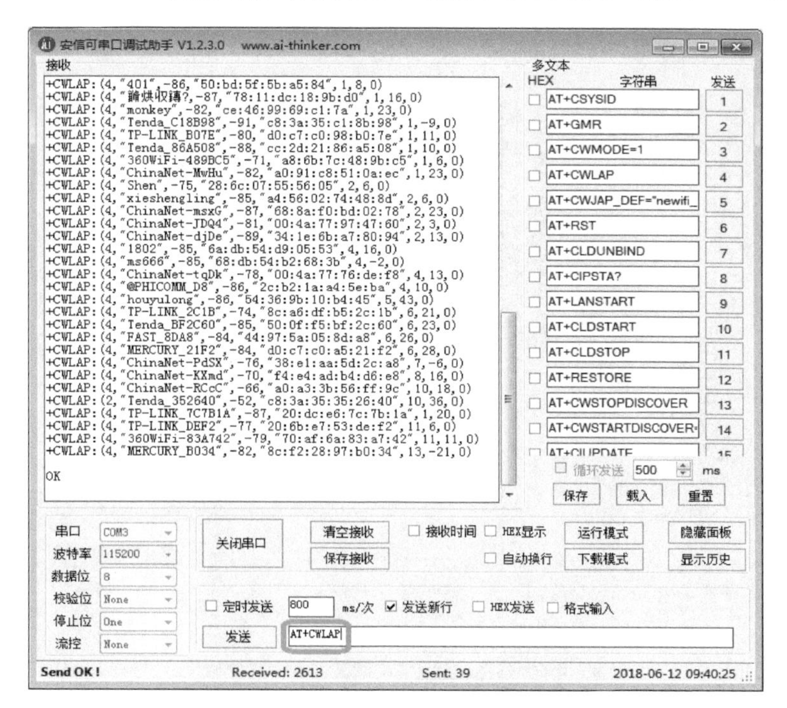

图5-179　AT+CWLAP　//扫描当前可用的AP

（5）AT+CWJAP=“Tenda_352640”，“wwwweeee”　//连接 AP，如图 5-180 所示。

响应：WIFI CONNECTED

WIFI GOT IP

OK

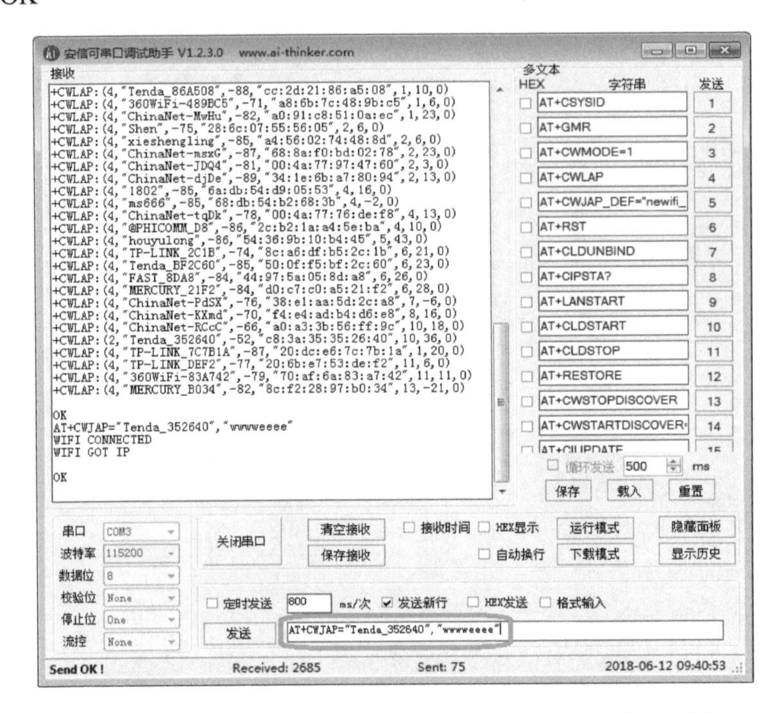

图5-180　AT+CWJAP="Tenda_352640"，"wwwweeee"　//连接AP

（6）AT+CIPMUX=0　//单连接模式，如图5-181所示。响应：OK。

图5-181　AT+CIPMUX=0　//单连接模式

（7）AT+CIPMODE=1　//透传模式，如图 5-182 所示。响应：OK。

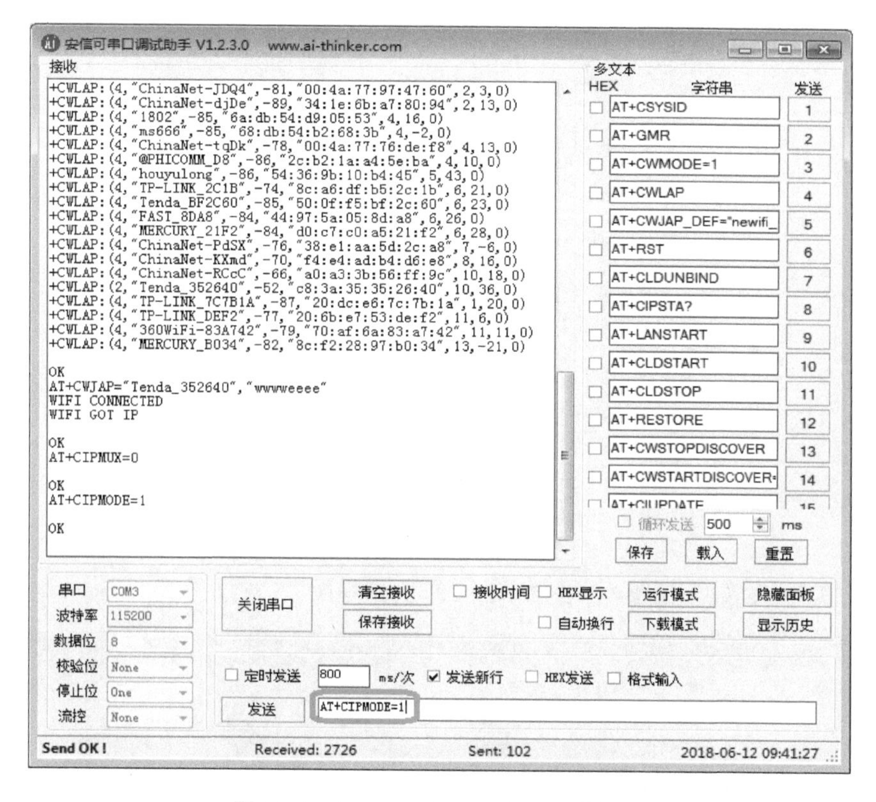

图5-182　AT+CIPMODE=1　//透传模式

（8）打开 TCP&UDP 测试工具，如图 5-183 所示。

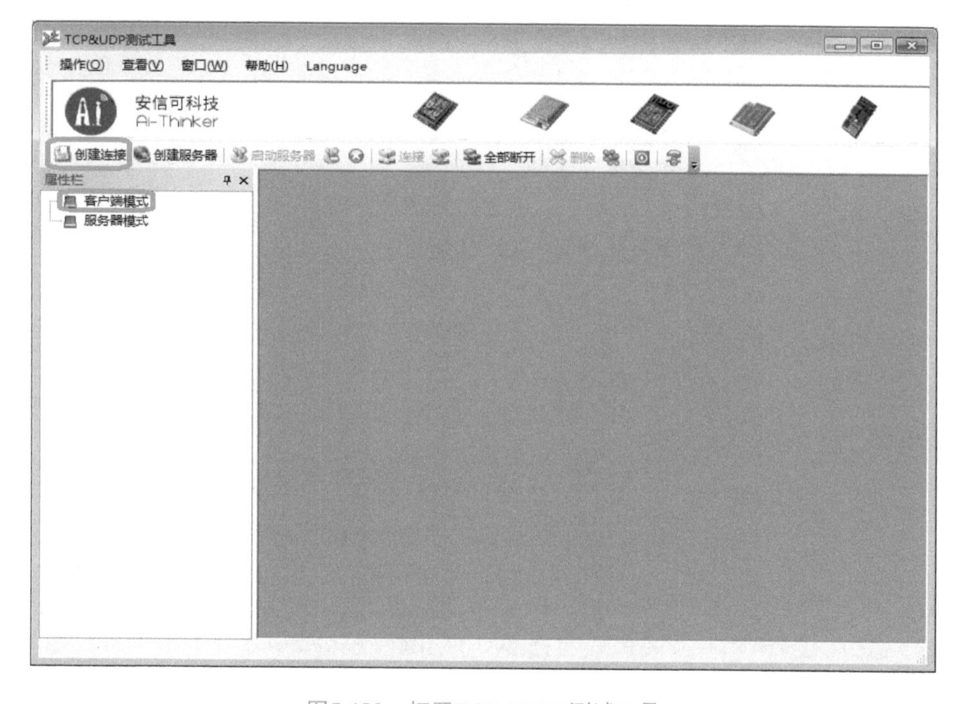

图5-183　打开TCP&UDP测试工具

（9）选择“客户端”模式，单击“创建连接”，弹出如图5-184所示对话框。

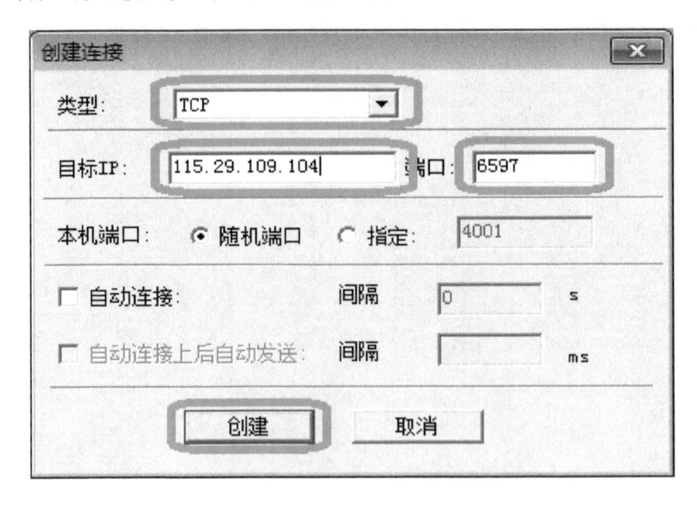

图5-184 “创建连接”对话框

（10）单击“创建”按钮，得到如图5-185所示界面。

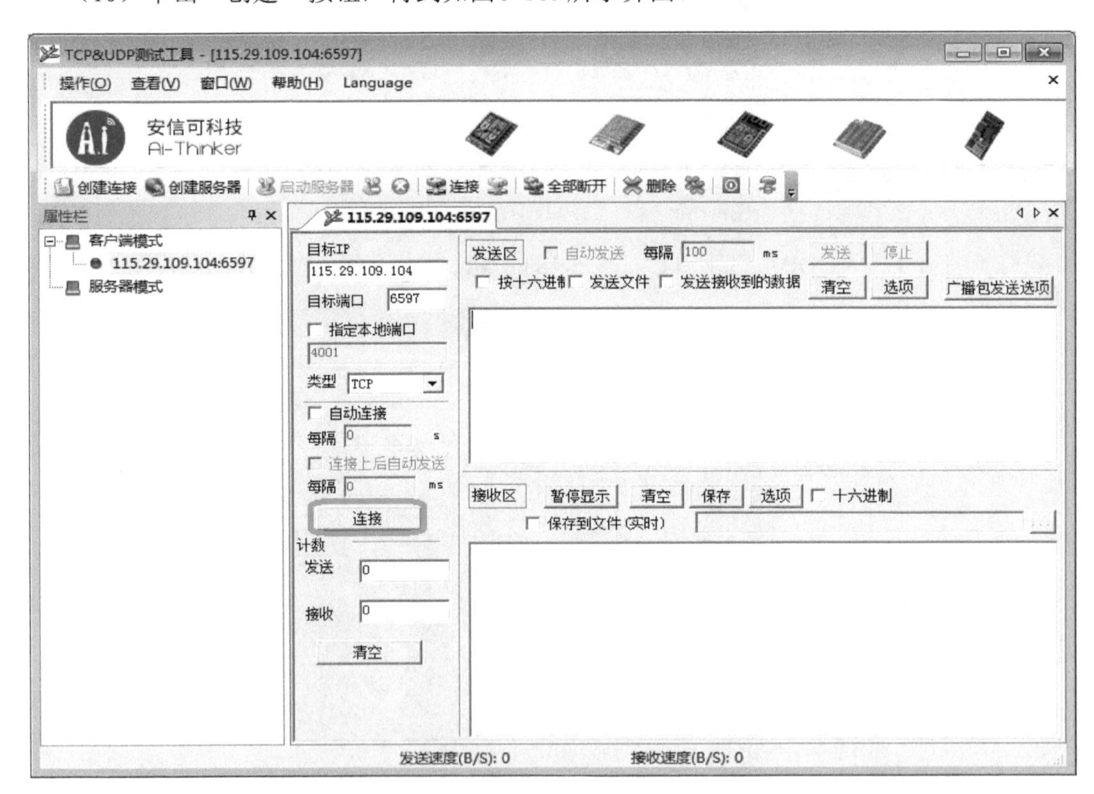

图5-185 单击“创建”按钮得到的界面

（11）单击“连接”按钮，得到如图5-186所示界面。

（12）AT+CIPSTART=“TCP”，“115.29.109.104”，6597 //建立TCP连接，如图5-187所示。

响应：CONNECT
　　　OK

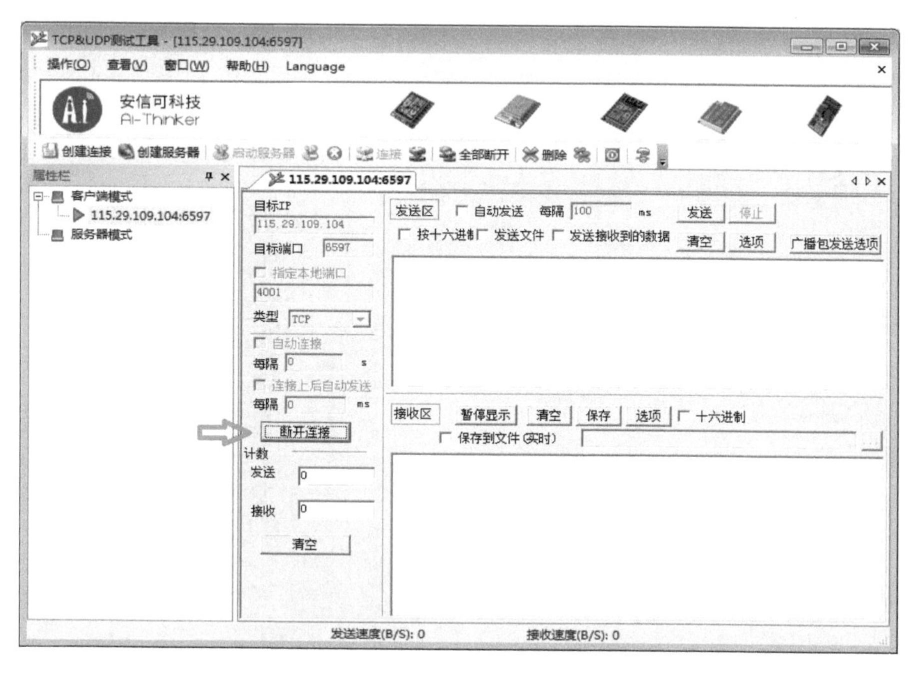

图5-186　单击“连接”按钮后得到的界面

图5-187　AT+CIPSTART=“TCP”，“115.29.109.104”，6597　//建立TCP连接

（13）AT+CIPSEND　//发送数据，如图5-188所示。响应：OK。

图5-188　AT+CIPSEND　//发送数据

（14）输入数据12345，单击“发送”按钮，如图5-189所示。

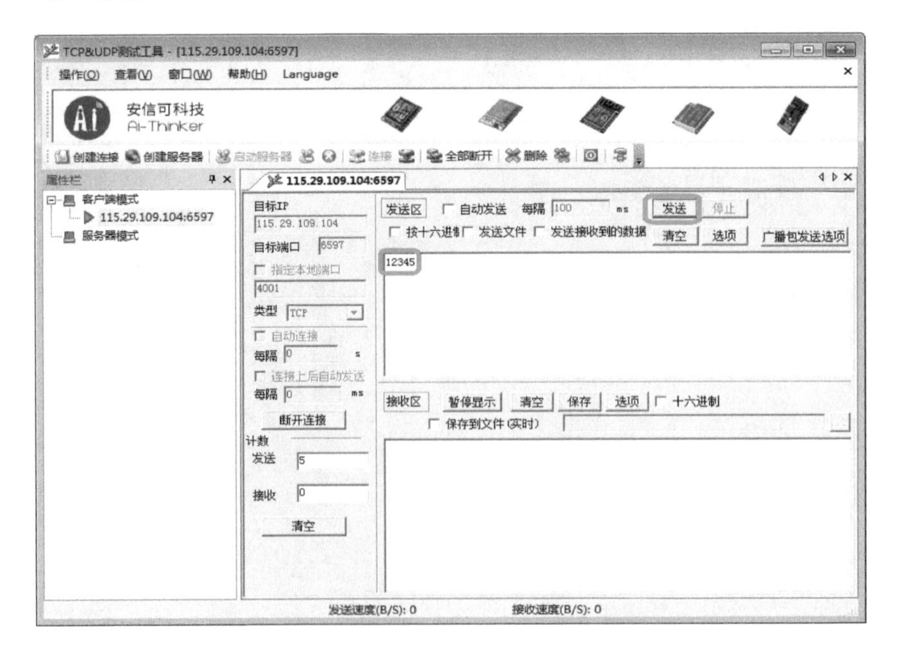

图5-189　输入数据12345，单击“发送”按钮

（15）安信可串口调试助手接收到数据12345，如图5-190所示。

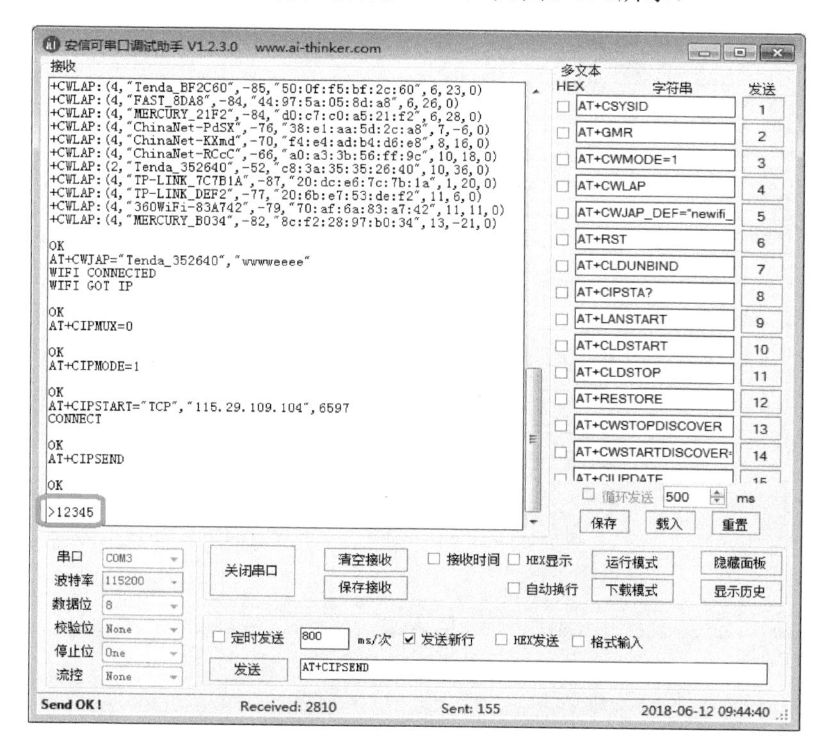

图5-190　安信可串口调试助手接收到数据12345

（16）安信可串口调试助手发送数据678，如图5-191所示。

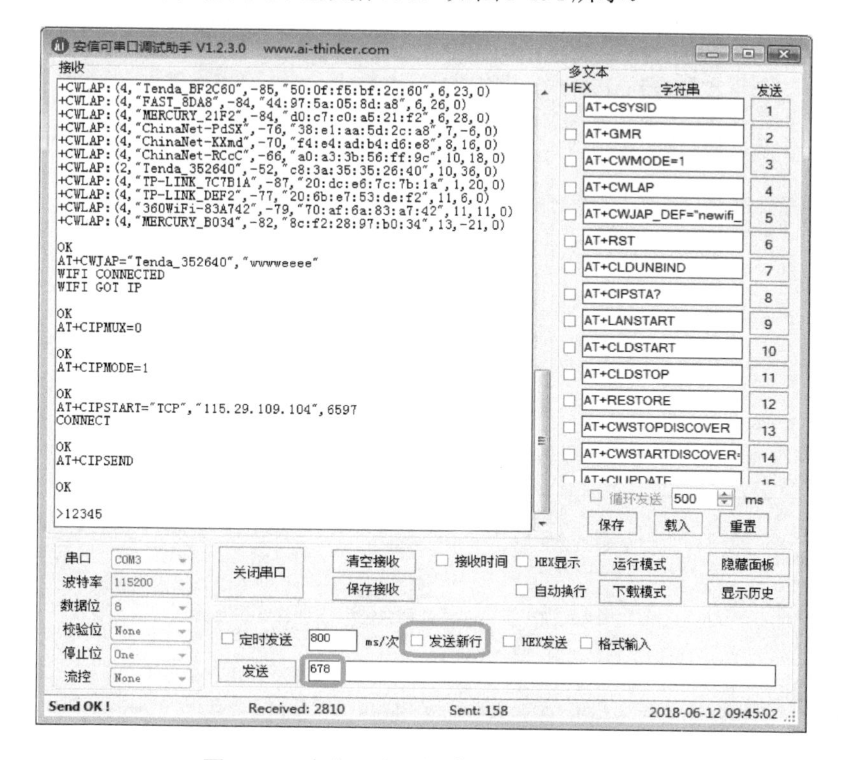

图5-191　安信可串口调试助手发送数据678

（17）TCP&UDP测试工具收到数据678，如图5-192所示。

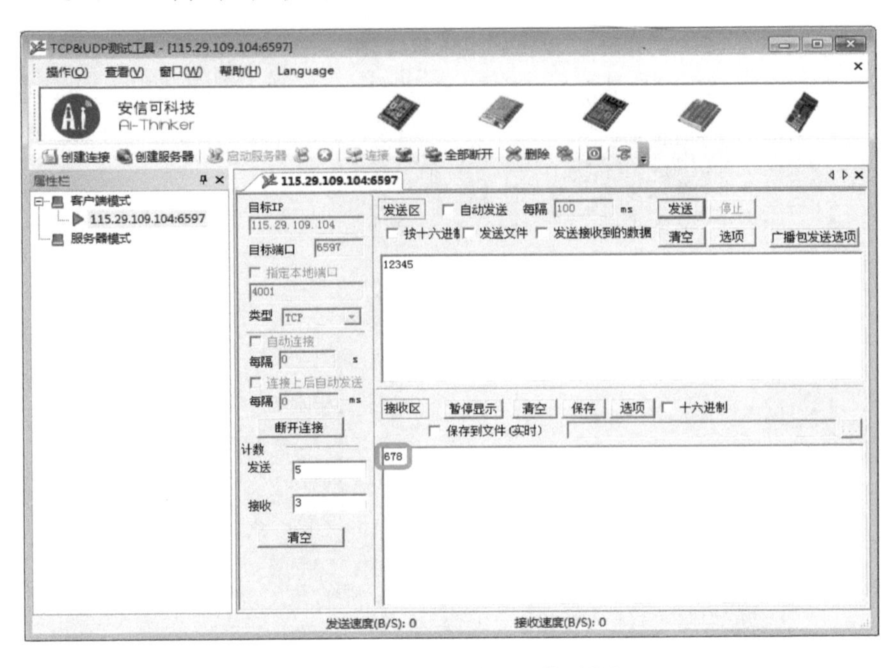

图5-192　TCP&UDP测试工具收到数据678

（18）+++　//退出透传，如图5-193所示。响应：+++。

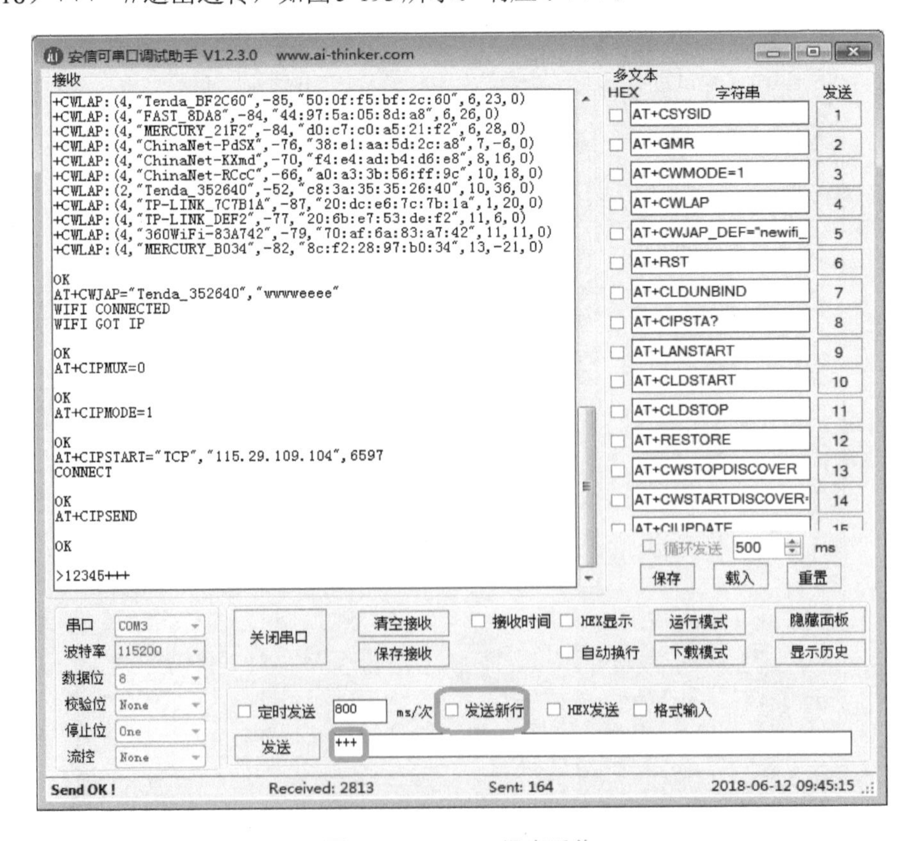

图5-193　+++　//退出透传

5.9　模块通过数据外网透传（二）

（1）打开安信可透传云 V1.0 网页：http://tt.ai-thinker.com:8000/ttcloud，如图 5-194 所示。

图5-194　打开安信可透传云V1.0网页：http://tt.ai-thinker.com:8000/ttcloud

（2）打开 TCP&UDP 测试工具，如图 5-195 所示。

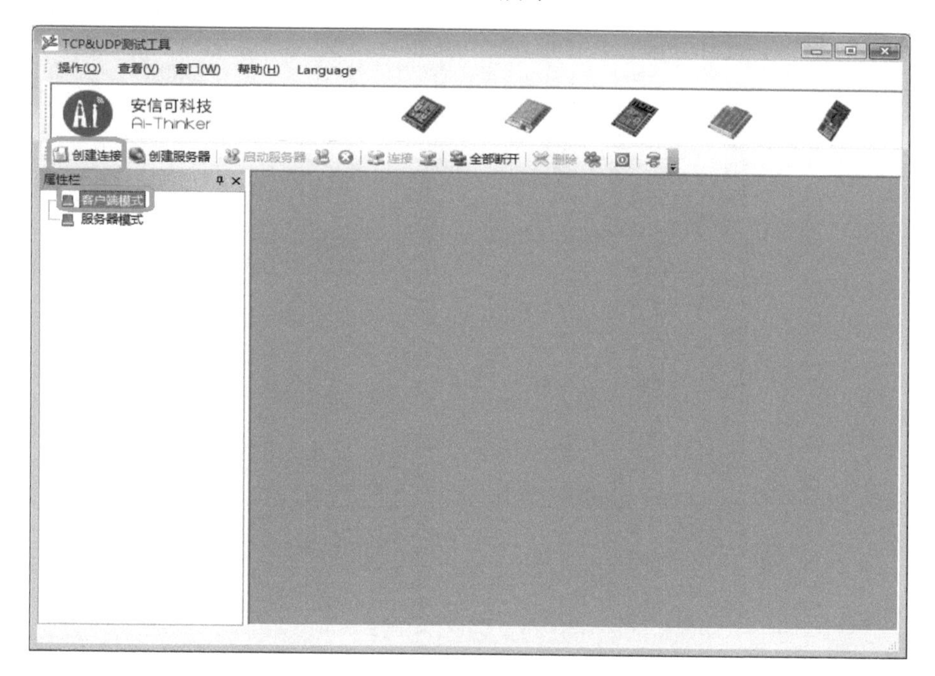

图5-195　打开TCP&UDP测试工具

（3）选择“客户端模式”，单击“创建连接”，弹出如图5-196所示对话框。

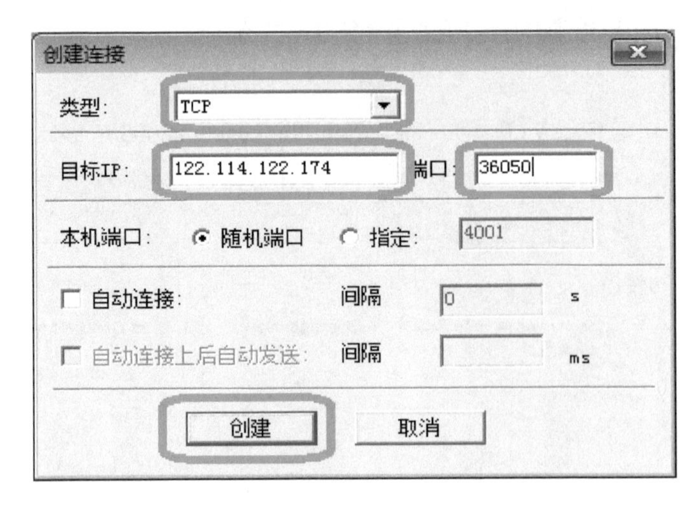

图5-196 “创建连接”对话框

（4）单击“创建”按钮，得到如图5-197所示界面。

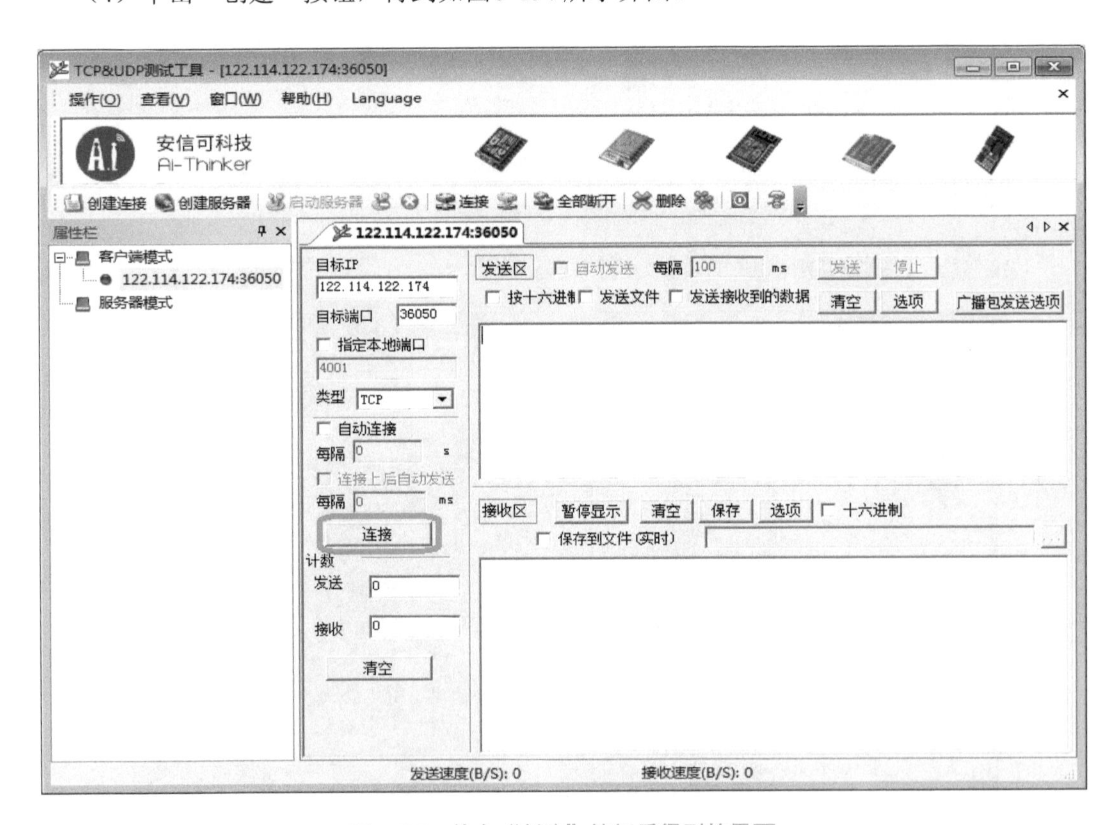

图5-197 单击“创建”按钮后得到的界面

（5）单击“连接”按钮，得到如图5-198所示界面。

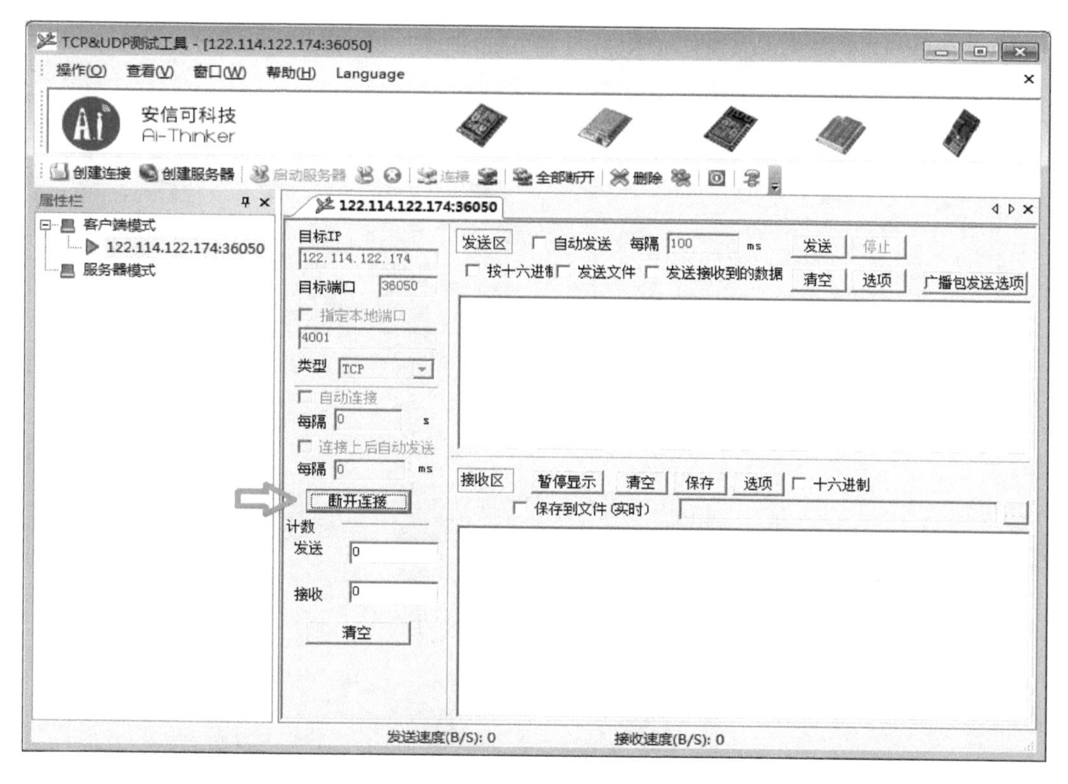

图5-198　单击“连接”按钮后得到的界面

（6）可以看到安信可透传云端有客户端接入，如图 5-199 所示。

图5-199　可以看到安信可透传云端有客户端接入

（7）TCP&UDP测试工具发送数据123，如图5-200所示。

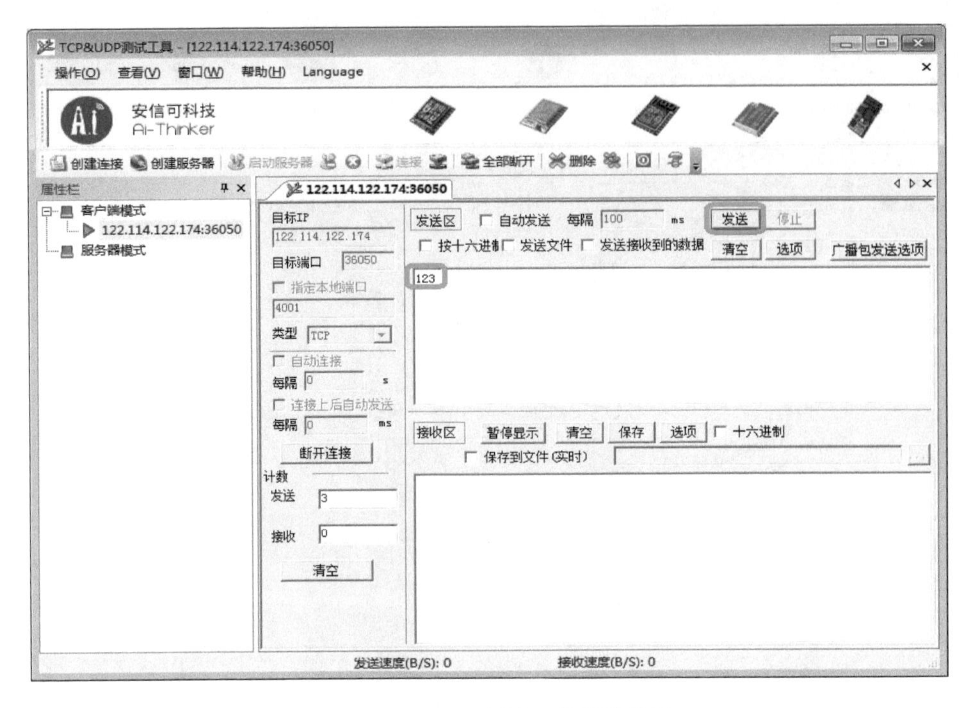

图5-200 TCP&UDP测试工具发送数据123

（8）安信可透传云收到数据123，如图5-201所示。

图5-201 安信可透传云收到数据123

（9）AT //测试AT启动，如图5-202所示。响应：OK。

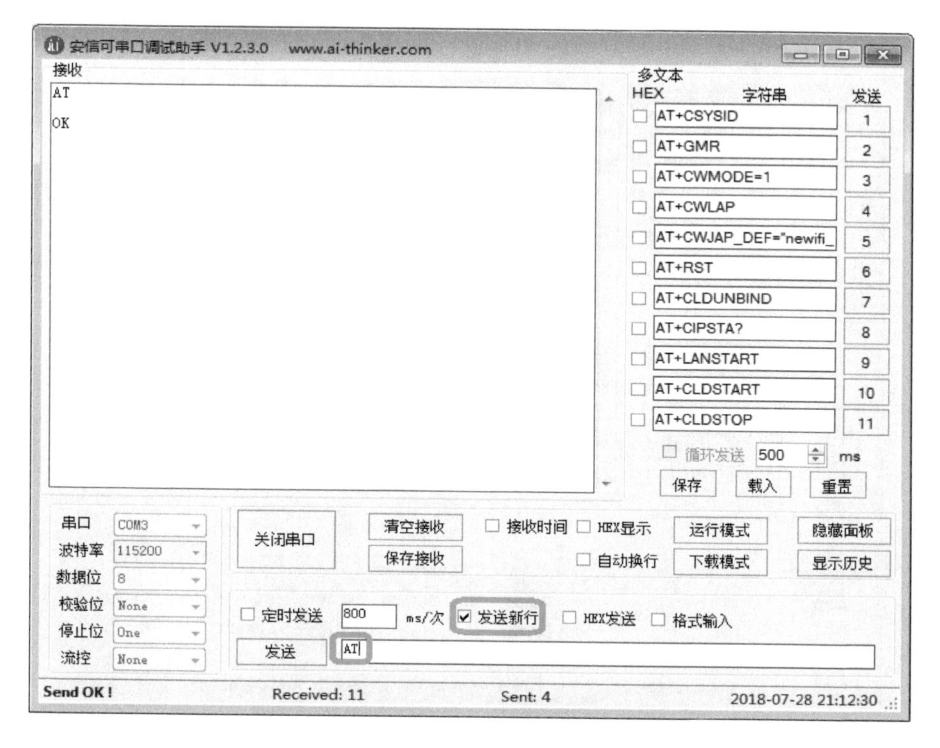

图5-202　AT　//测试AT启动

（10）AT+RESTORE　//恢复出厂设置，如图5-203所示。响应：OK。

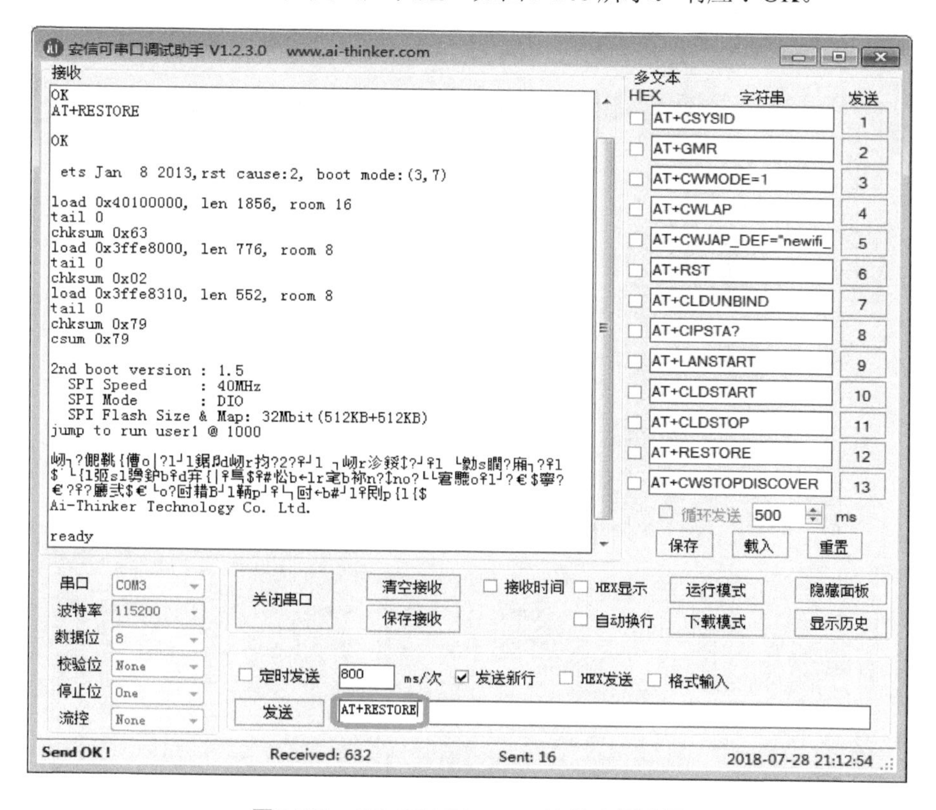

图5-203　AT+RESTORE　//恢复出厂设置

（11）AT+CWMODE=3　//AP+station模式，如图5-204所示。响应：OK。

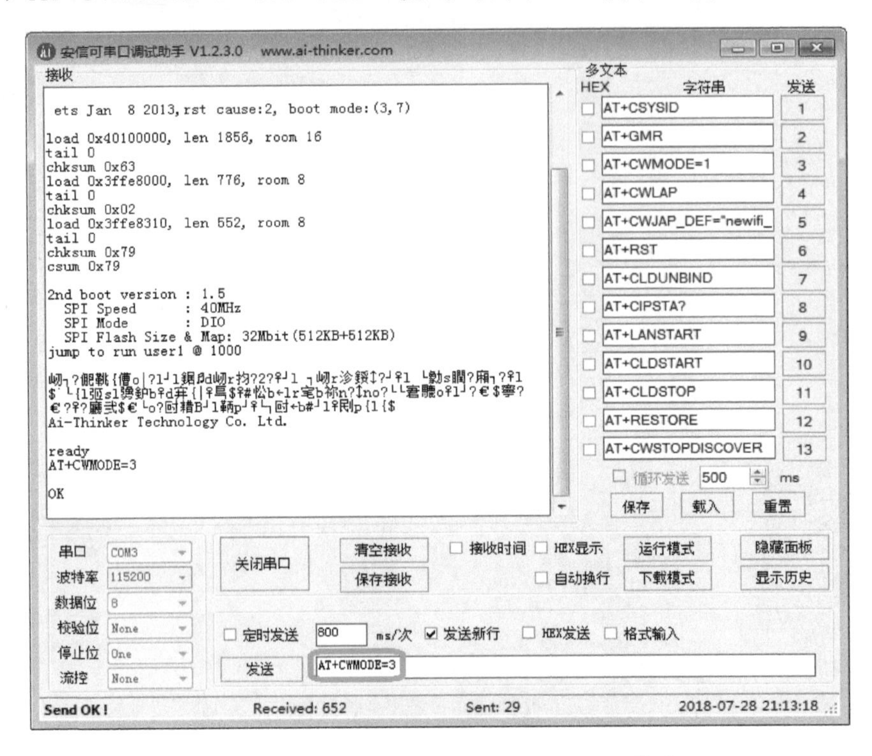

图5-204　AT+CWMODE=3　//AP+station模式

（12）AT+CWLAP　//扫描当前可用的AP，如图5-205所示。响应：OK。

图5-205　AT+CWLAP　//扫描当前可用的AP

（13）AT+CWJAP=“Tenda_352640”，“wwwweeee”　//连接AP，如图5-206所示。

响应：WIFI CONNECTED

　　　WIFI GOT IP

　　　OK

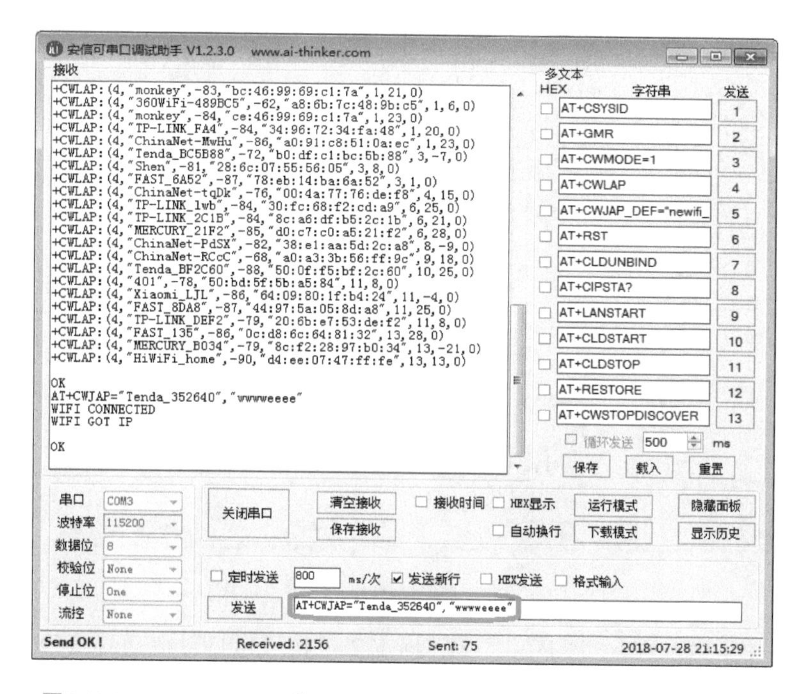

图5-206　AT+CWJAP=“Tenda_352640”，“wwwweeee”　//连接AP

（14）AT+CIPMUX=0　//单连接模式，如图5-207所示。响应：OK。

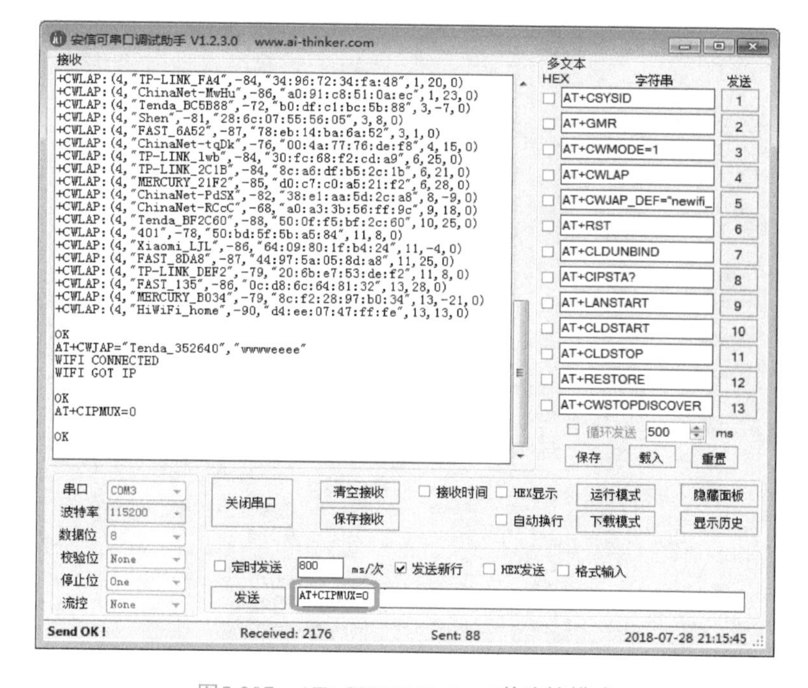

图5-207　AT+CIPMUX=0　//单连接模式

（15）AT+CIPMODE=1　//透传模式，如图5-208所示。响应：OK。

图5-208　AT+CIPMODE=1　//透传模式

（16）AT+CIPSTART=“TCP”，“122.114.122.174”，36050　//建立TCP连接，如图5-209所示。

响应：CONNECT

OK

图5-209　AT+CIPSTART=“TCP”，“122.114.122.174”，36050　//建立TCP连接

（17）安信可透传云有两个客户端接入，如图 5-210 所示。

图5-210　安信可透传云有两个客户端接入

（18）AT+CIPSEND　//发送数据，如图 5-211 所示。响应：OK。

图5-211　AT+CIPSEND　//发送数据

（19）发送数据12345，如图5-212所示。

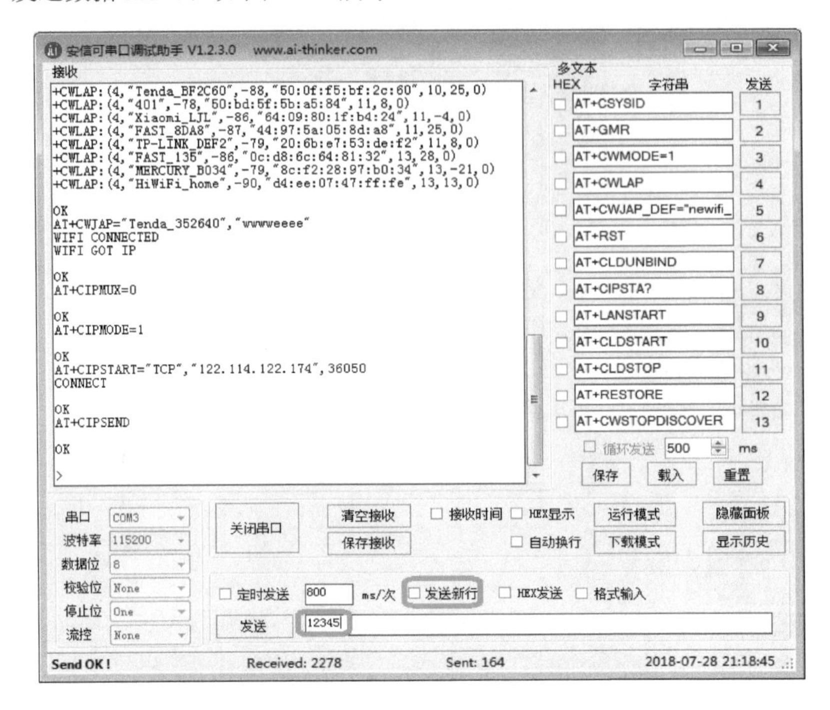

图5-212　发送数据12345

（20）安信可透传云收到数据12345，如图5-213所示。

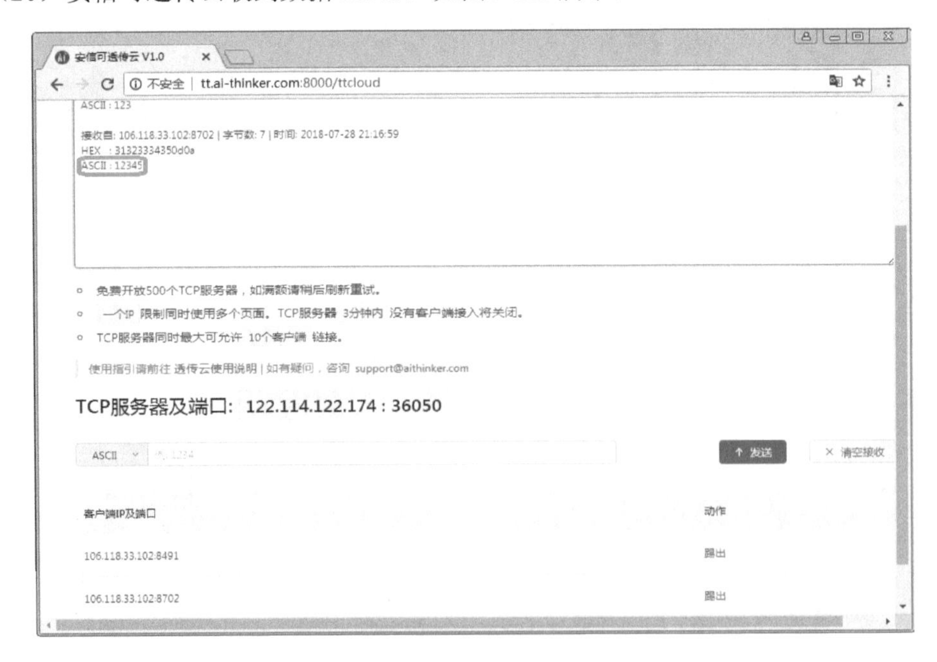

图5-213　安信可透传云收到数据12345

（21）+++　//退出透传，发送2次，如图5-214所示。

响应：CLOSED

+++

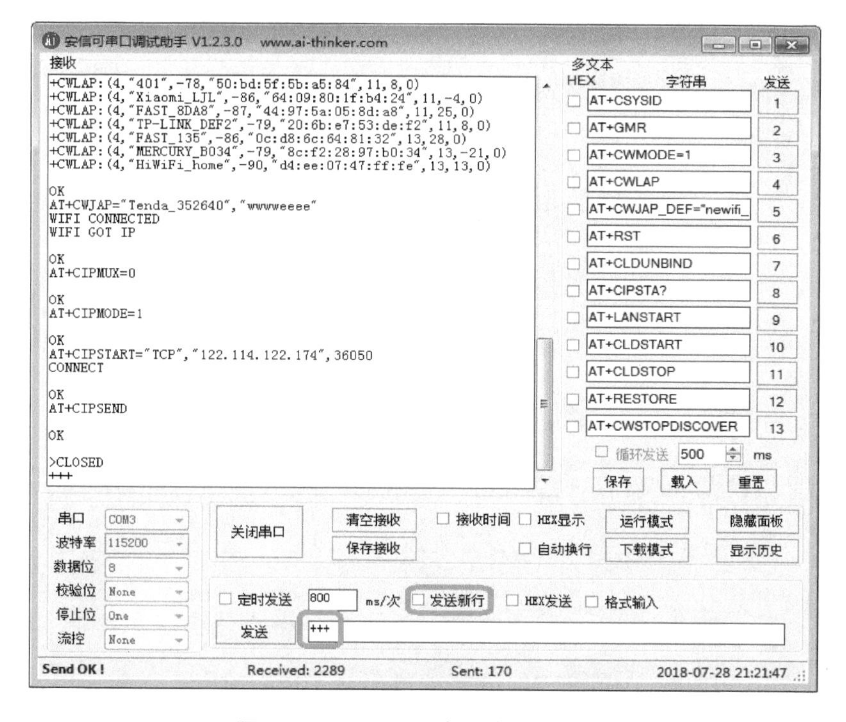

图5-214　+++　//退出透传，发送2次

5.10　STA模式手机建立服务器通信

（1）AT　//测试AT启动，如图5-215所示。响应：OK。

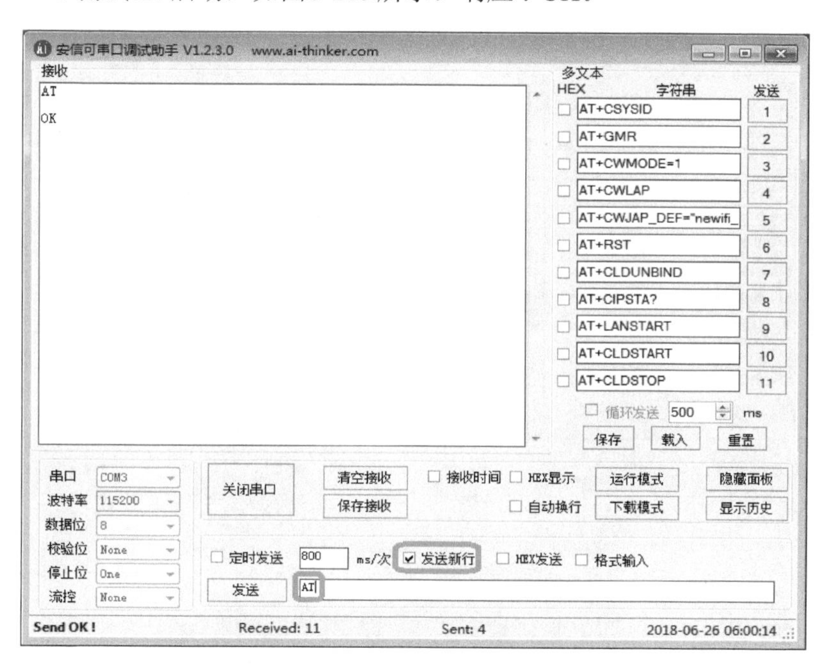

图5-215　AT　//测试AT启动

（2）AT+RESTORE　//恢复出厂设置，如图5-216所示。响应：OK。

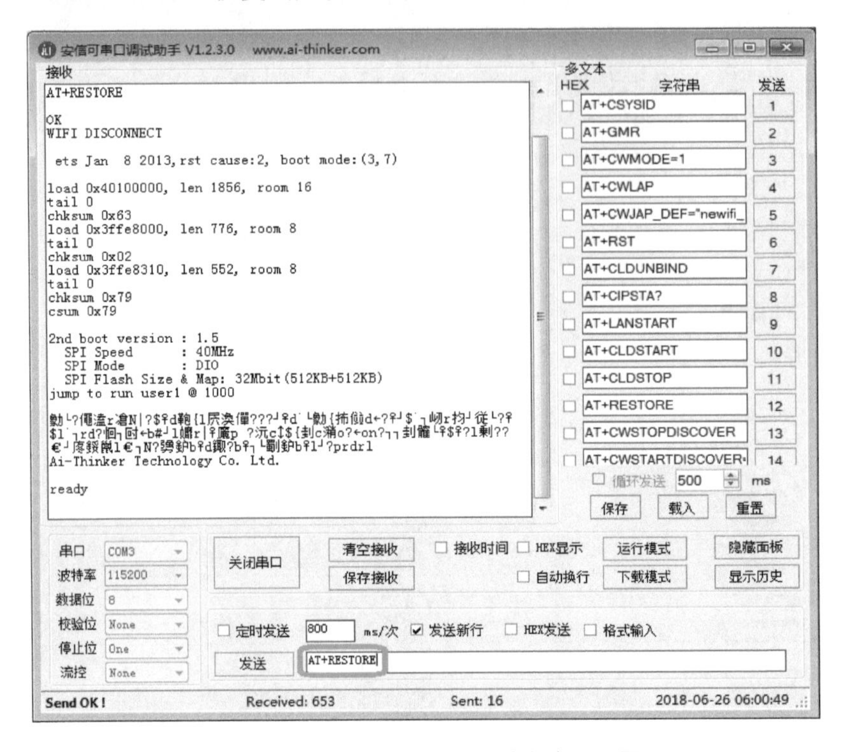

图5-216　AT+RESTORE　//恢复出厂设置

（3）AT+CWMODE=1　//station模式，如图5-217所示。响应：OK。

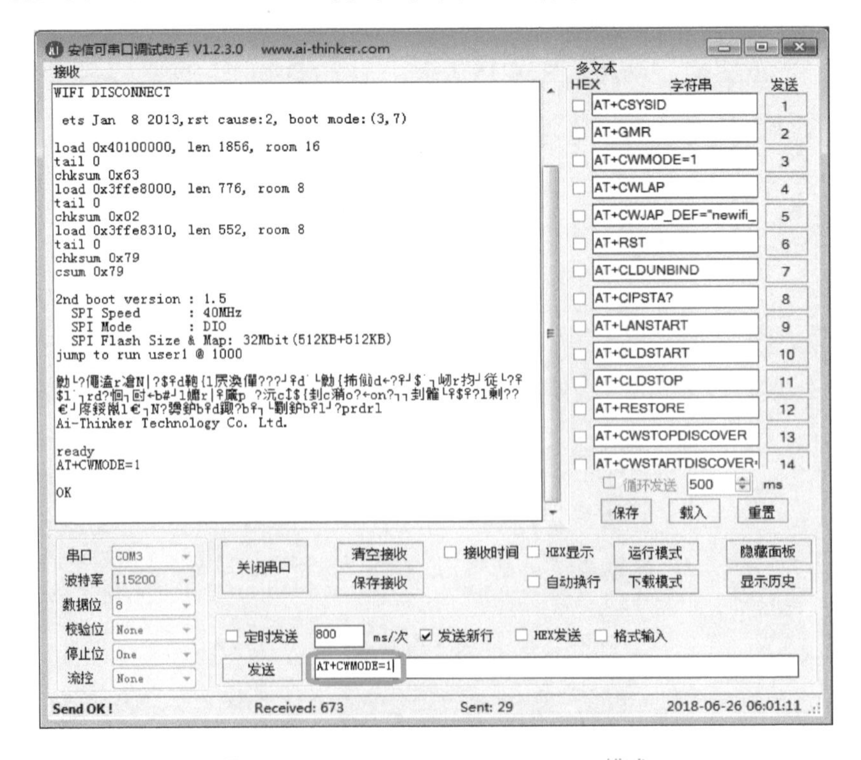

图5-217　AT+CWMODE=1　//station模式

（4）AT+CWLAP //扫描当前可用的AP，如图5-218所示。响应：OK。

图5-218 AT+CWLAP //扫描当前可用的AP

（5）AT+CWJAP=“Tenda_352640”，“wwwweeee” //连接AP，如图5-219所示。

响应：WIFI CONNECTED

WIFI GOT IP

OK

图5-219 AT+CWJAP=“Tenda_352640”，“wwwweeee” //连接AP

（6）AT+CIFSR　//查询本地IP地址，如图5-220所示。

响应：+CIFSR：STAIP，“192.168.0.103”

　　+CIFSR：STAMAC，“5c：cf：7f：3e：6d：87”

　　OK

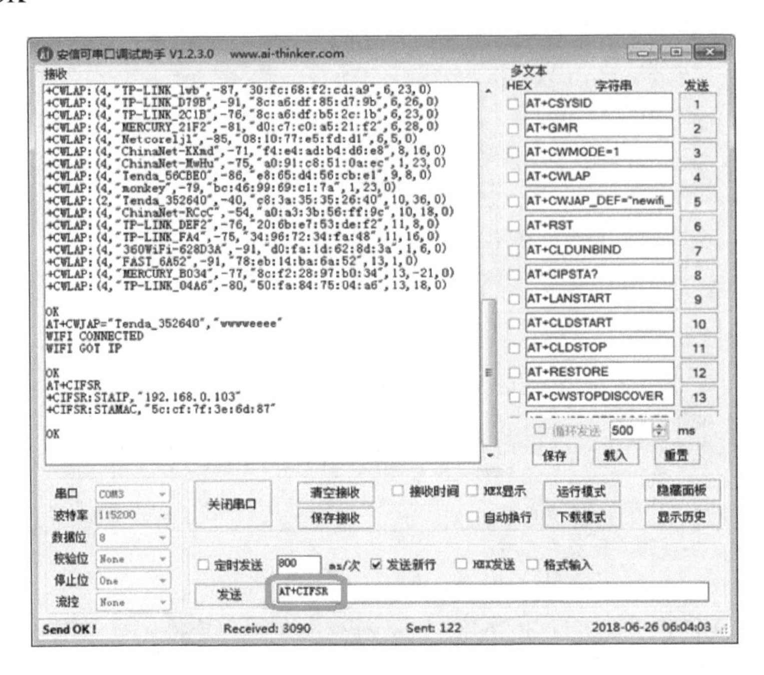

图5-220　AT+CIFSR　//查询本地IP地址

（7）打开手机APP——NetAssist，如图5-221所示。

（8）开启TCP Server，如图5-222所示。

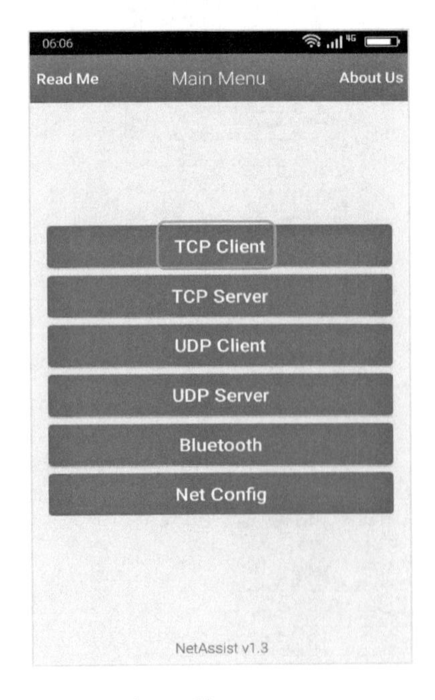

图5-221　打开手机APP——NetAssist

图5-222　开启TCP Server

（9）单击“Connect”按钮，得到如图5-223所示界面。

图5-223　单击“Connect”按钮后得到的界面

（10）AT+CIPSTART=“TCP”，“192.168.0.102”，12345　//建立TCP连接，如图5-224所示。

响应：CONNECT

　　　OK

图5-224　AT+CIPSTART=“TCP”，“192.168.0.102”，12345　//建立TCP连接

（11）AT+CIPSEND=3　//发送3个数据，如图5-225所示。响应：OK。

图5-225　AT+CIPSEND=3　//发送3个数据

（12）发送数据123，如图5-226所示。

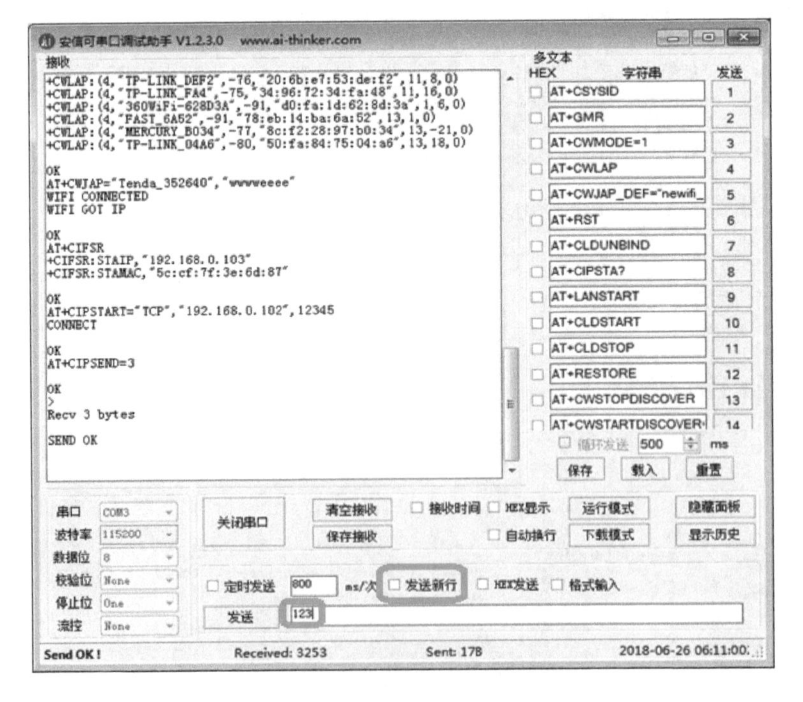

图5-226　发送数据123

（13）手机 APP——NetAssist 收到数据 123，如图 5-227 所示。

（14）手机 APP——NetAssist 发送数据 12345，如图 5-228 所示。

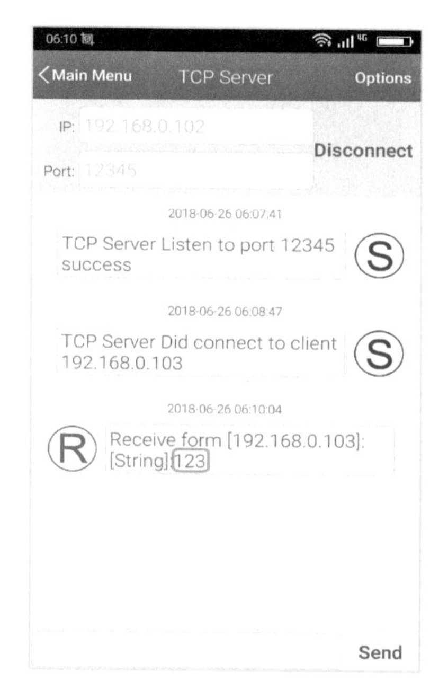

图5-227　手机APP——NetAssist收到数据123

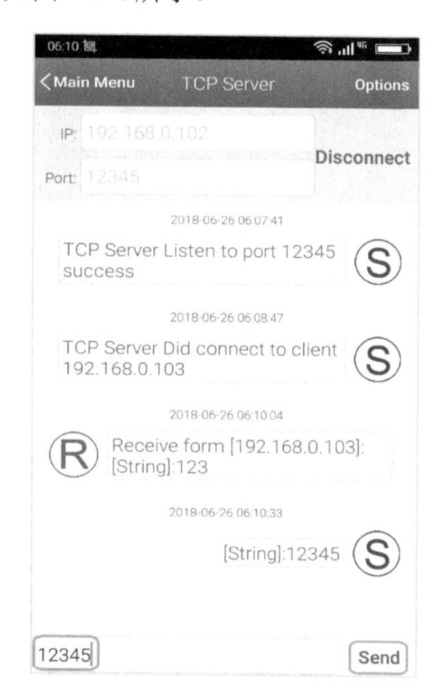

图5-228　手机APP——NetAssist发送数据12345

（15）安信可串口调试助手收到数据 12345，如图 5-229 所示。

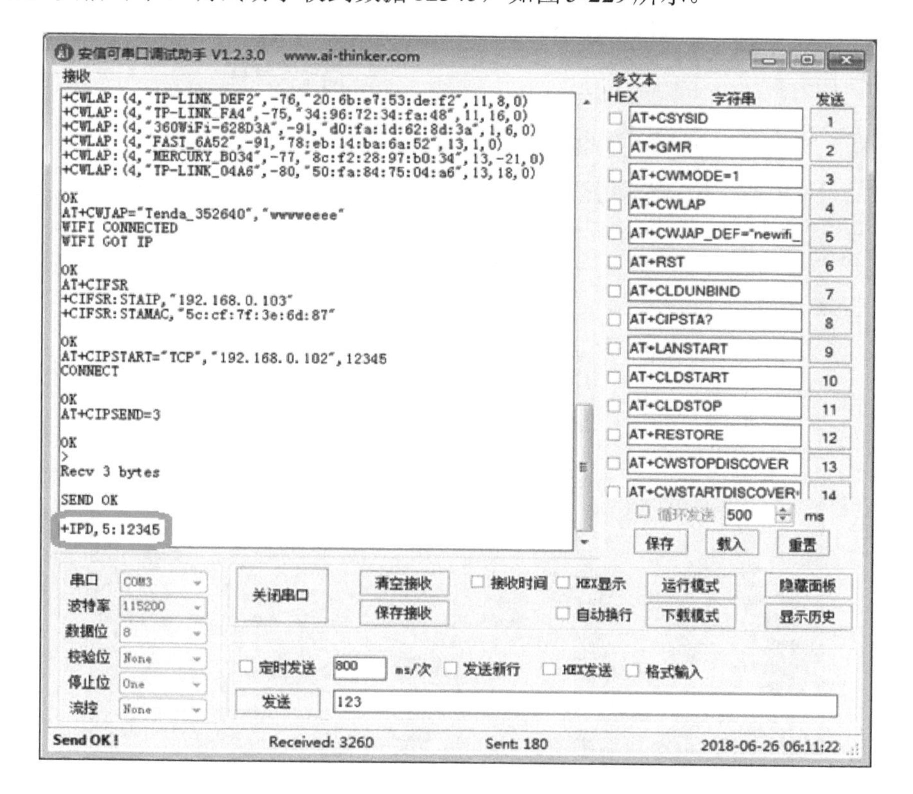

图5-229　安信可串口调试助手收到数据12345

（16）+++　//退出透传，如图5-230所示。响应：+++。

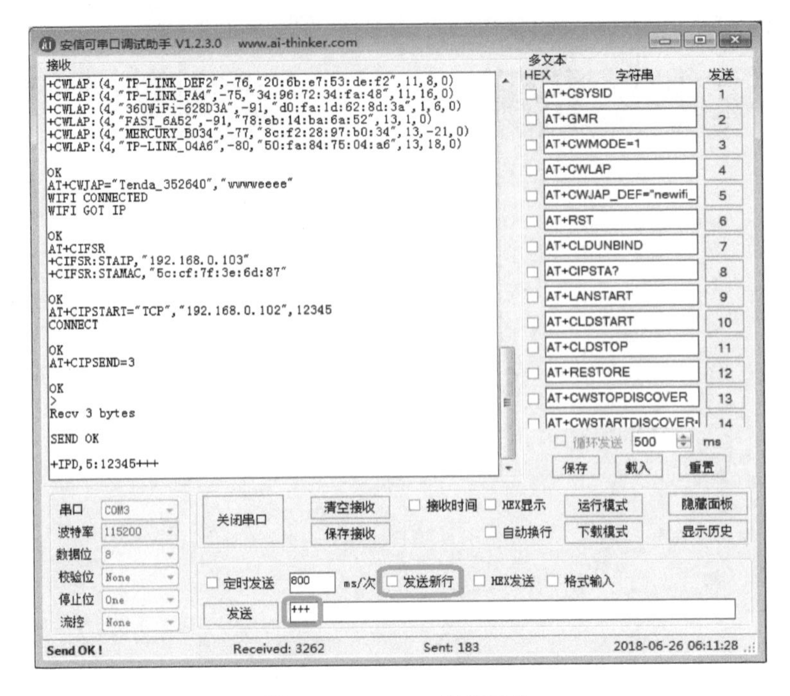

图5-230　+++　//退出透传

5.11　STA模式手机作为客户端

（1）AT　//测试AT启动，如图5-231所示。响应：OK。

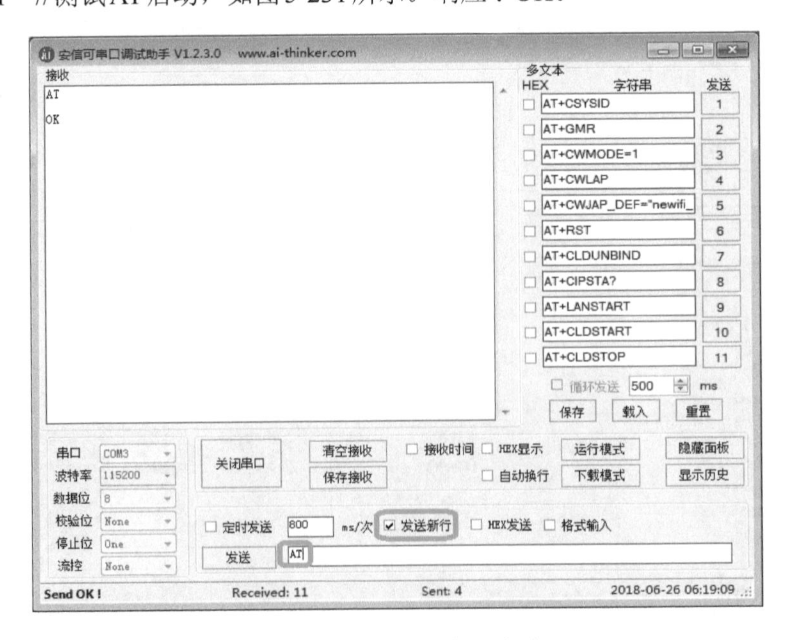

图5-231　AT　//测试AT启动

（2）AT+RESTORE　//恢复出厂设置，如图 5-232 所示。响应：OK。

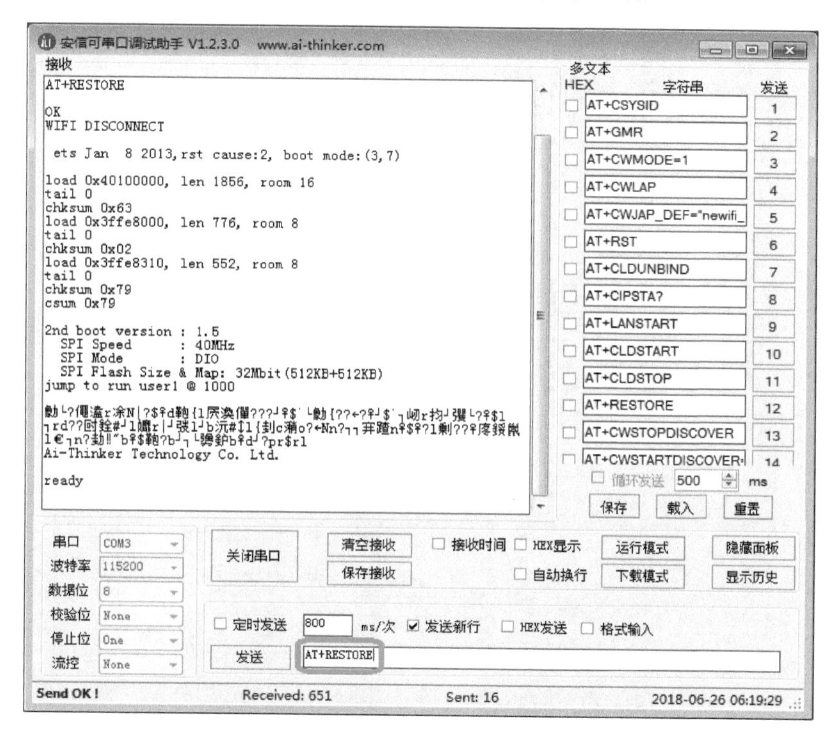

图5-232　AT+RESTORE　//恢复出厂设置

（3）AT+CWMODE=1　//station 模式，如图 5-233 所示。响应：OK。

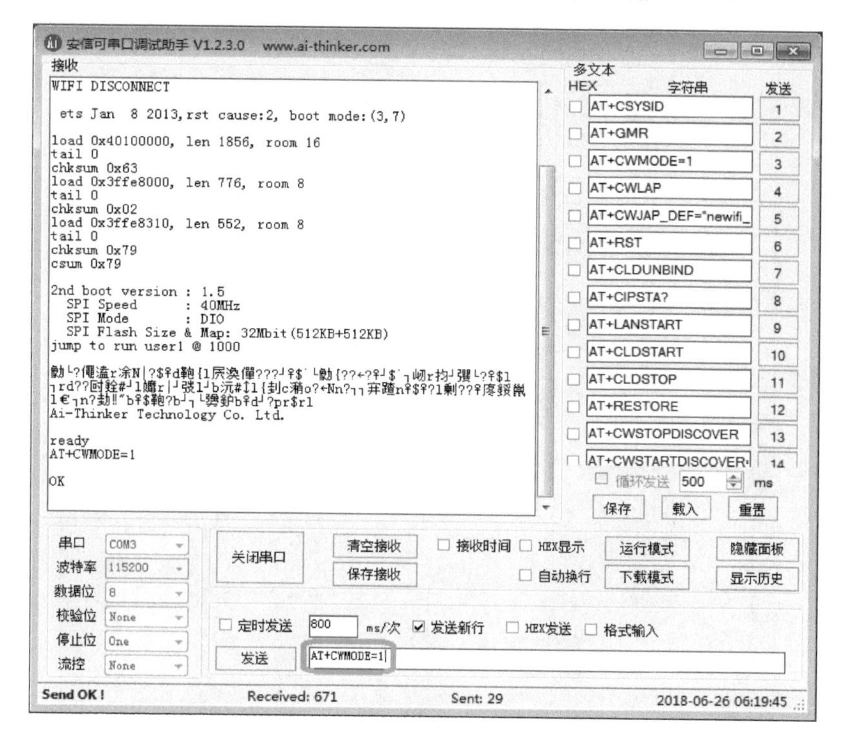

图5-233　AT+CWMODE=1　//station模式

（4）AT+CWLAP //扫描当前可用的AP，如图5-234所示。响应：OK。

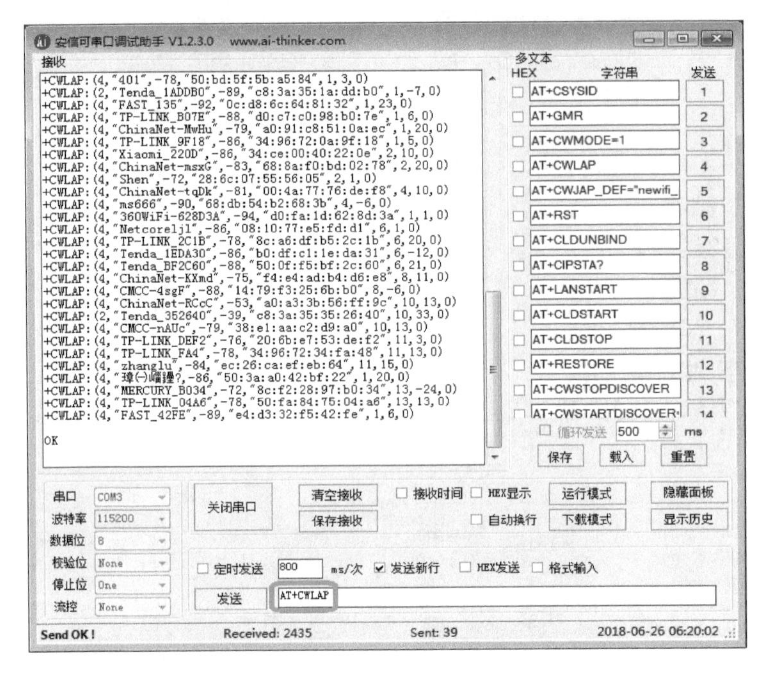

图5-234 AT+CWLAP //扫描当前可用的AP

（5）AT+CWJAP=“Tenda_352640”，“wwwweeee” //连接AP，如图5-235所示。

响应：WIFI CONNECTED

WIFI GOT IP

OK

图5-235 AT+CWJAP=“Tenda_352640”，“wwwweeee” //连接AP

（6）AT+CIPMUX=1　//多连接模式，如图 5-236 所示。响应：OK。

图5-236　AT+CIPMUX=1　//多连接模式

（7）AT+CIPSERVER=1，6000　//建立 TCP server，如图 5-237 所示。响应：OK。

图5-237　AT+CIPSERVER=1，6000　//建立TCP server

（8）AT+CIFSR　//查询本地 IP 地址，如图 5-238 所示。

响应：+CIFSR：STAIP，“192.168.0.103”

+CIFSR：STAMAC，“5c：cf：7f：3e：6d：87”

OK

图5-238　AT+CIFSR　//查询本地IP地址

（9）打开手机APP——NetAssist，如图5-239所示。

（10）开启TCP Client，如图5-240所示。

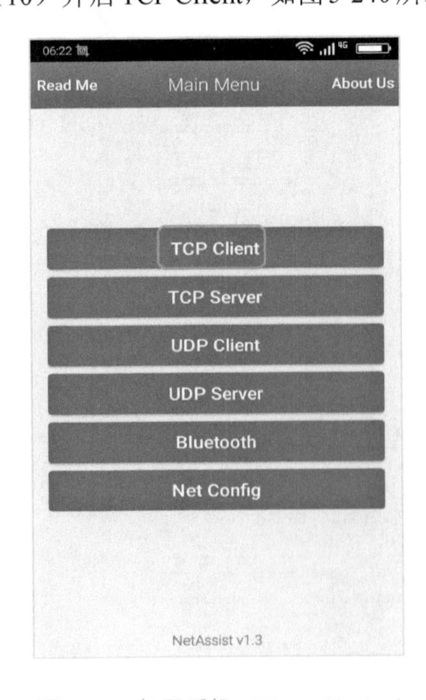

图5-239　打开手机APP——NetAssist

图5-240　开启TCP Client

（11）AT+CIPSEND=0，5 //向网络连接号为0的ID发送5个数据，如图5-241所示。响应：OK。

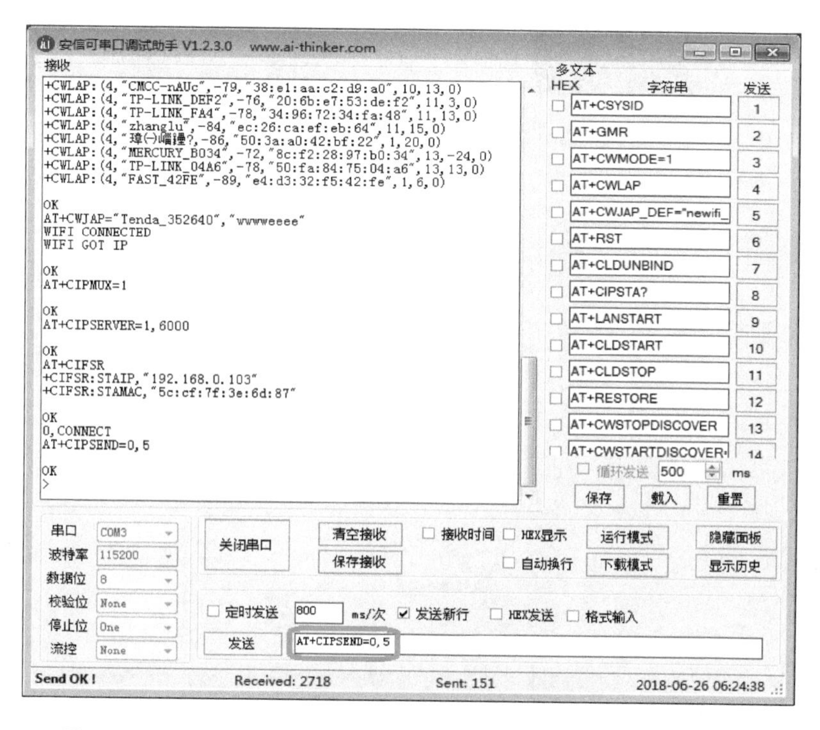

图5-241 AT+CIPSEND=0，5 //向网络连接号为0的ID发送5个数据

（12）发送数据12345，如图5-242所示。

图5-242 发送数据12345

（13）手机APP——NetAssist收到数据12345，如图5-243所示。

（14）手机APP——NetAssist发送数据54321，如图5-244所示。

图5-243　手机APP——NetAssist收到数据12345

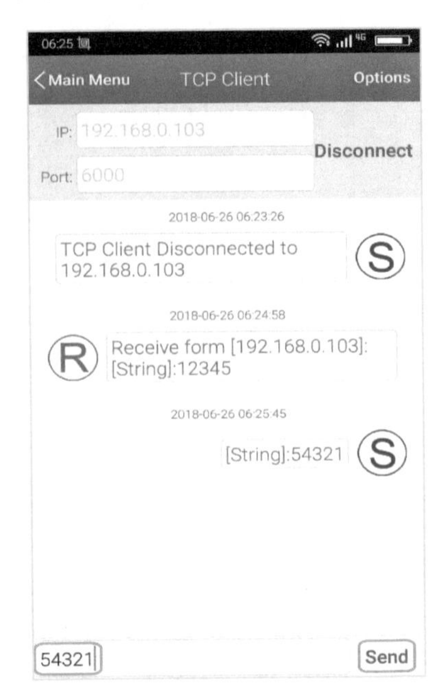

图5-244　手机APP——NetAssist发送数据54321

（15）安信可串口助手收到数据54321，如图5-245所示。

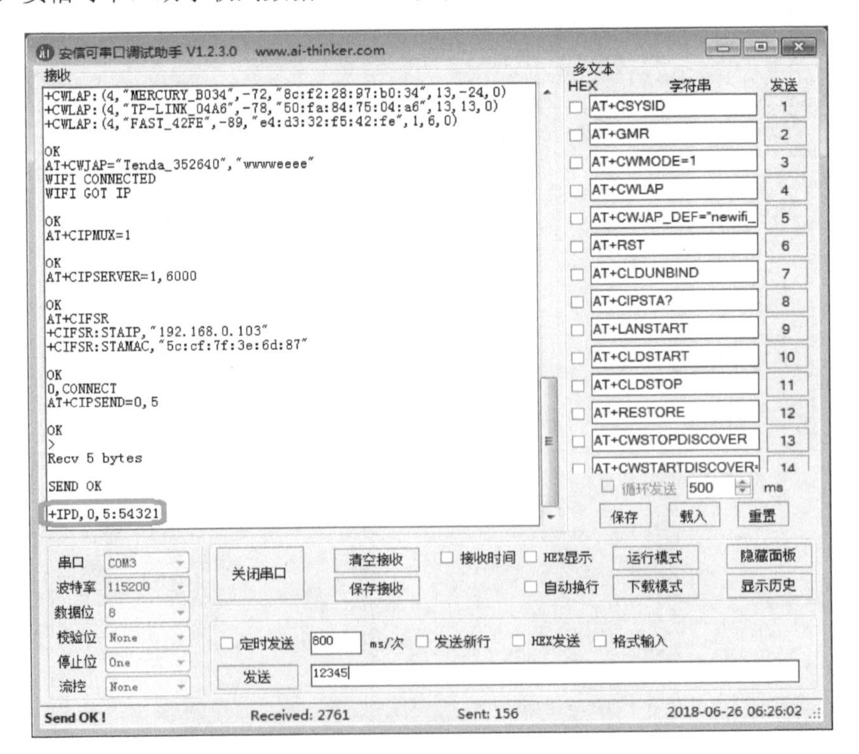

图5-245　安信可串口助手收到数据54321

（16）+++　//退出透传，如图5-246所示。响应：+++。

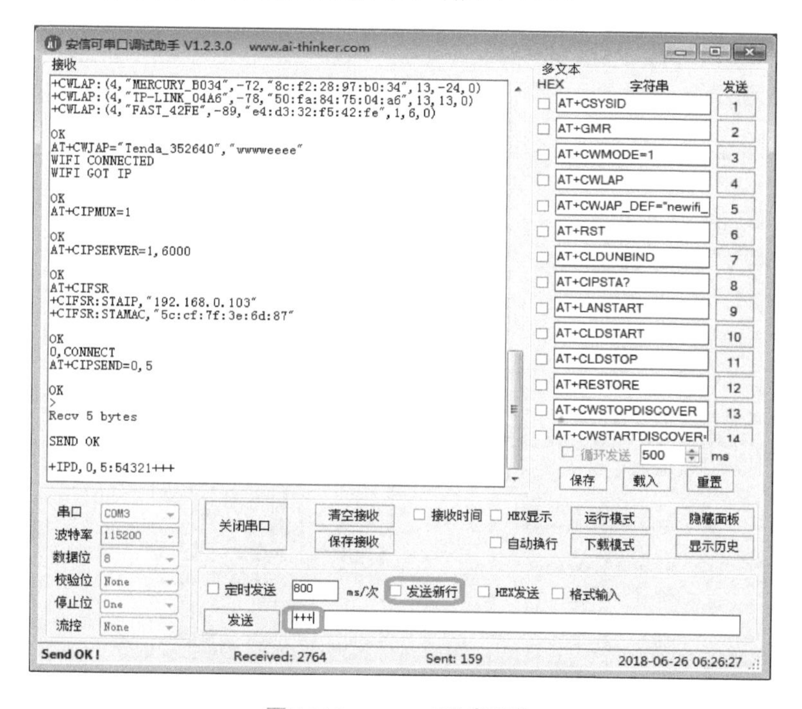

图5-246　+++　//退出透传

5.12　AP模式手机作为服务器

（1）AT　//测试AT启动，如图5-247所示。响应：OK。

图5-247　AT　//测试AT启动

（2）AT+RESTORE　//恢复出厂设置，如图5-248所示。响应：OK。

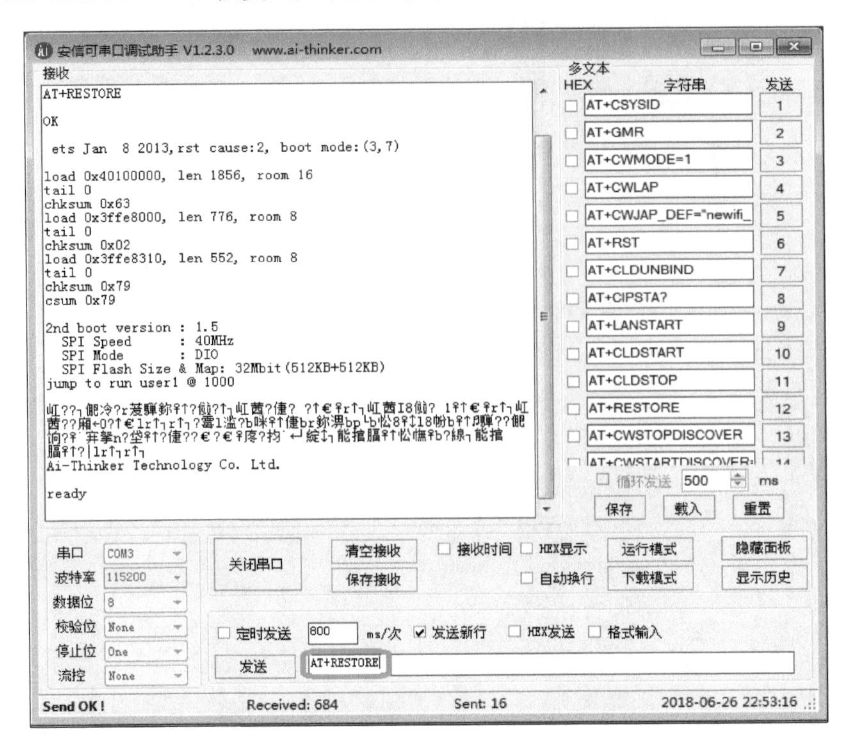

图5-248　AT+RESTORE　//恢复出厂设置

（3）AT+CWMODE=2　//AP模式，如图5-249所示。响应：OK。

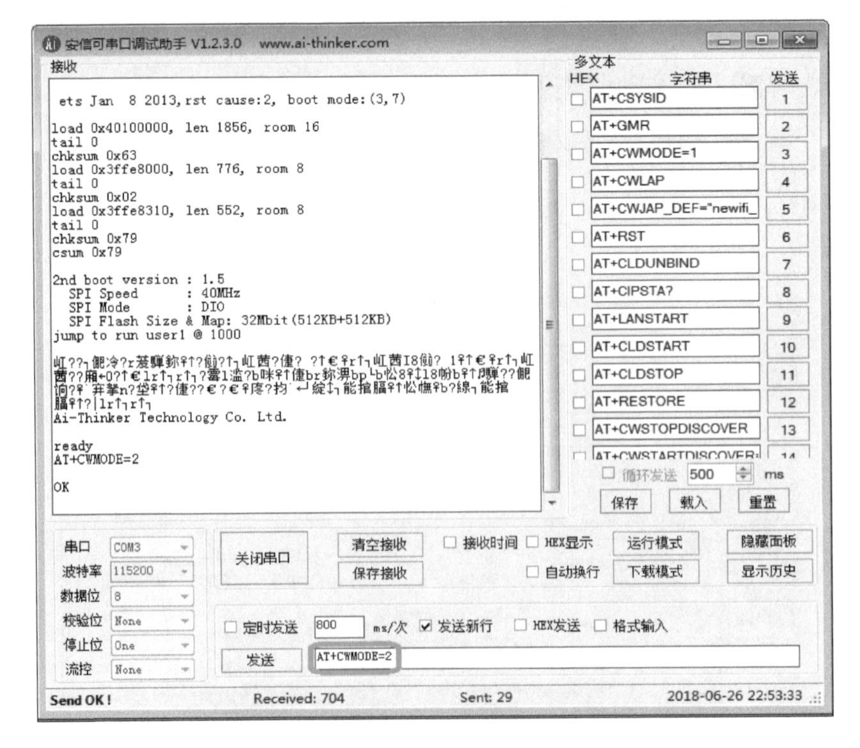

图5-249　AT+CWMODE=2　//AP模式

（4）AT+CWSAP=“ESP12E”，“12345678”，11，3　//设置模块名称、密码，如图5-250所示。响应：OK。

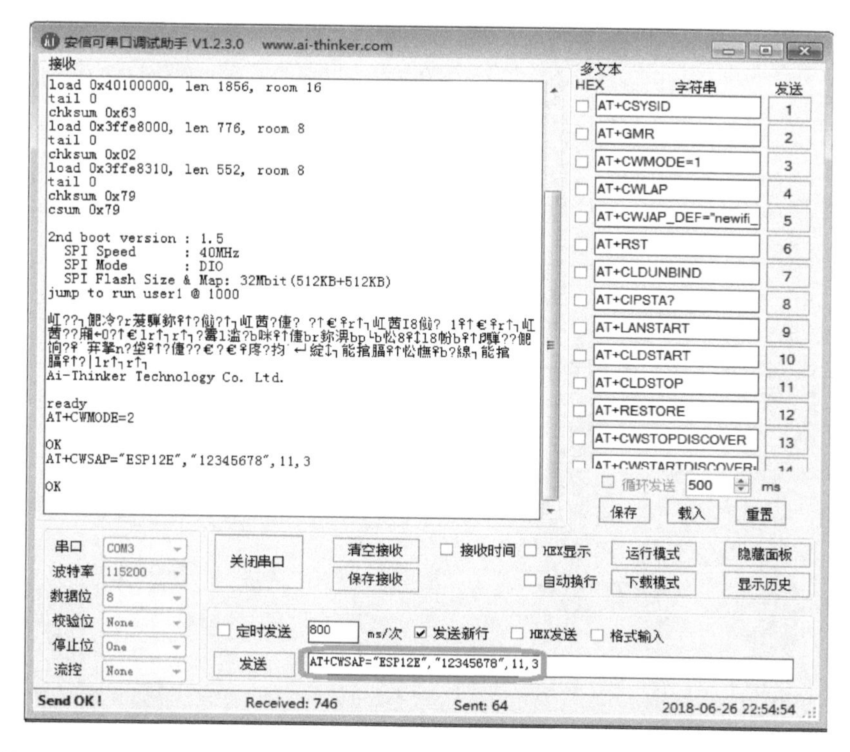

图5-250　AT+CWSAP=“ESP12E”，“12345678”，11，3　//设置模块名称、密码

（5）找到手机的无线网络设置，如图5-251所示。

（6）找到无线网络ESP12E，如图5-252所示。

图5-251　找到手机的无线网络设置

图5-252　找到无线网络ESP12E

（7）输入密码“12345678”连接到ESP12E，如图5-253所示。

（8）手机已经连接到ESP12E，如图5-254所示。

图5-253　输入密码“12345678”连接到ESP12E

图5-254　手机已经连接到ESP12E

（9）打开手机APP——NetAssist，如图5-255所示。

（10）开启TCP Server，如图5-256所示。

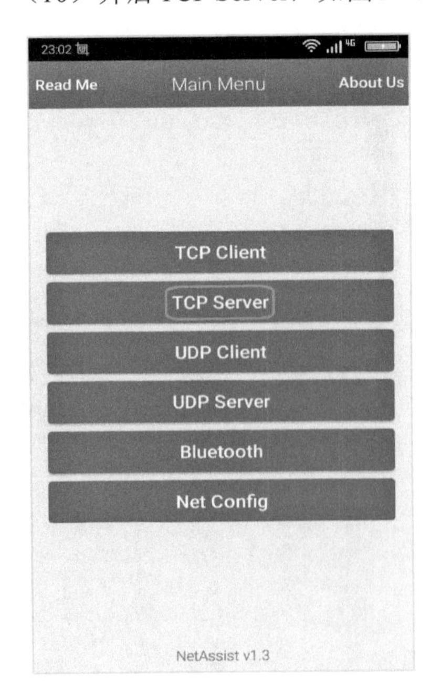

图5-255　打开手机APP——NetAssist

图5-256　开启TCP Server

（11）单击“Connect”按钮，得到如图5-257所示界面。

图5-257　单击“Connect”按钮后得到的界面

（12）AT+CIPSTART=“TCP”，“192.168.4.2”，3456　//建立TCP连接，如图5-258所示。

响应：CONNECT

OK

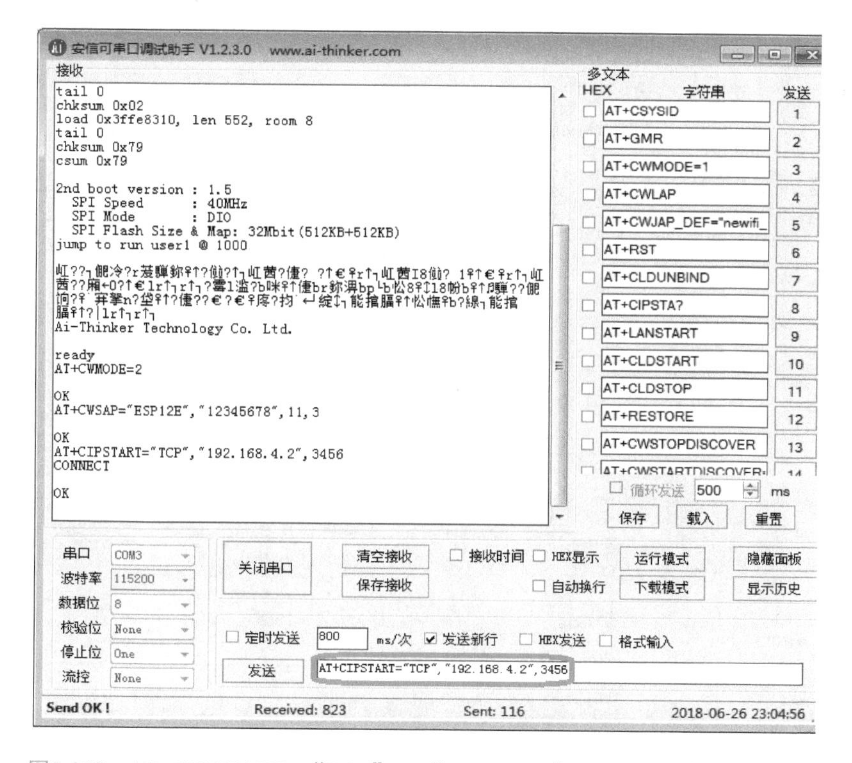

图5-258　AT+CIPSTART=“TCP”，“192.168.4.2”，3456　//建立TCP连接

（13）手机APP——NetAssist显示有客户端接入，如图5-259所示。

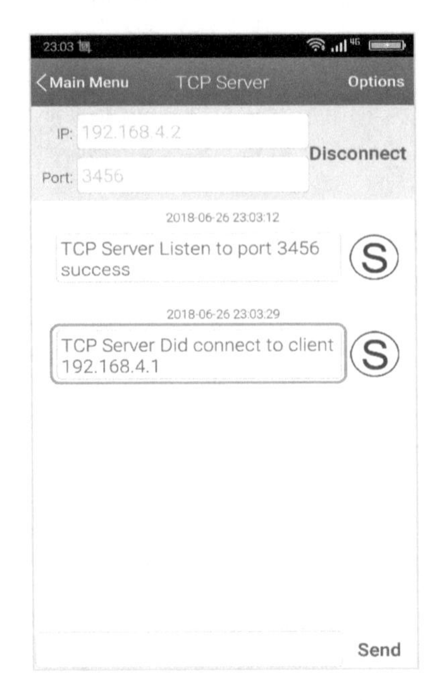

图5-259　手机APP——NetAssist显示有客户端接入

（14）AT+CIPSEND=3　//发送3个数据，如图5-260所示。响应：OK。

图5-260　AT+CIPSEND=3　//发送3个数据

（15）发送数据 123，如图 5-261 所示。

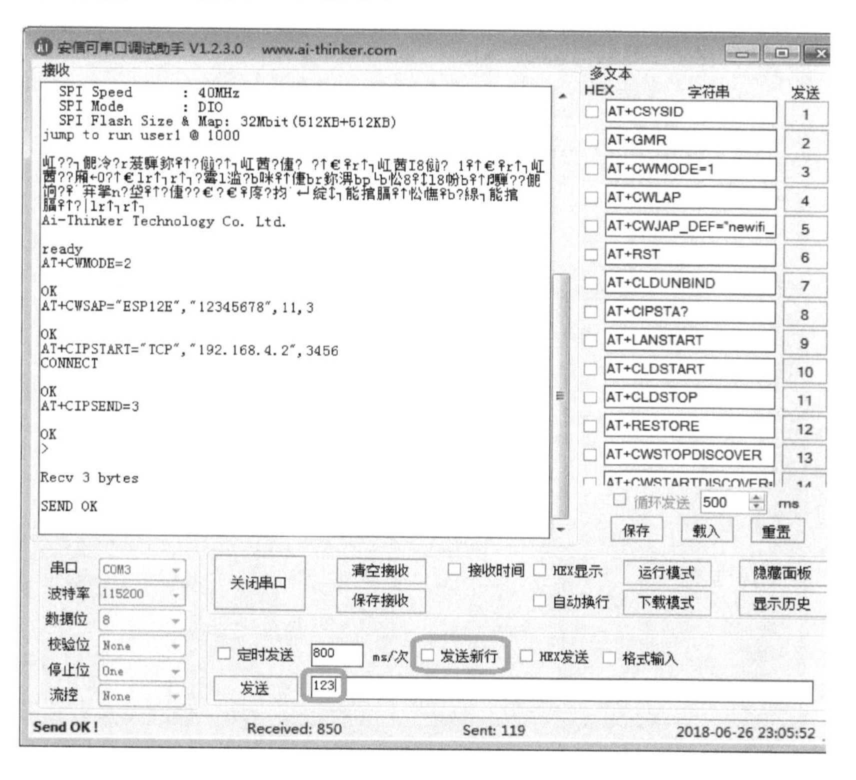

图5-261　发送数据123

（16）手机 APP——NetAssist 收到数据 123，如图 5-262 所示。

（17）手机 APP——NetAssist 发送数据 54321，如图 5-263 所示。

图5-262　手机APP——NetAssist收到数据123

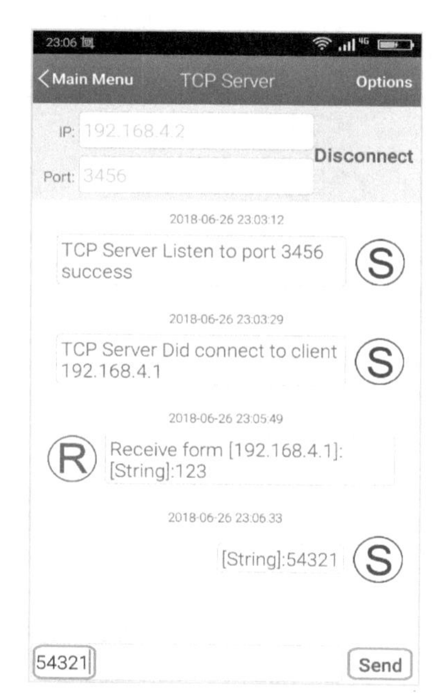

图5-263　手机APP——NetAssist发送数据54321

（18）安信可串口调试助手收到数据 54321，如图 5-264 所示。

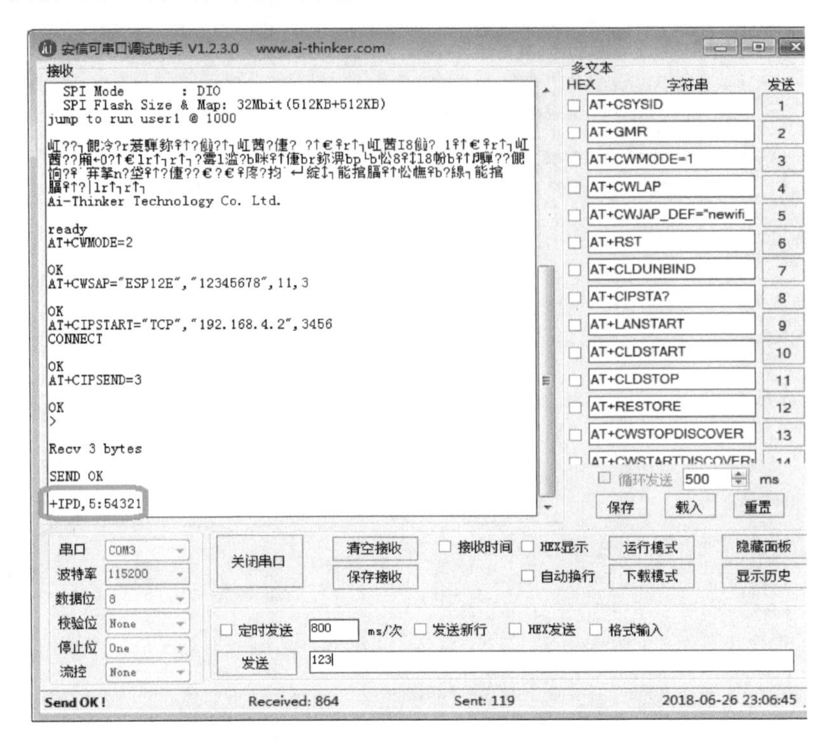

图5-264　安信可串口调试助手收到数据54321

（19）+++　//退出透传，如图 5-265 所示。响应：+++。

图5-265　+++　//退出透传

5.13　STA+AP模式手机作为服务器保存透传设置

（1）AT　//测试AT启动，如图5-266所示。响应：OK。

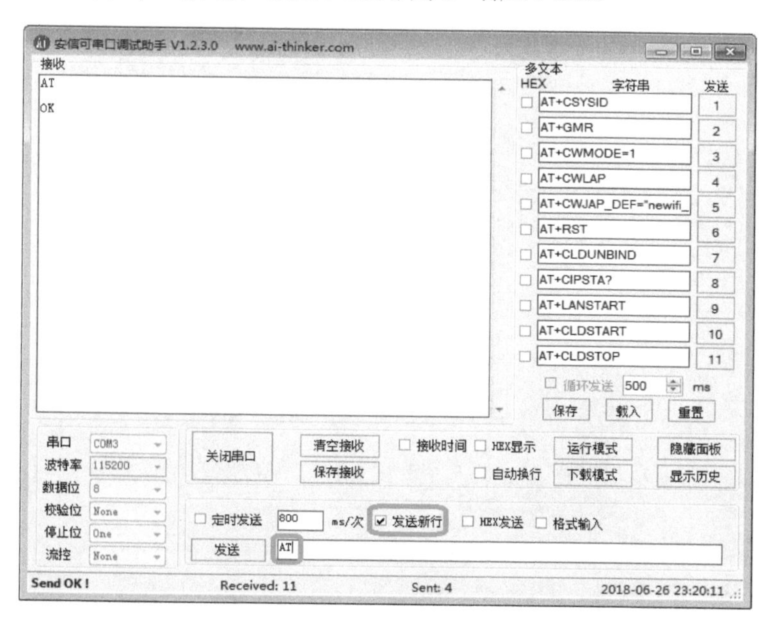

图5-266　AT　//测试AT启动

（2）AT+RESTORE　//恢复出厂设置，如图5-267所示。响应：OK。

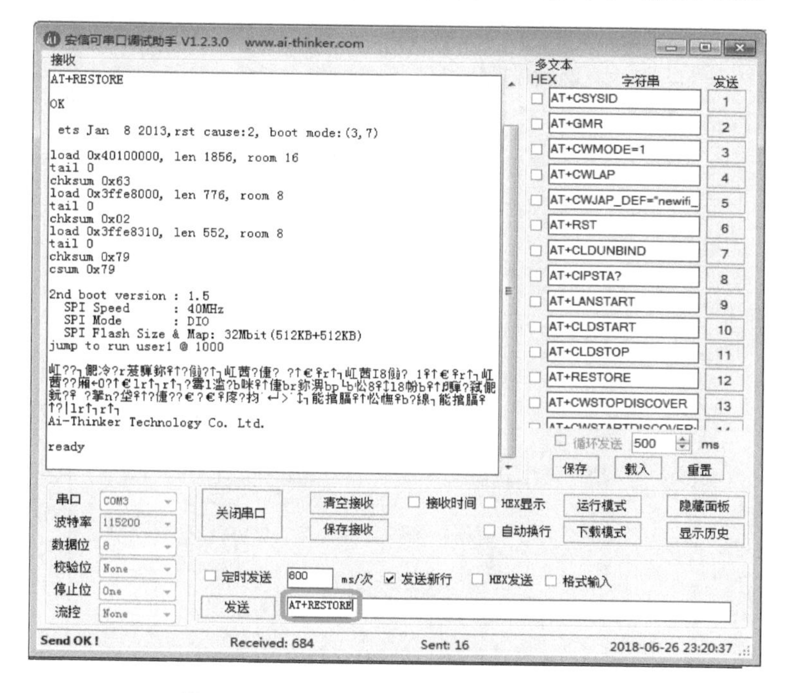

图5-267　AT+RESTORE　//恢复出厂设置

（3）AT+CWMODE=3　//AP+station模式，如图5-268所示。

响应：OK。

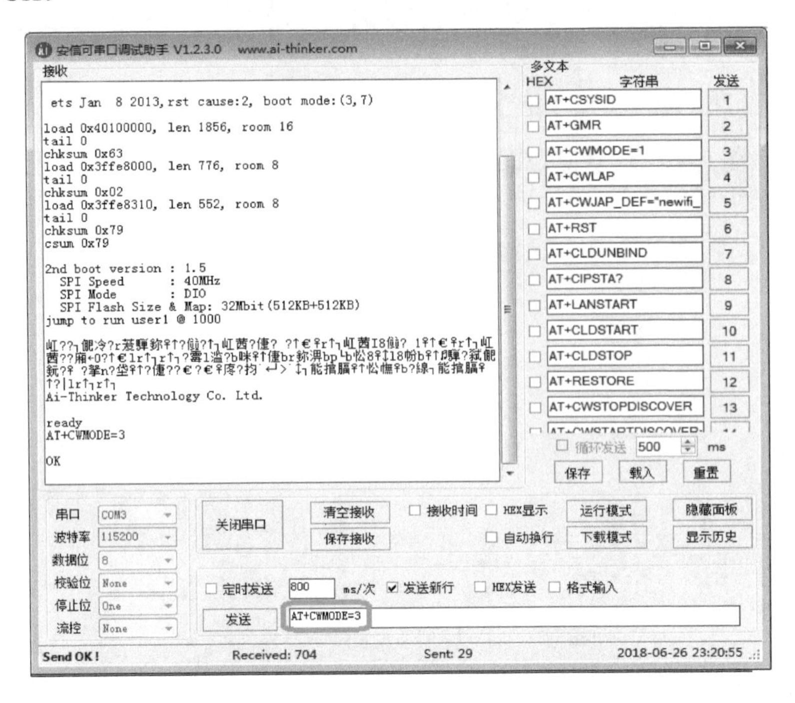

图5-268　AT+CWMODE=3　//AP+station模式

（4）AT+CWLAP　//扫描当前可用的AP，如图5-269所示。响应：OK。

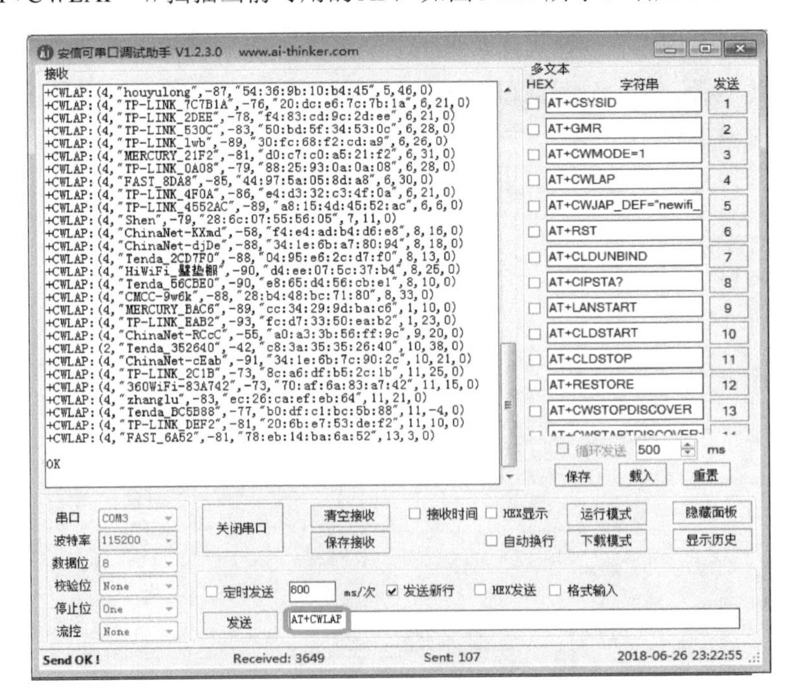

图5-269　AT+CWLAP　//扫描当前可用的AP

（5）AT+CWJAP=“Tenda_352640”，“wwwweeee”　//连接AP，如图5-270所示。

响应：WIFI CONNECTED

WIFI GOT IP

OK

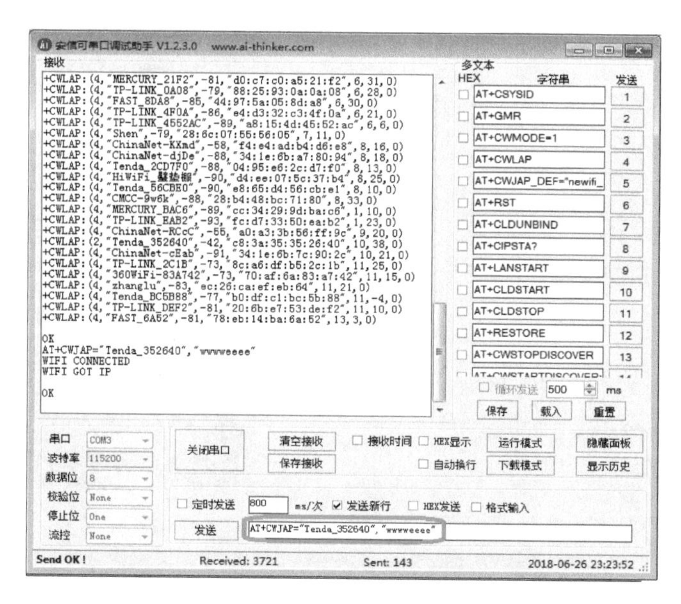

图5-270　AT+CWJAP="Tenda_352640"，"wwwweeee"　//连接AP

（6）AT+CIFSR　//查询本地IP地址，如图5-271所示。

响应：+CIFSR：APIP，"192.168.4.1"

+CIFSR：APMAC，"ee：fa：bc：0c：0b：97"

+CIFSR：STAIP，"192.168.0.105"

+CIFSR：STAMAC，"ec：fa：bc：0c：0b：97"

OK

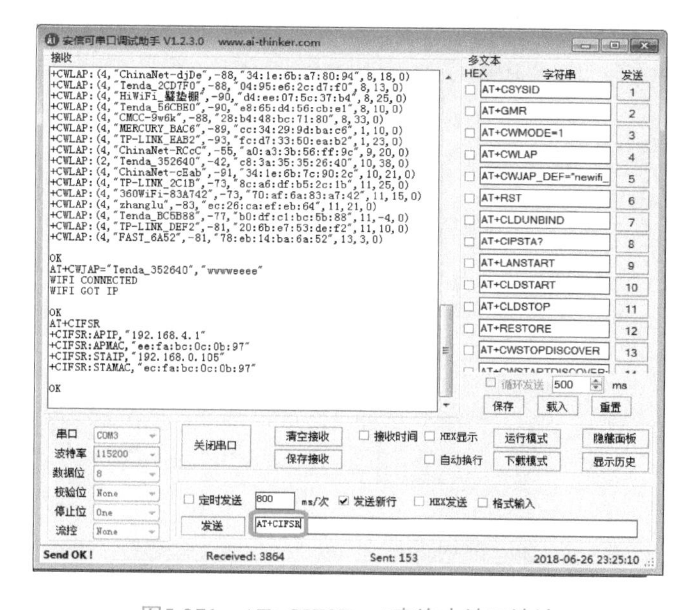

图5-271　AT+CIFSR　//查询本地IP地址

（7）找到手机的无线网络设置，输入密码“wwwweeee”，接入无线网络Tenda_352640，如图5-272所示。

（8）打开手机APP——NetAssist，如图5-273所示。

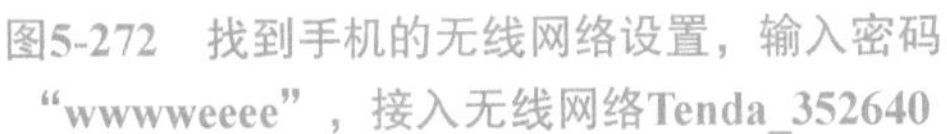

图5-272　找到手机的无线网络设置，输入密码“wwwweeee”，接入无线网络Tenda_352640

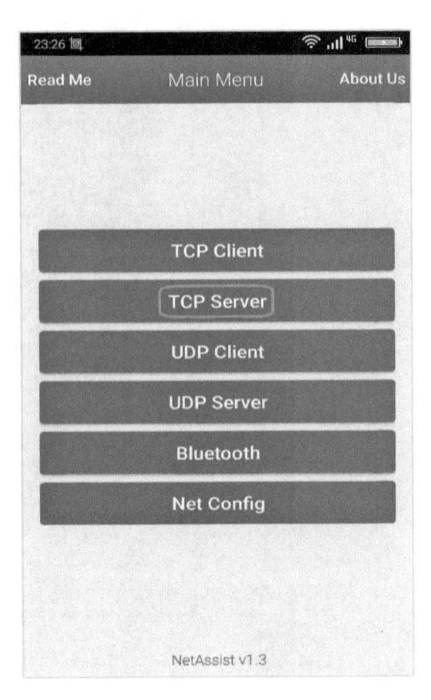

图5-273　打开手机APP——NetAssist

（9）开启TCP Server，如图5-274所示。

（10）单击“Connect”按钮，得到如图5-275所示界面。

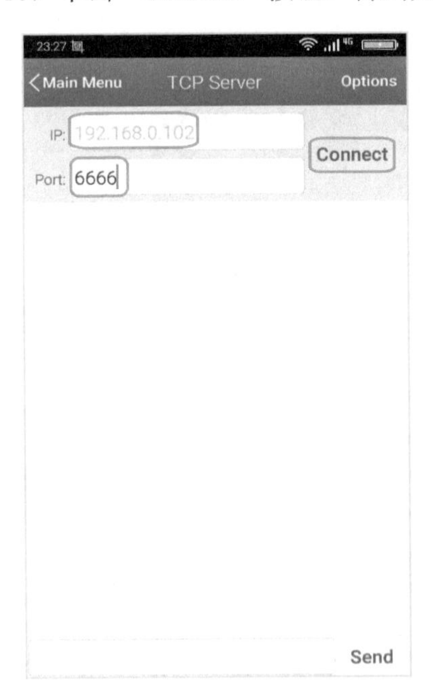

图5-274　开启TCP Server

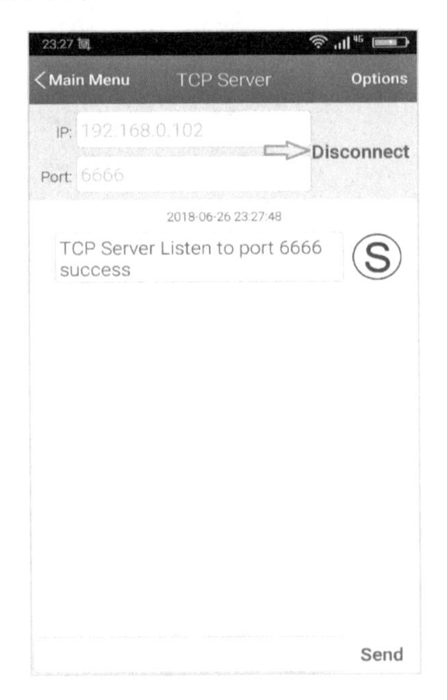

图5-275　单击“Connect”按钮后得到的界面

（11）AT+CIPSTART=“TCP”，“192.168.0.102”，6666 //建立TCP连接，如图5-276所示。

响应：CONNECT

OK

图5-276 AT+CIPSTART=“TCP”，“192.168.0.102”，6666 //建立TCP连接

（12）AT+CIPMODE=1 //透传模式，如图5-277所示。响应：OK。

图5-277 AT+CIPMODE=1 //透传模式

（13）AT+SAVETRANSLINK=1，“192.168.0.102”，6666，“TCP” //保存透传连接到Flash，如图5-278所示。响应：OK。

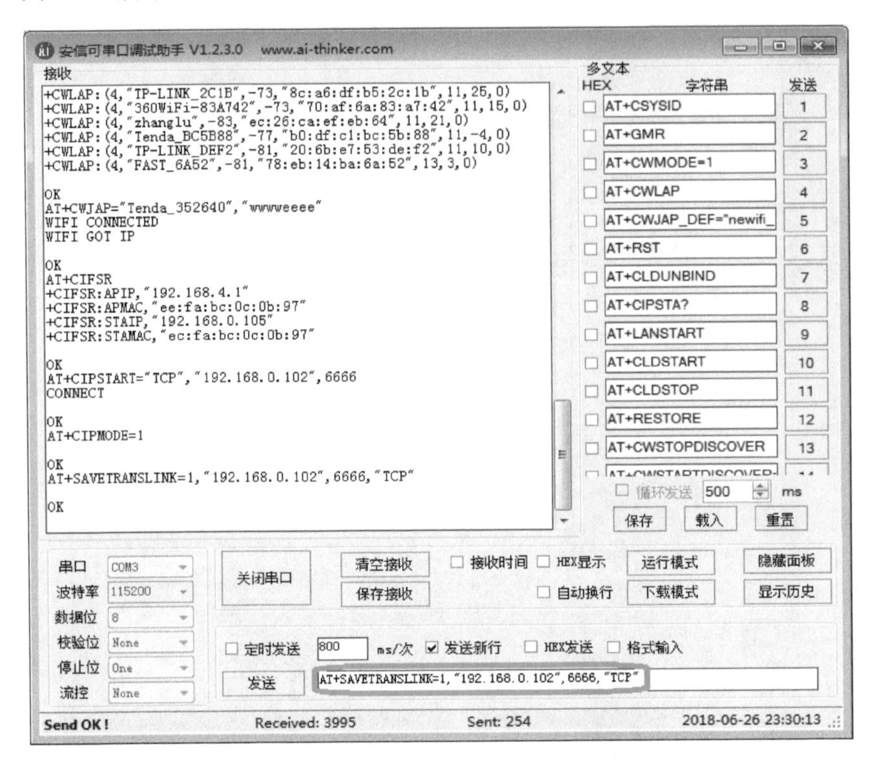

图5-278 AT+SAVETRANSLINK=1，“192.168.0.102”，6666，“TCP” //保存透传连接到Flash

（14）打开手机APP——NetAssist，并连接到TCP Server，如图5-279所示。

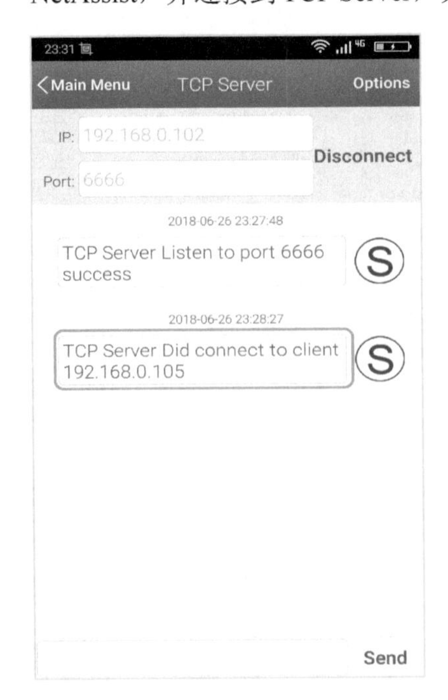

图5-279 打开手机APP——NetAssist，并连接到TCP Server

（15）AT+CIPSEND　//发送数据，如图5-280所示。响应：OK。

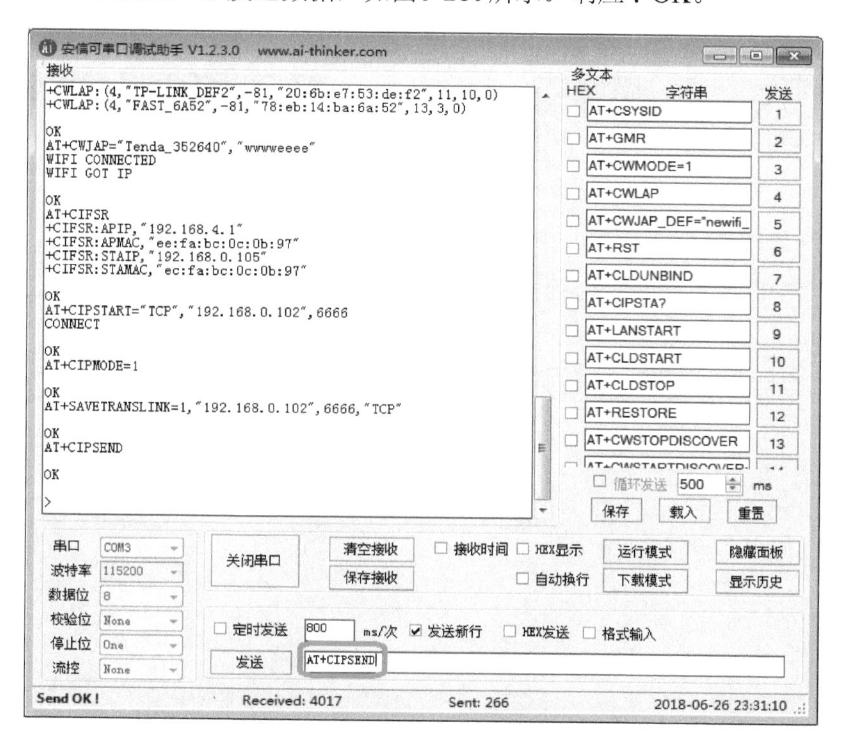

图5-280　AT+CIPSEND　//发送数据

（16）发送数据1234，如图5-281所示。

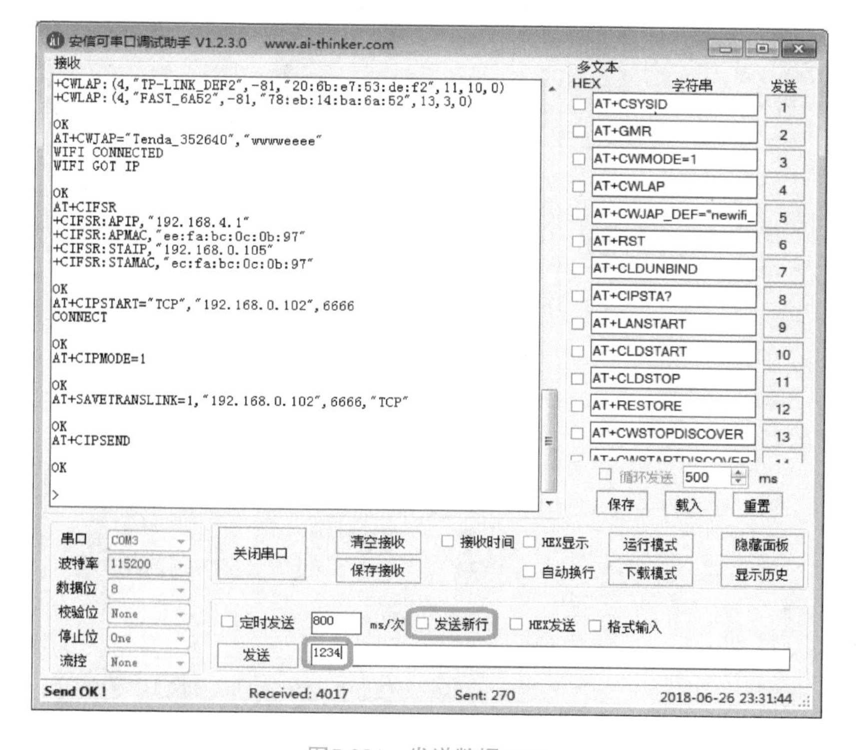

图5-281　发送数据1234

（17）手机APP——NetAssist收到数据1234，如图5-282所示。

（18）手机APP——NetAssist发送数据4321，如图5-283所示。

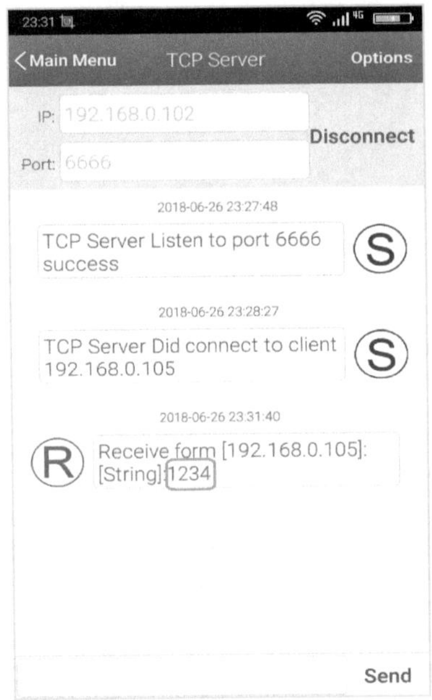

图5-282　手机APP——NetAssist收到数据1234

图5-283　手机APP——NetAssist发送数据4321

（19）安信可串口调试助手收到数据4321，如图5-284所示。

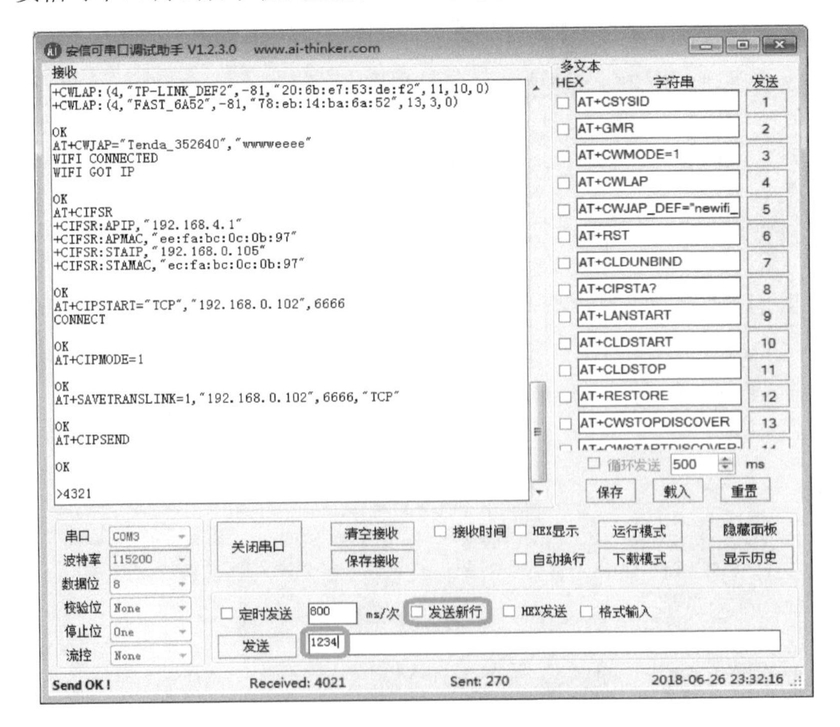

图5-284　安信可串口调试助手收到数据4321

（20）+++　//退出透传，如图 5-285 所示。响应：+++。

图5-285　+++　//退出透传

5.14　STA 模式 ESP8266 作服务器多连接

（1）AT　//测试 AT 启动，如图 5-286 所示。响应：OK。

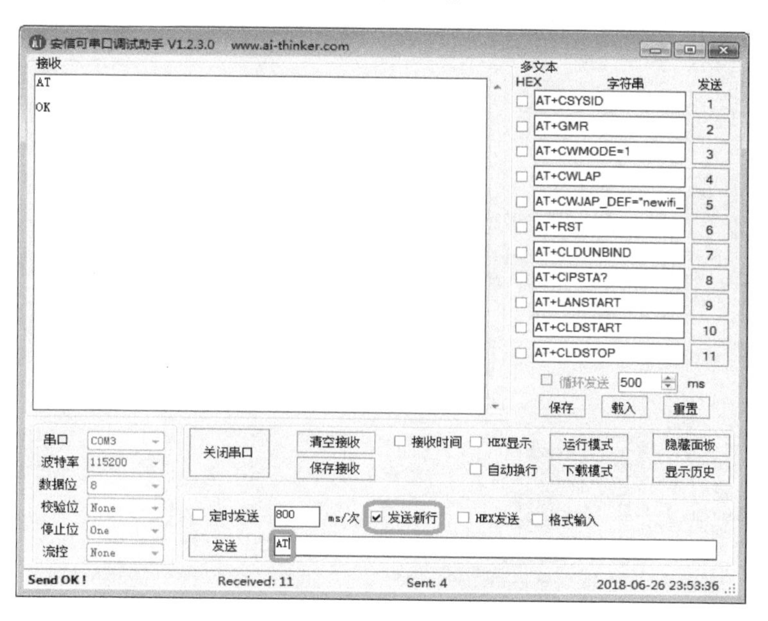

图5-286　AT　//测试AT启动

（2）AT+RESTORE　//恢复出厂设置，如图5-287所示。响应：OK。

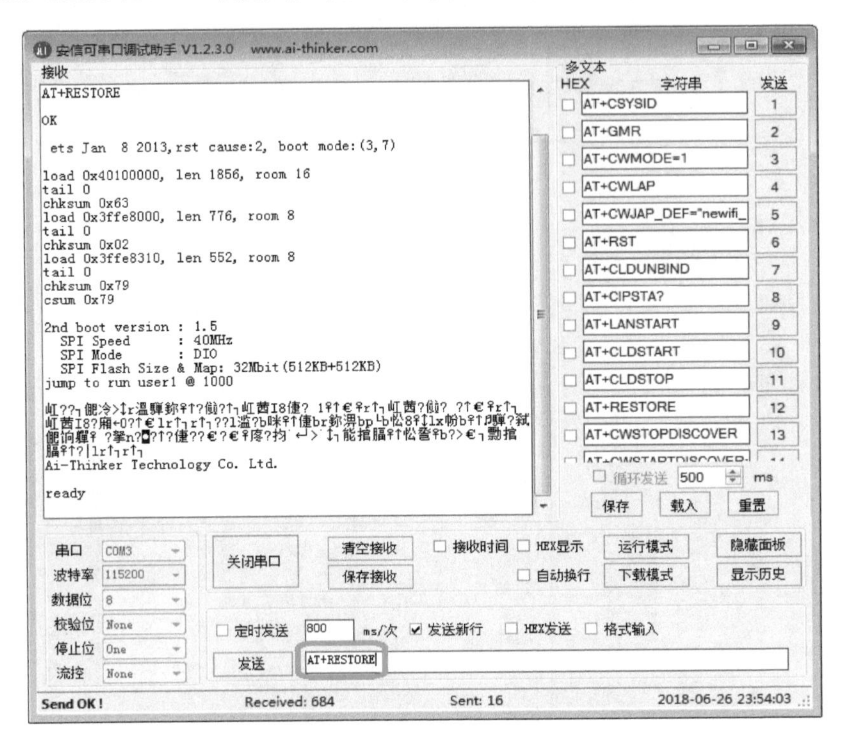

图5-287　AT+RESTORE　//恢复出厂设置

（3）AT+CWMODE=1　//station模式，如图5-288所示。响应：OK。

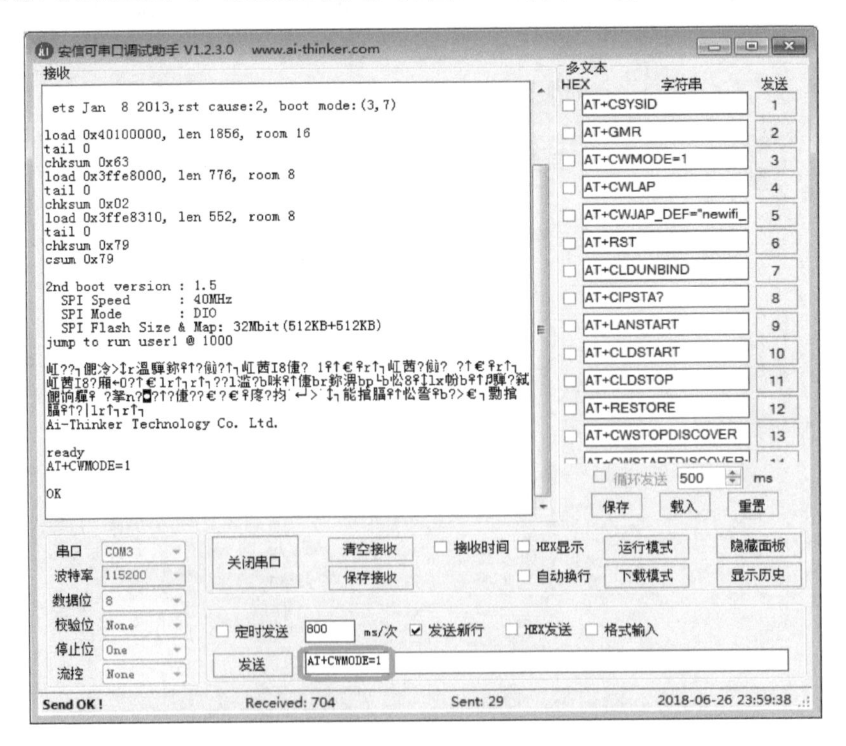

图5-288　AT+CWMODE=1　//station模式

（4）AT+CWLAP //扫描当前可用的AP，如图5-289所示。响应：OK。

图5-289 AT+CWLAP //扫描当前可用的AP

（5）AT+CWJAP_DEF= “Tenda_352640” , “wwwweeee” //连接AP，保存到Flash，如图5-290所示。

响应：WIFI CONNECTED

WIFI GOT IP

OK

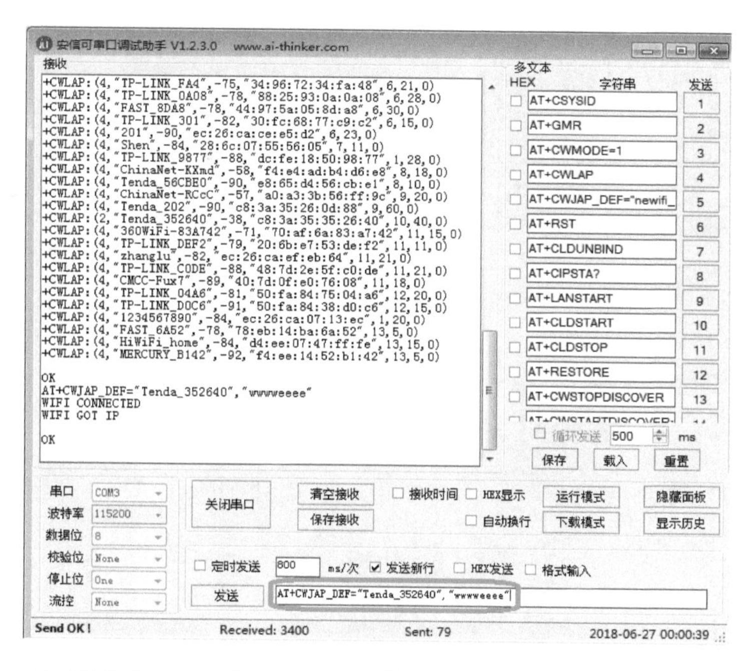

图5-290 AT+CWJAP_DEF= “Tenda_352640” , “wwwweeee” //连接AP，保存到Flash

（6）AT+CIPMUX=1　//多连接模式，如图5-291所示。响应：OK。

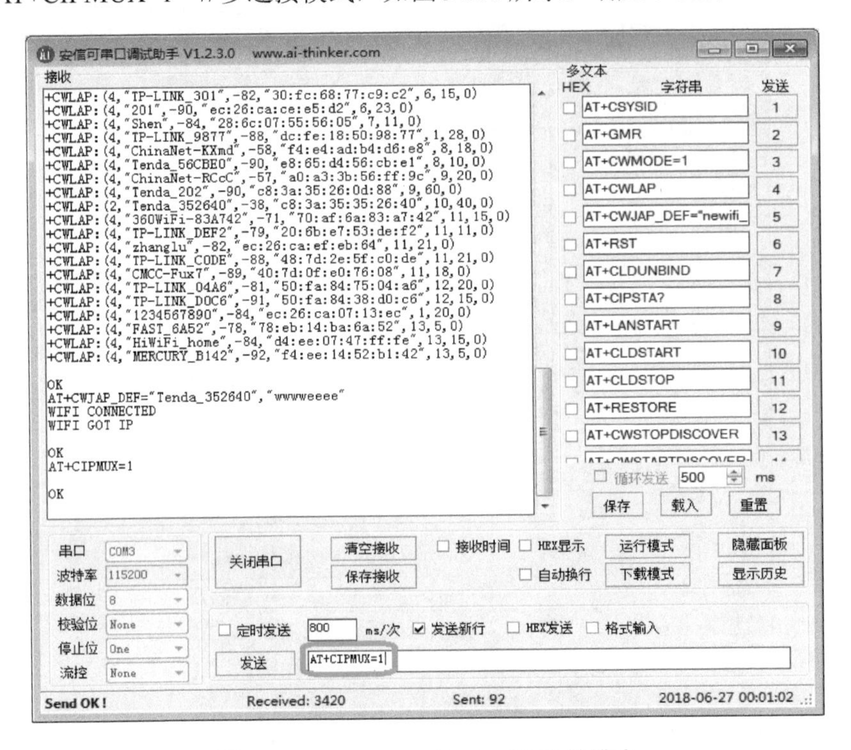

图5-291　AT+CIPMUX=1　//多连接模式

（7）AT+CIPSERVER=1，6000　//建立TCP Server，如图5-292所示。响应：OK。

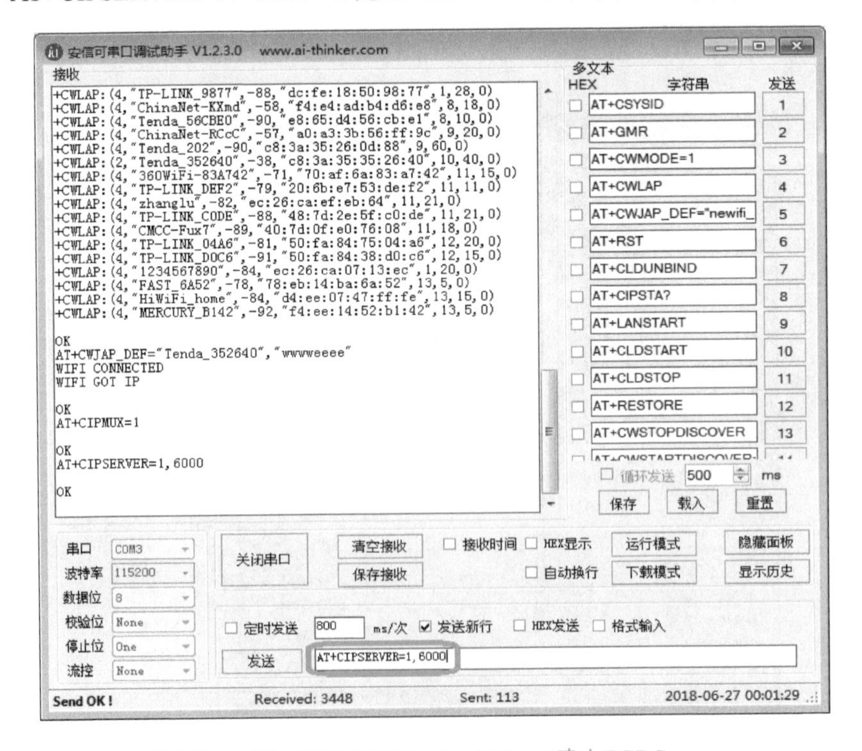

图5-292　AT+CIPSERVER=1，6000　//建立TCP Server

（8）AT+CIFSR　//查询本地IP地址，如图5-293所示。

响应：+CIFSR：STAIP，“192.168.0.105”

+CIFSR：STAMAC，“ec：fa：bc：0c：0b：97”

OK

图5-293　AT+CIFSR　//查询本地IP地址

（9）找到手机的无线网络设置，输入密码“wwwweeee”，接入无线网络Tenda_352640，如图5-294所示。

（10）打开手机APP——NetAssist，如图5-295所示。

图5-294　找到手机的无线网络设置，输入密码“wwwweeee”，接入无线网络Tenda_352640

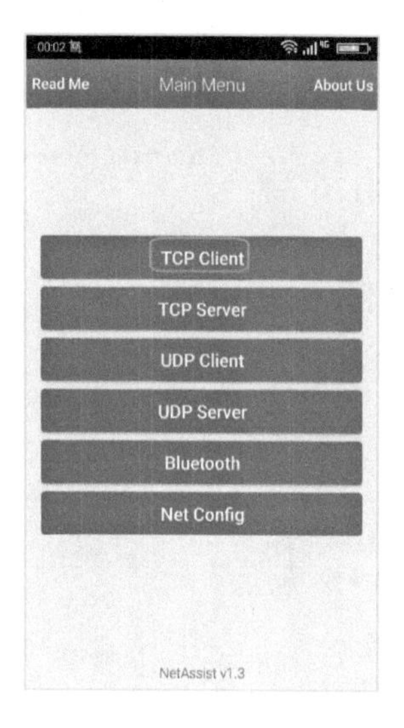

图5-295　打开手机APP——NetAssist

（11）开启TCP Client，如图5-296所示。

（12）单击Connect按钮，得到如图5-297所示界面。

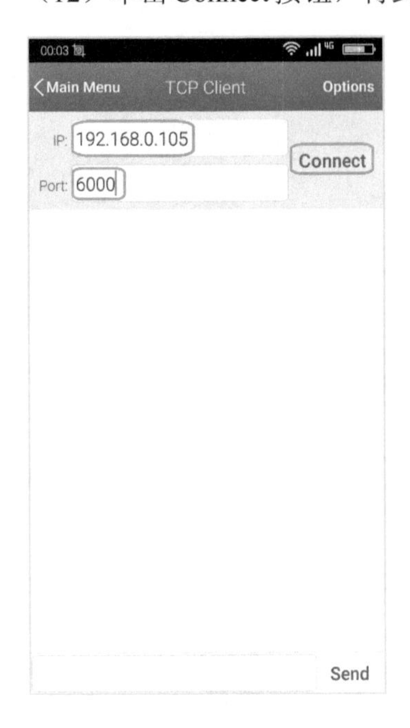

图5-296　开启TCP Client

图5-297　单击Connect按钮后得到的界面

（13）安信可串口调试助手显示有客户端接入，如图5-298所示。

图5-298　安信可串口调试助手显示有客户端接入

（14）找到笔记本电脑的无线网络连接，如图 5-299 所示。

（15）输入密码“wwwweeee”，接入无线网络 Tenda_352640，如图 5-300 所示。

图5-299　找到笔记本电脑的无线网络连接

图5-300　输入密码“wwwweeee”，接入无线网络Tenda_352640

（16）打开 TCP&UDP 测试工具，如图 5-301 所示。

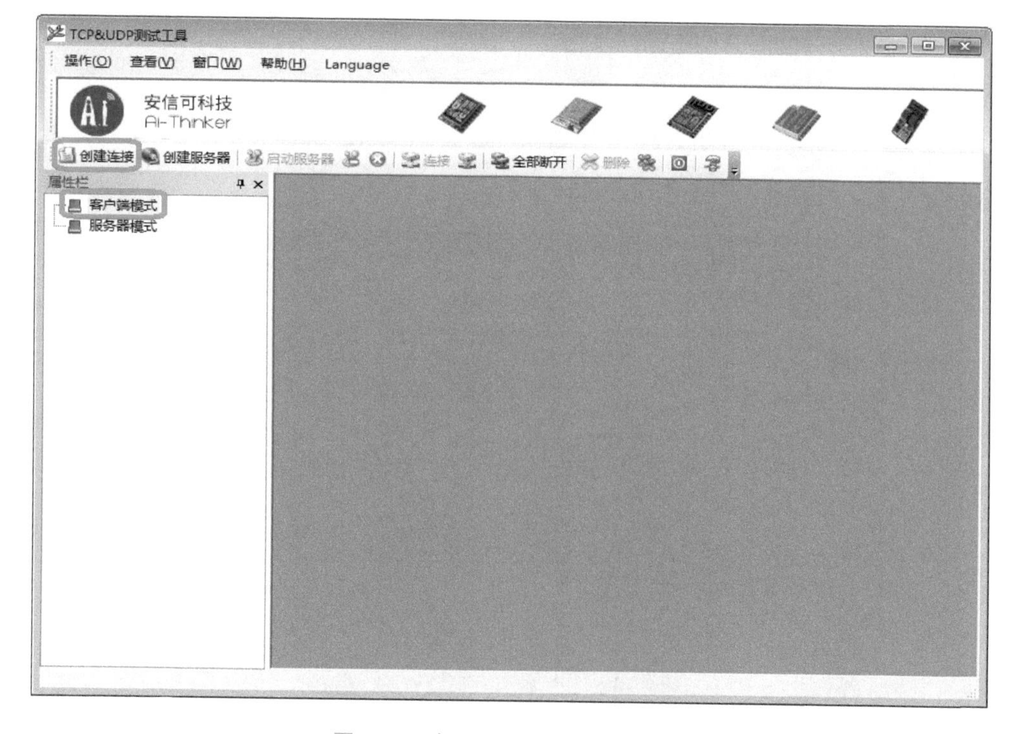

图5-301　打开TCP&UDP测试工具

（17）选择“客户端模式”，单击“创建连接”按钮，弹出如图5-302所示对话框。

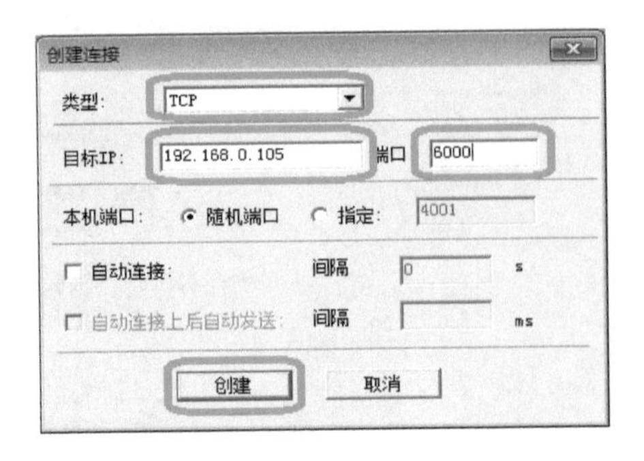

图5-302 “创建连接”对话框

（18）单击“创建”按钮，如图5-303所示。

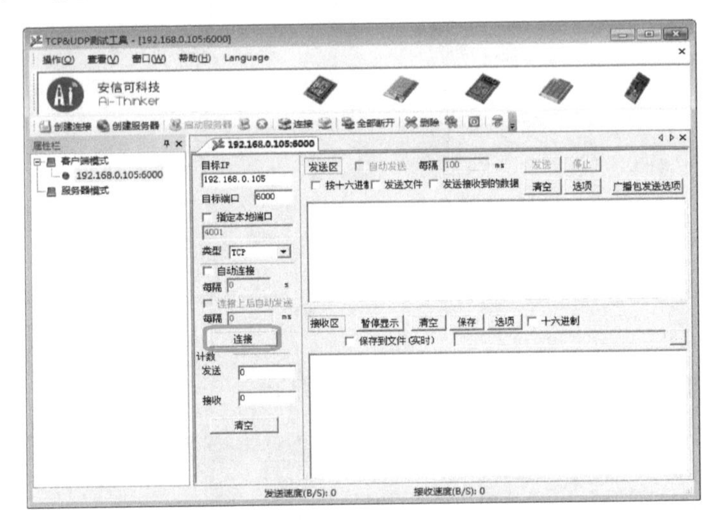

图5-303 单击“创建”按钮后得到的界面

（19）单击“连接”按钮，如图5-304所示。

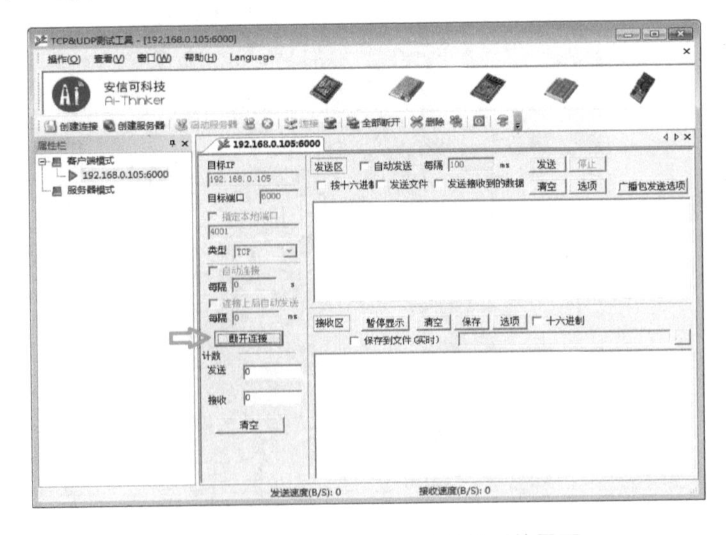

图5-304 单击“连接”按钮后得到的界面

（20）安信可串口调试助手显示有客户端接入，如图5-305所示。

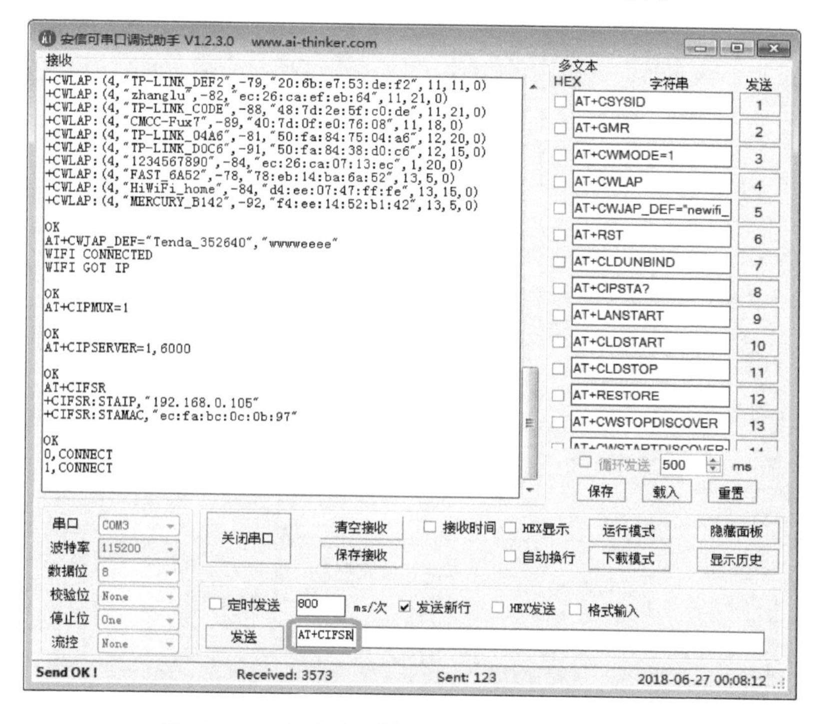

图5-305　安信可串口调试助手显示有客户端接入

（21）AT+CIPSEND=0，3　//向网络连接号为0的ID发送3个数据，如图5-306所示。响应：OK。

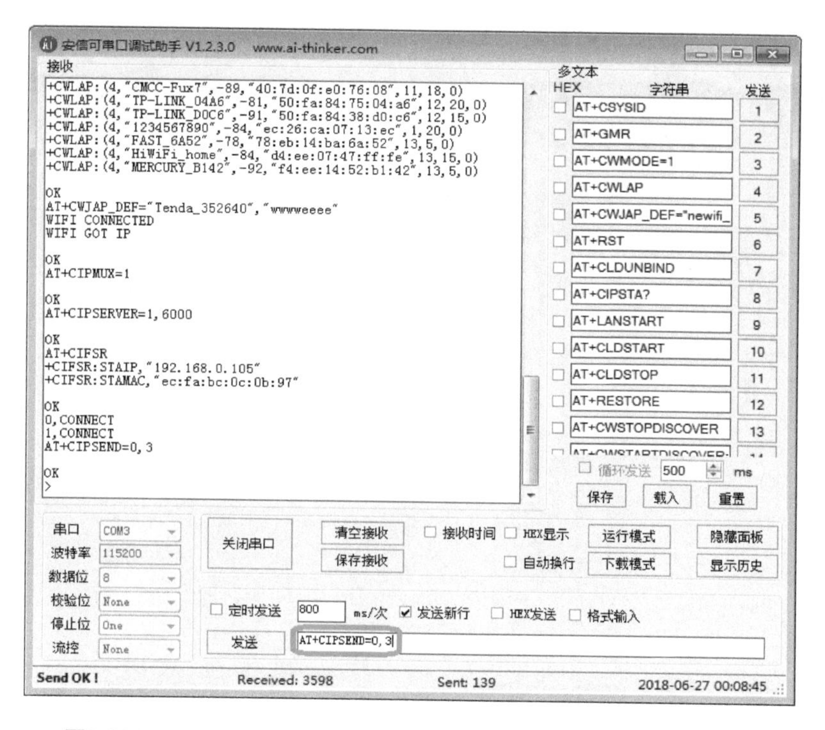

图5-306　AT+CIPSEND=0，3　//向网络连接号为0的ID发送3个数据

（22）发送数据012，如图5-307所示。

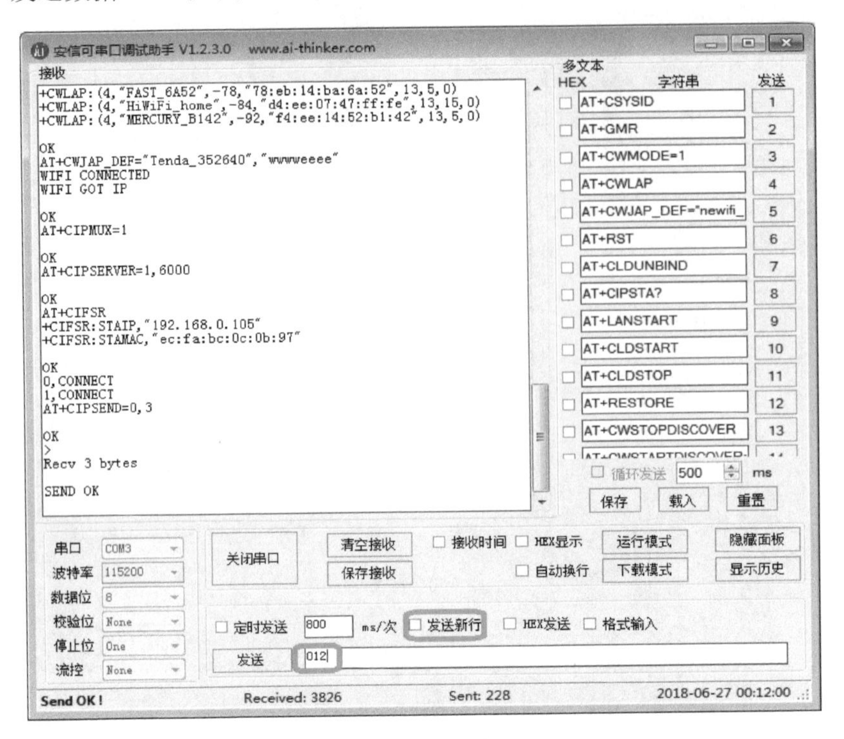

图5-307 发送数据012

（23）手机APP——NetAssist收到数据012，如图5-308所示。

（24）手机APP——NetAssist发送数据021，如图5-309所示。

图5-308 手机APP——NetAssist收到数据012

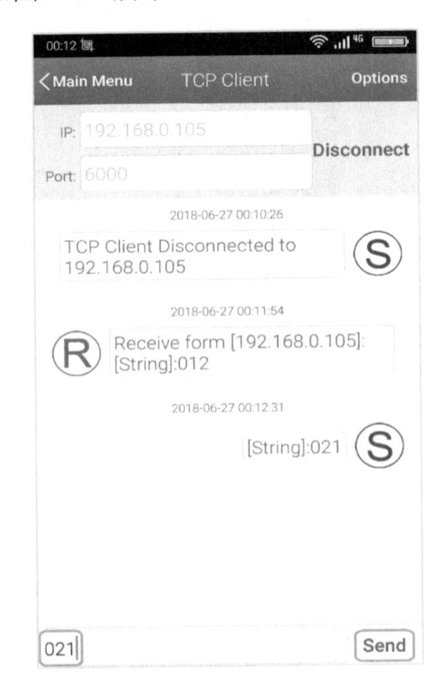

图5-309 手机APP——NetAssist发送数据021

（25）安信可串口助手收到数据021，如图5-310所示。

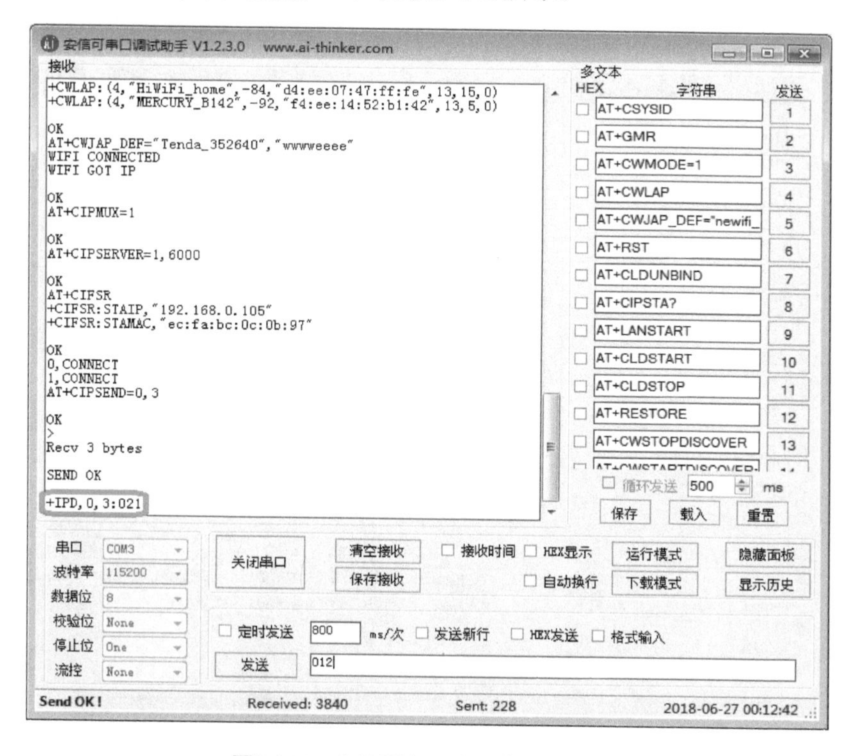

图5-310　安信可串口助手收到数据021

（26）+++　//退出透传，如图5-311所示。响应：+++。

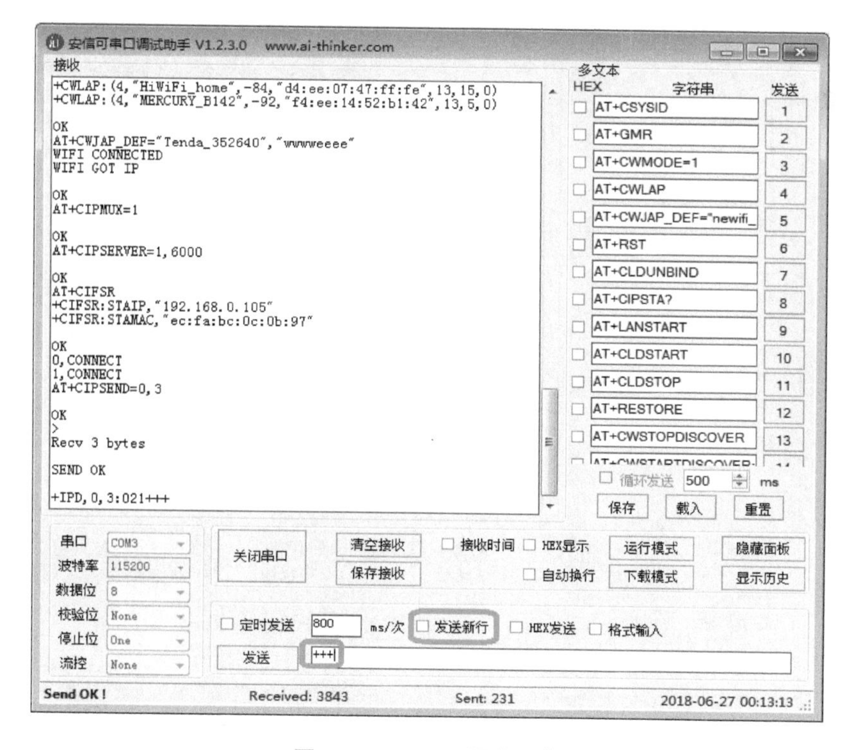

图5-311　+++　//退出透传

（27）AT+CIPSEND=1，4 //向网络连接号为1的ID发送4个数据，如图5-312所示。响应：OK。

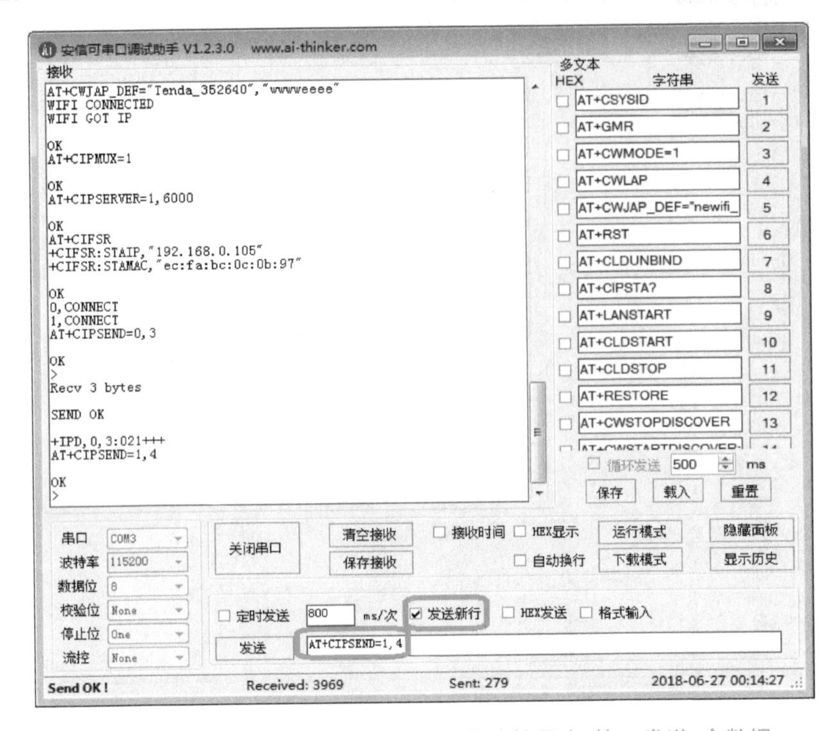

图5-312 AT+CIPSEND=1，4 //向网络连接号为1的ID发送4个数据

（28）发送数据1234，如图5-313所示。

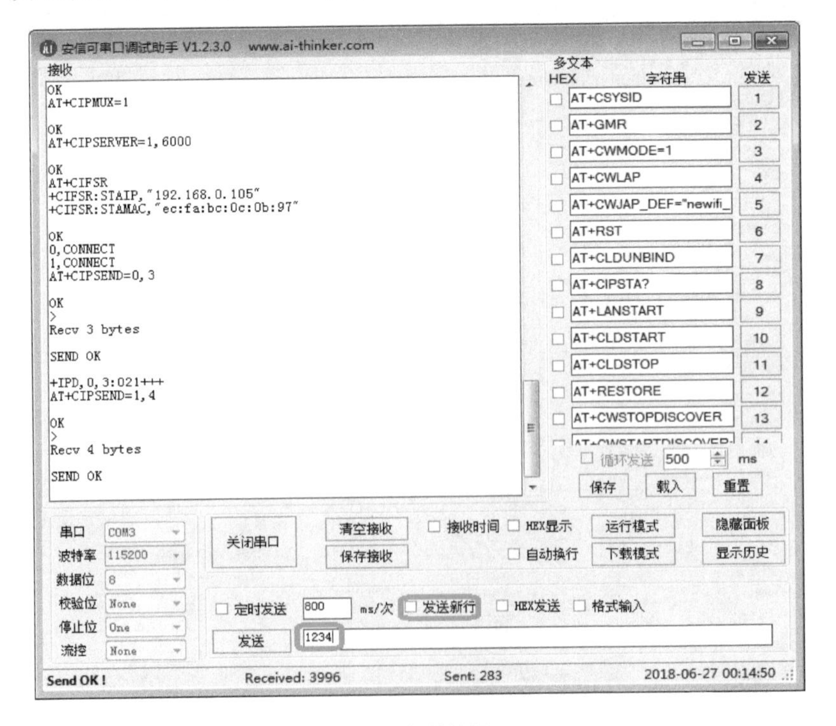

图5-313 发送数据1234

（29）TCP&UDP 测试工具收到数据 1234，如图 5-314 所示。

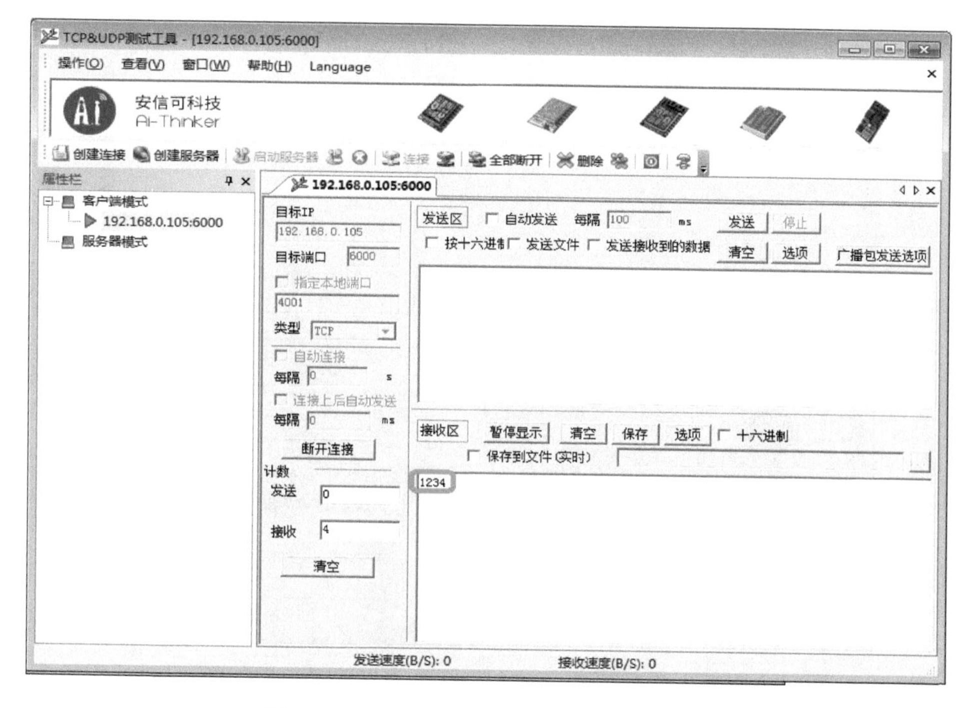

图5-314　TCP&UDP测试工具收到数据1234

（30）TCP&UDP 测试工具发送数据 1432，如图 5-315 所示。

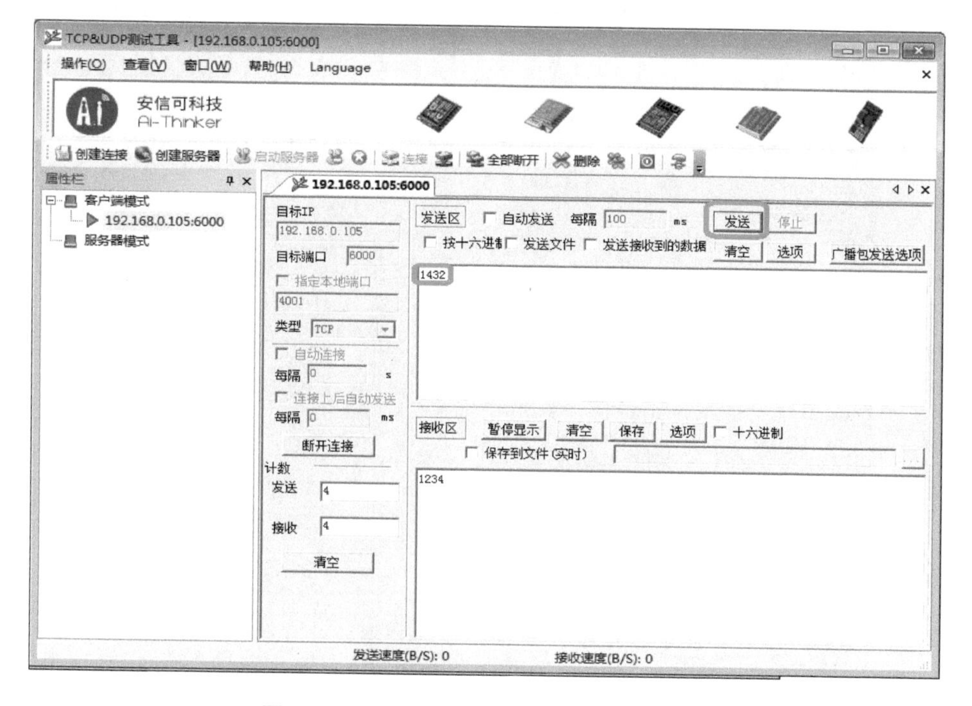

图5-315　TCP&UDP测试工具发送数据1432

（31）安信可串口调试助手收到数据1432，如图5-316所示。

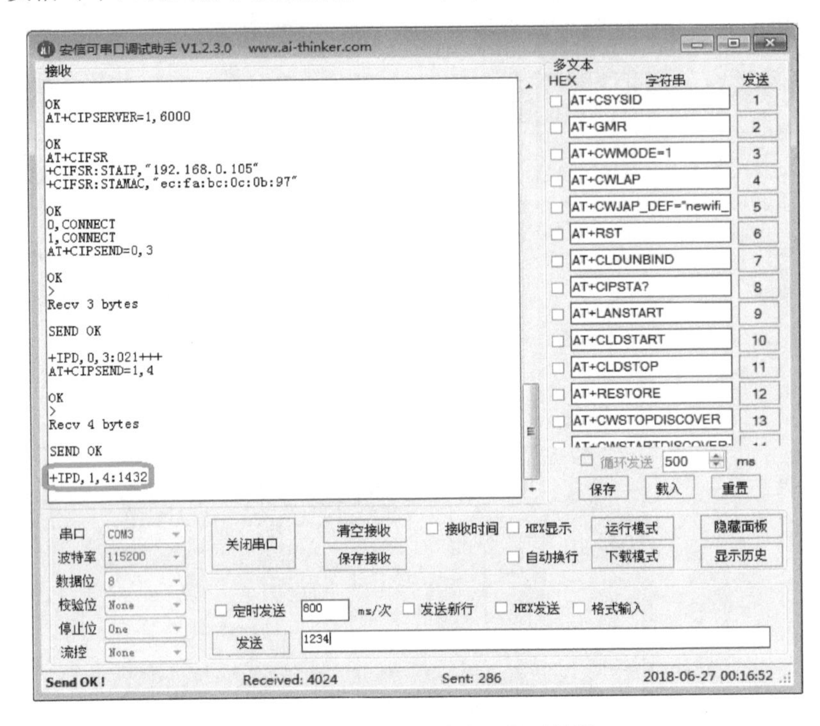

图5-316 安信可串口调试助手收到数据1432

（32）+++ //退出透传，如图5-317所示。响应：+++。

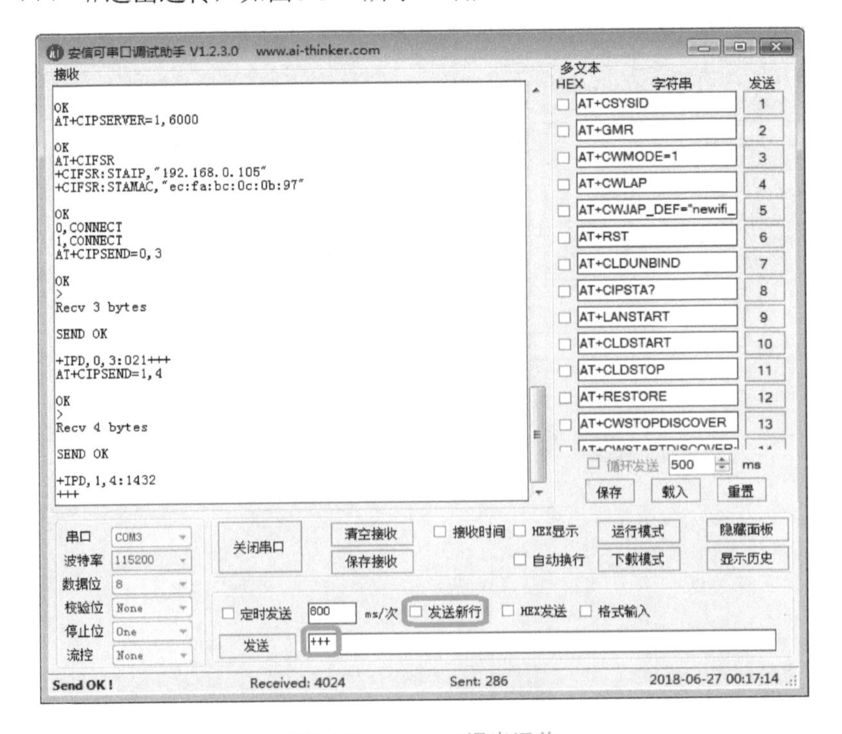

图5-317 +++ //退出透传

5.15　STA+AP模式ESP8266作服务器多连接（一）

（1）AT　//测试AT启动，如图5-318所示。响应：OK。

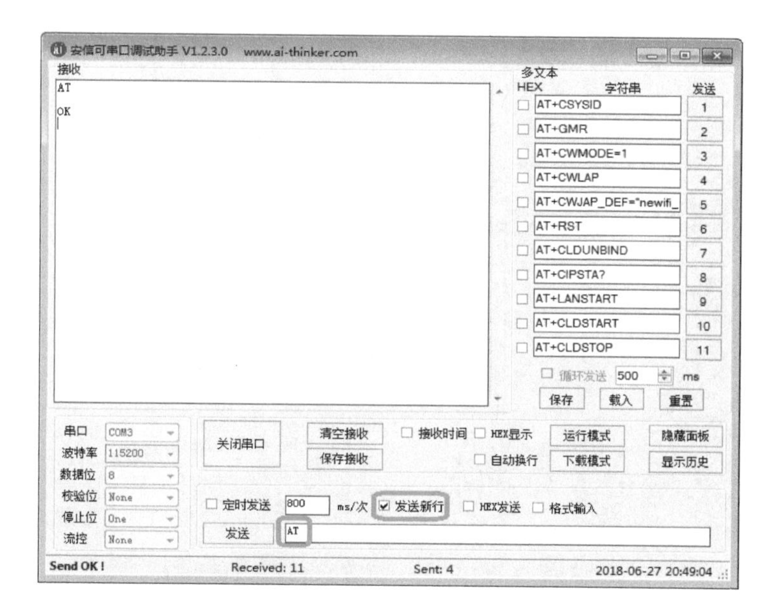

图5-318　AT　//测试AT启动

（2）AT+RESTORE　//恢复出厂设置，如图5-319所示。响应：OK。

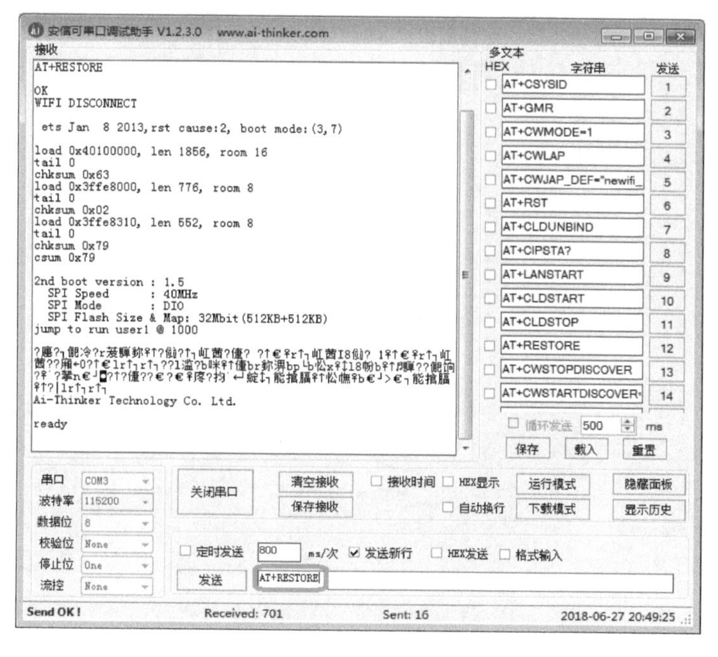

图5-319　AT+RESTORE　//恢复出厂设置

（3）AT+CWMODE=3　//AP+station模式，如图5-320所示。响应：OK。

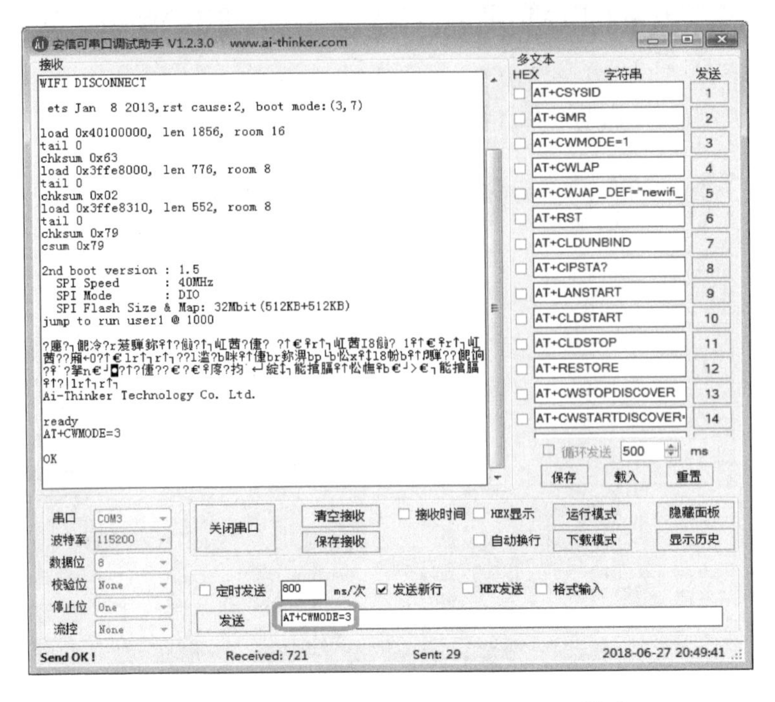

图5-320　AT+CWMODE=3　//AP+station模式

（4）AT+CWLAP　//扫描当前可用的AP，如图5-321所示。响应：……OK。

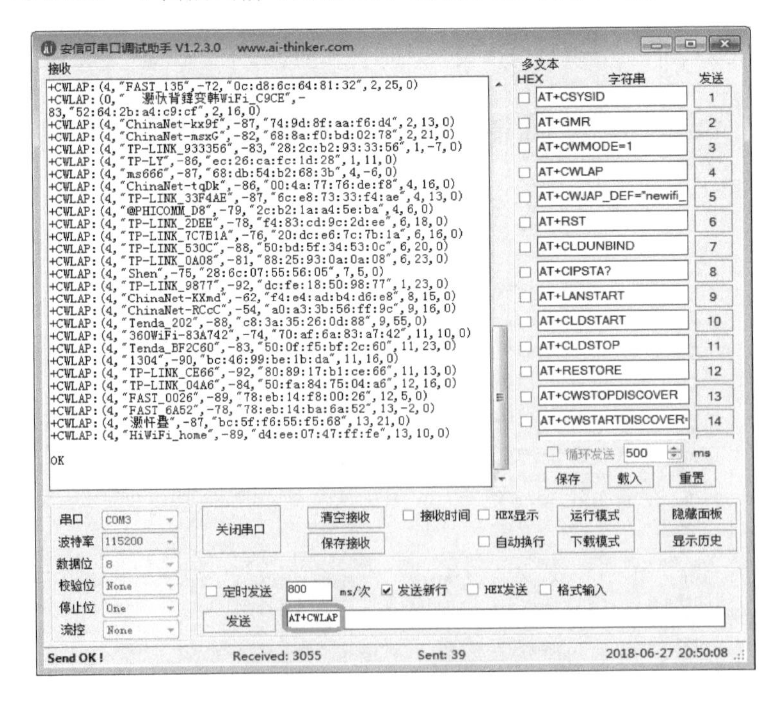

图5-321　AT+CWLAP　//扫描当前可用的AP

（5）AT+CWJAP_DEF="Tenda_352640"，"wwwweeee"　//连接AP，保存到Flash，如图5-322所示。

响应：WIFI CONNECTED

　　　WIFI GOT IP

　　　OK

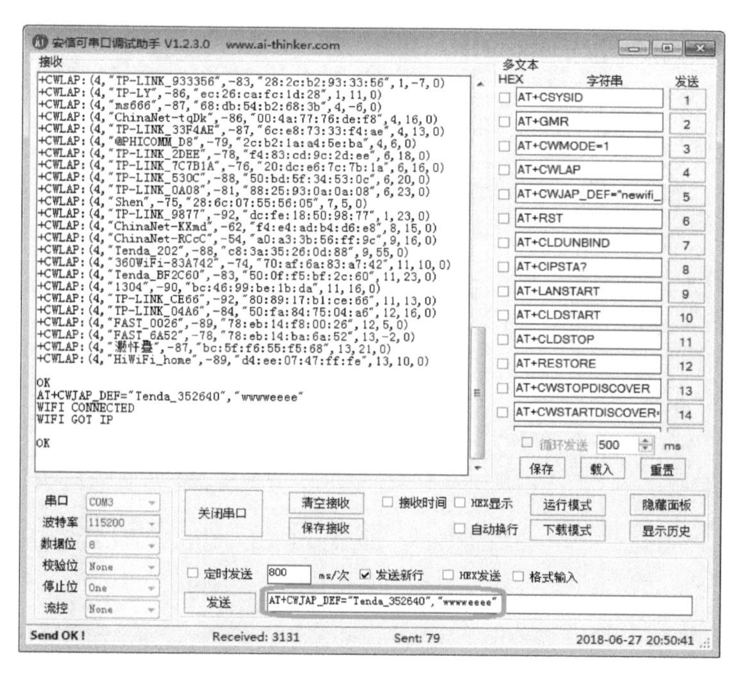

图5-322　AT+CWJAP_DEF= “Tenda_352640”， “wwwweeee”　//连接AP，保存到Flash

（6）AT+CWSAP= “ESP12E”，“12345678”，11，3　//设置模块名称、密码，如图5-323所示。响应：OK。

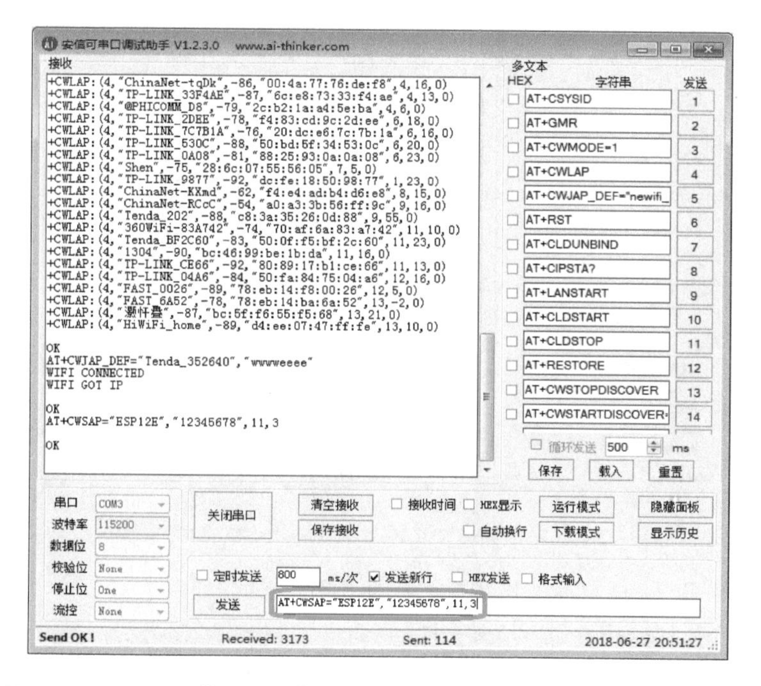

图5-323　AT+CWSAP= “ESP12E”， “12345678”，11，3　//设置模块名称、密码

（7）AT+CIPMUX=1　//透传模式，如图5-324所示。响应：OK。

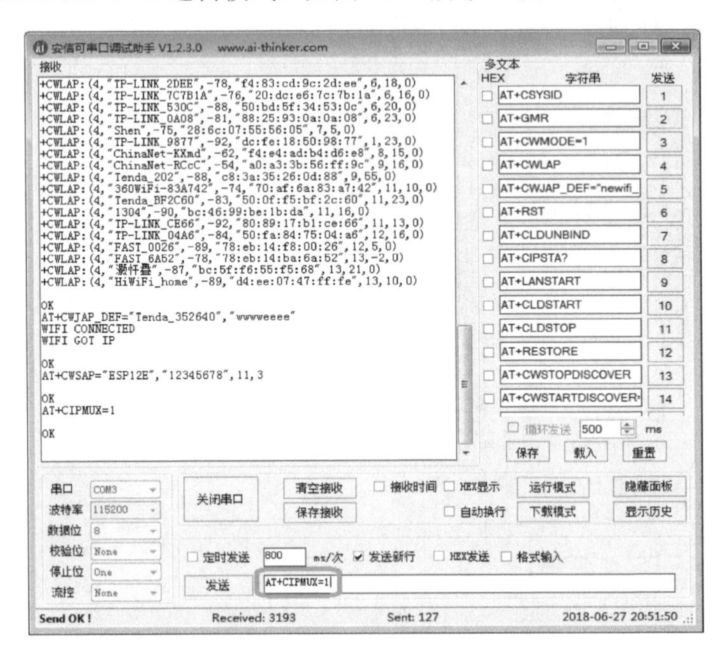

图5-324　AT+CIPMUX=1　//透传模式

（8）AT+CIPSERVER=1，7000　//建立TCP server，如图5-325所示。响应：OK。

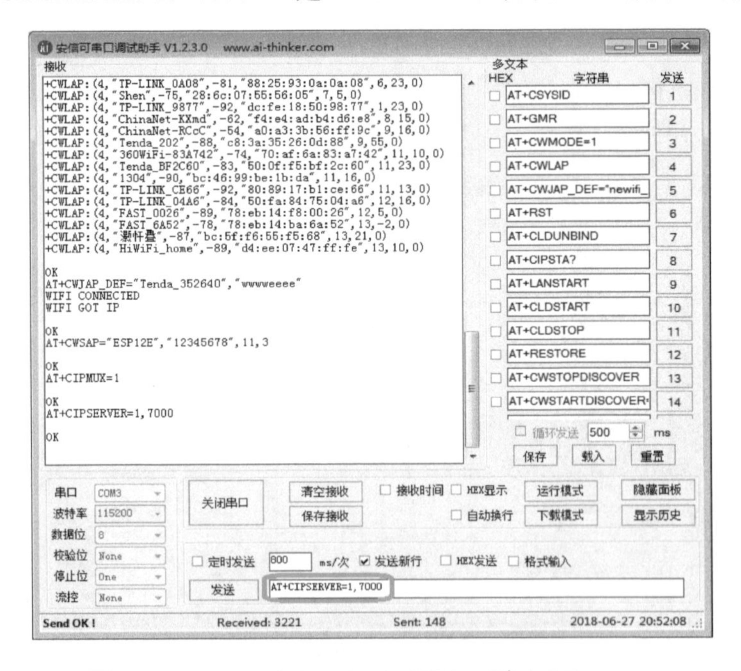

图5-325　AT+CIPSERVER=1，7000　//建立TCP server

（9）AT+CIFSR　//查询本地IP地址，如图5-326所示。

响应：+CIFSR：APIP，“192.168.4.1”

+CIFSR：APMAC，“ee：fa：bc：0c：0b：97”

+CIFSR：STAIP，“192.168.0.101”

+CIFSR：STAMAC，“ec：fa：bc：0c：0b：97”
OK

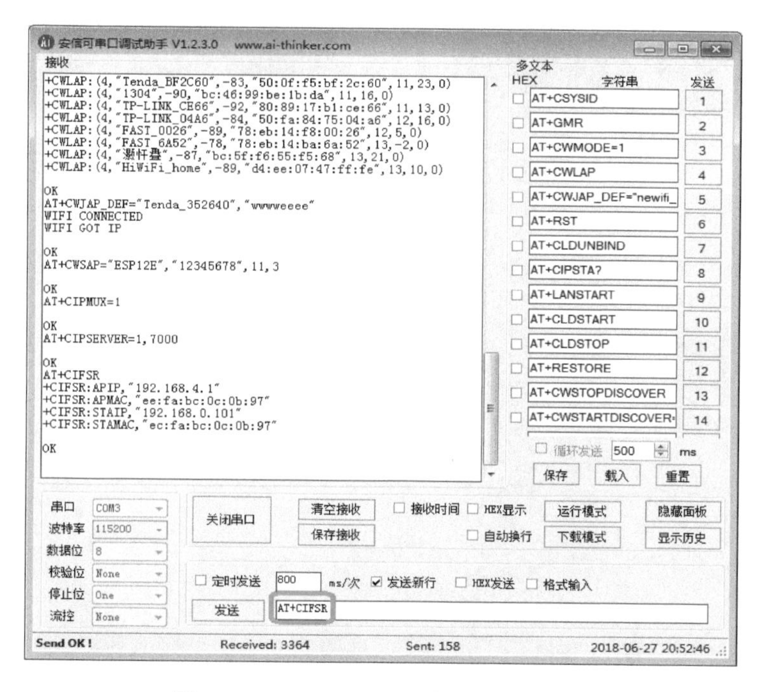

图5-326　AT+CIFSR　//查询本地IP地址

（10）找到手机的无线网络设置，输入密码“wwwweeee”，接入无线网络Tenda_352640，如图5-327所示。

（11）打开手机APP——NetAssist，如图5-328所示。

图5-327　找到手机的无线网络设置，输入密码“wwwweeee”，接入无线网络Tenda_352640

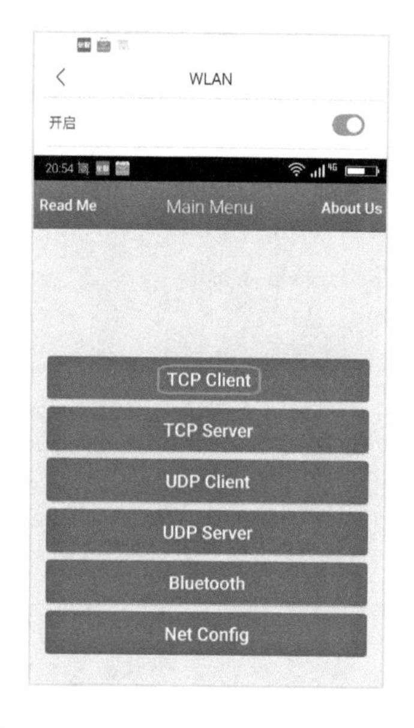

图5-328　打开手机APP——NetAssist

（12）开启TCP Client，如图5-329所示。

（13）单击“Connect”按钮，得到如图5-330所示界面。

图5-329　开启TCP Client

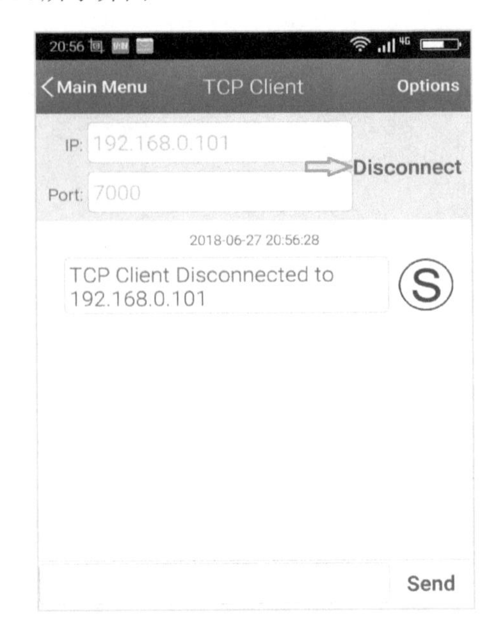

图5-330　单击“Connect”按钮后得到的界面

（14）安信可串口调试助手显示有客户端接入，如图5-331所示。

图5-331　安信可串口调试助手显示有客户端接入

（15）找到笔记本电脑的无线网络连接，如图5-332所示。

（16）找到无线网络ESP12E，输入密码“12345678”并连接，如图5-333所示。

图5-332　找到笔记本电脑的无线网络连接

图5-333　找到无线网络ESP12E，输入密码“12345678”并连接

（17）打开TCP&UDP测试工具，如图5-334所示。

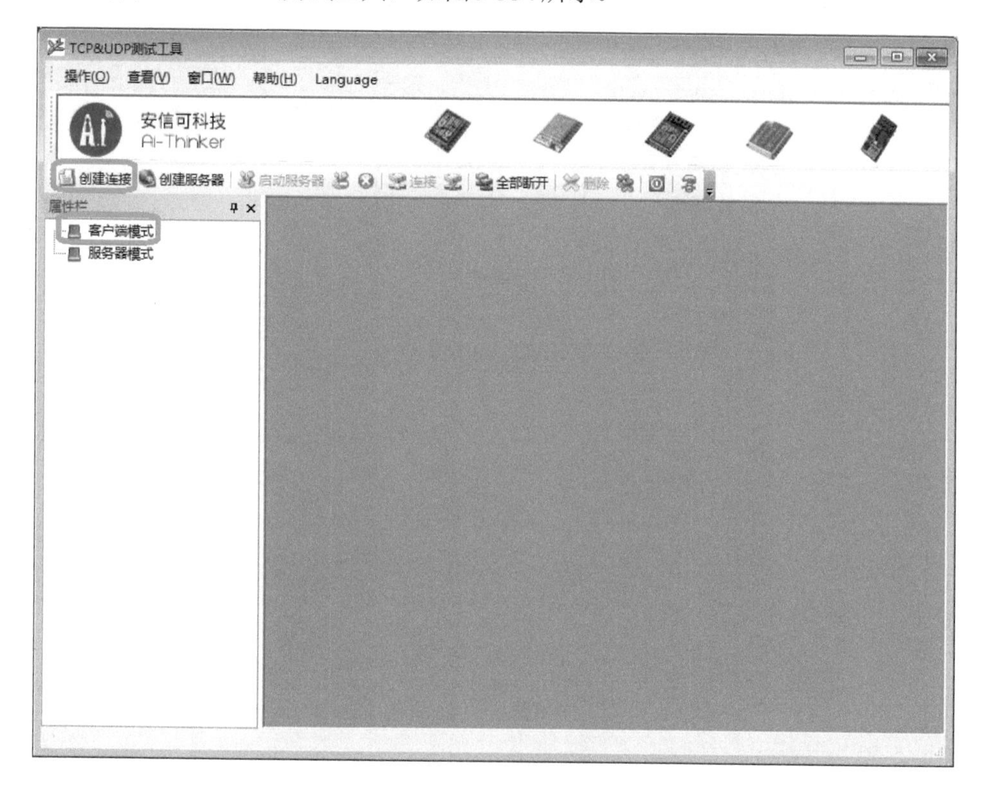

图5-334　打开TCP&UDP测试工具

（18）选择“客户端模式”，单击“创建连接”按钮，弹出如图5-335所示对话框。

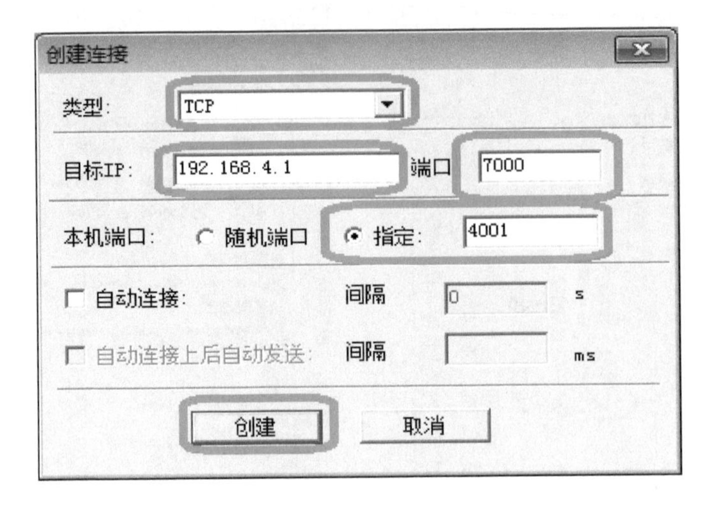

图5-335　“创建连接”对话框

（19）单击“创建”按钮，得到如图5-336所示界面。

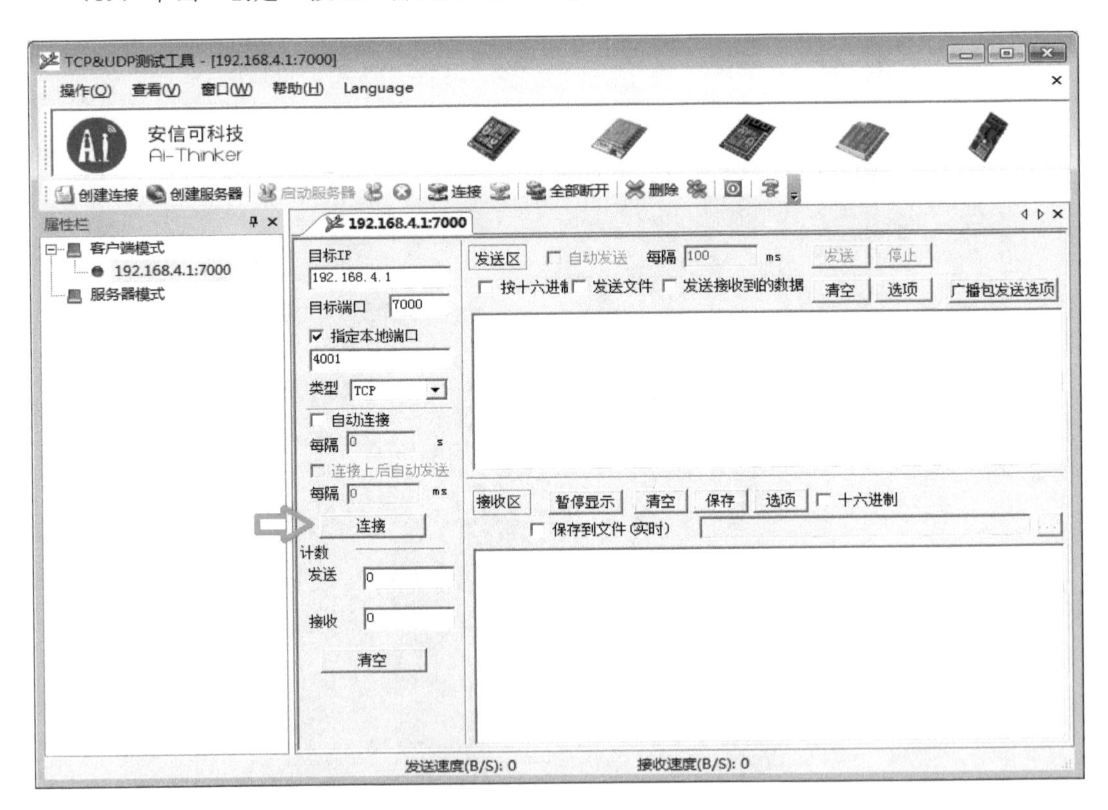

图5-336　单击“创建”按钮后得到的界面

（20）手机APP——NetAssist与ESP8266模块没有数据往来，超过默认时间3min，被踢，如图5-337所示。

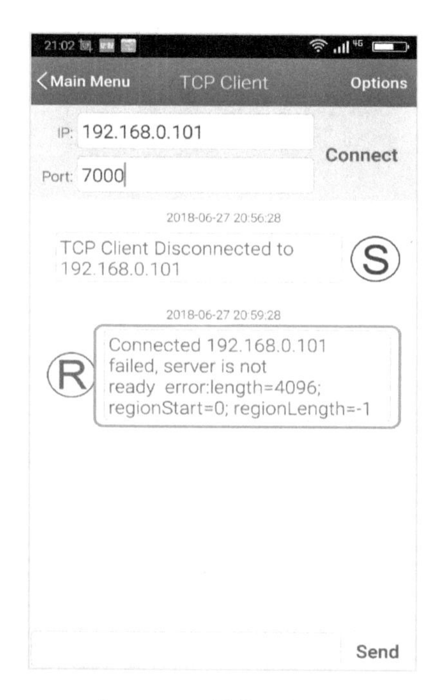

图5-337 手机APP——NetAssist与ESP8266模块没有数据往来，超过默认时间3min，被踢

（21）安信可串口调试助手显示客户端关闭，如图5-338所示。

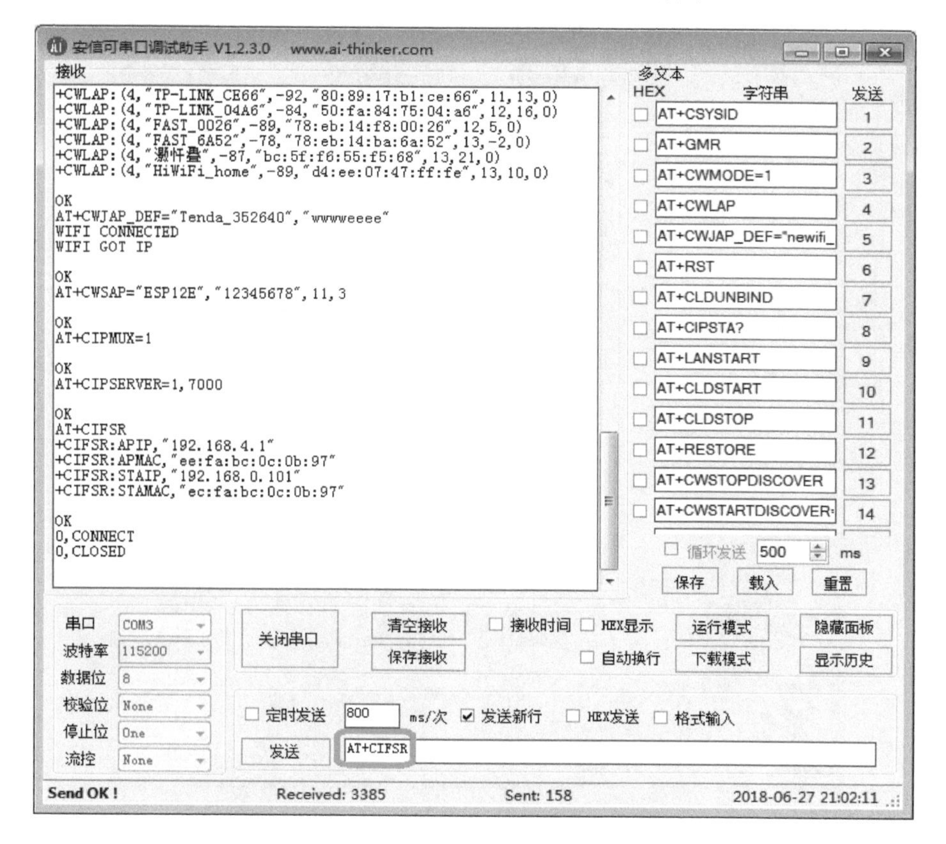

图5-338 安信可串口调试助手显示客户端关闭

（22）手机APP——NetAssist重新连接，如图5-339所示。

图5-339　手机APP——NetAssist重新连接

（23）安信可串口调试助手显示有客户端接入，如图5-340所示。

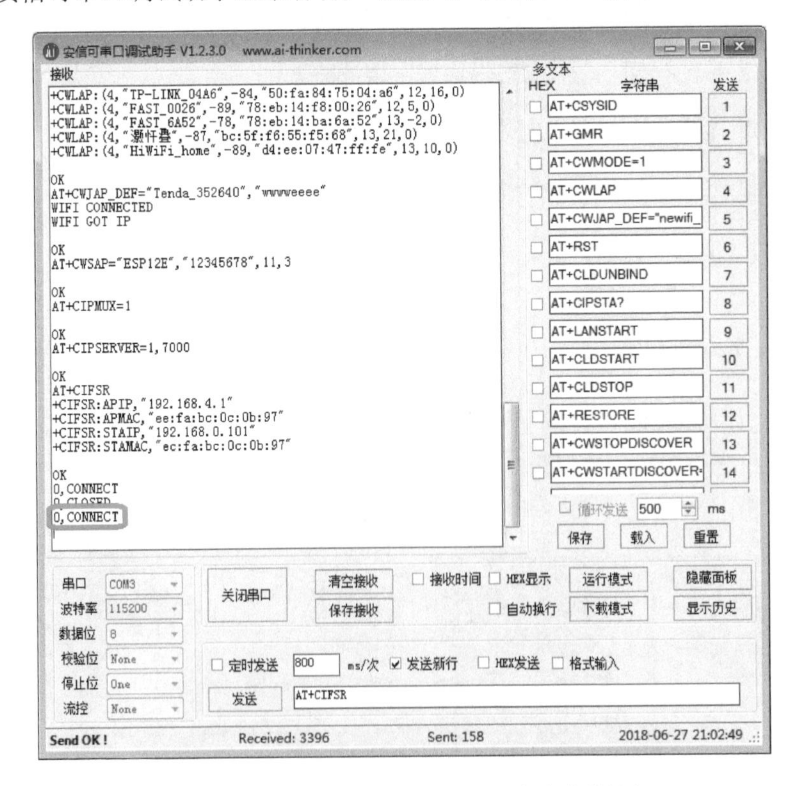

图5-340　安信可串口调试助手显示有客户端接入

（24）在TCP&UDP测试工具中单击“连接”按钮，接入无线网络ESP12E，如图5-341所示。

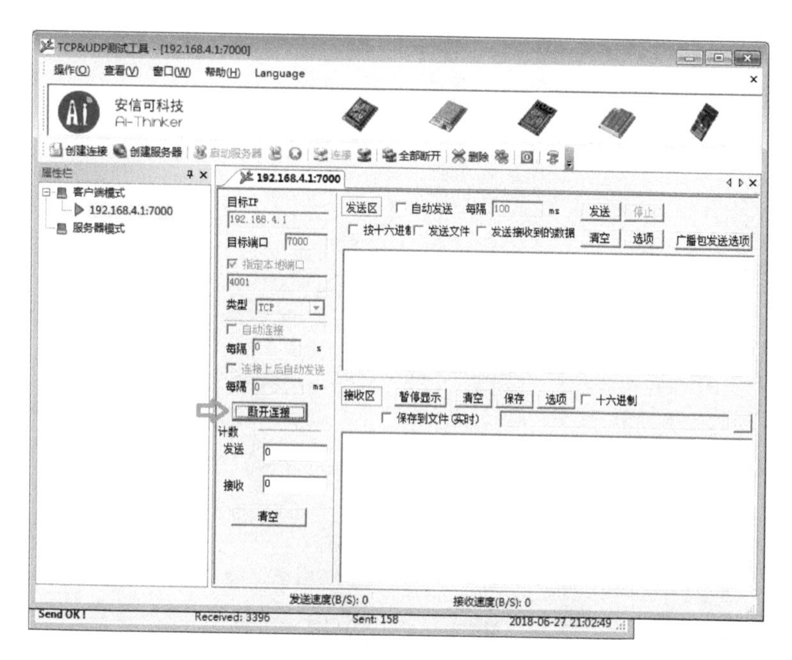

图5-341　在TCP&UDP测试工具中单击“连接”按钮，接入无线网络ESP12E

（25）安信可串口调试助手显示又有一个客户端接入，如图5-342所示。

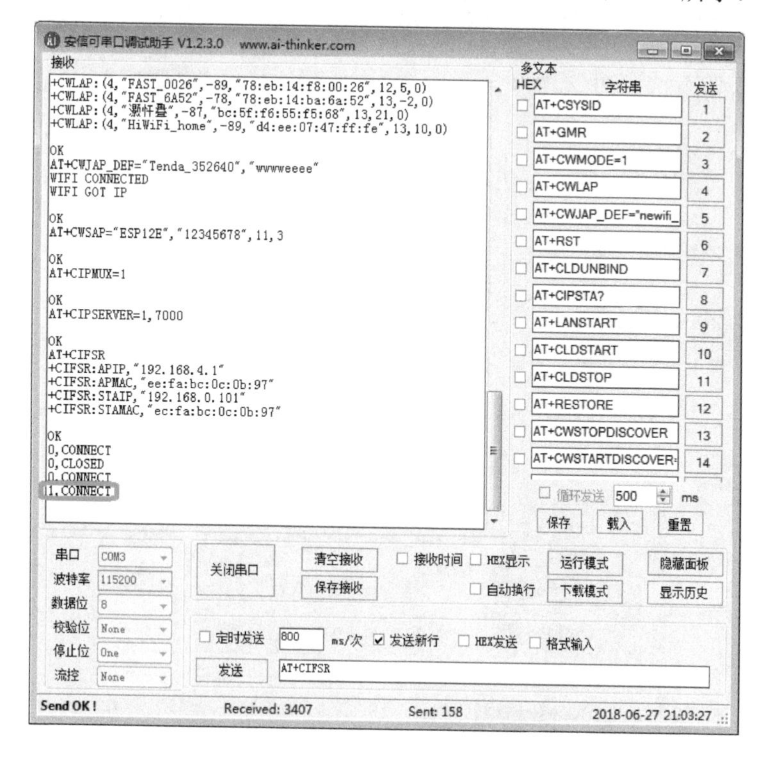

图5-342　安信可串口调试助手显示又有一个客户端接入

（26）手机APP——NetAssist发送数据123，如图5-343所示。

图5-343　手机APP——NetAssist发送数据123

（27）安信可串口调试助手收到数据123，如图5-344所示。

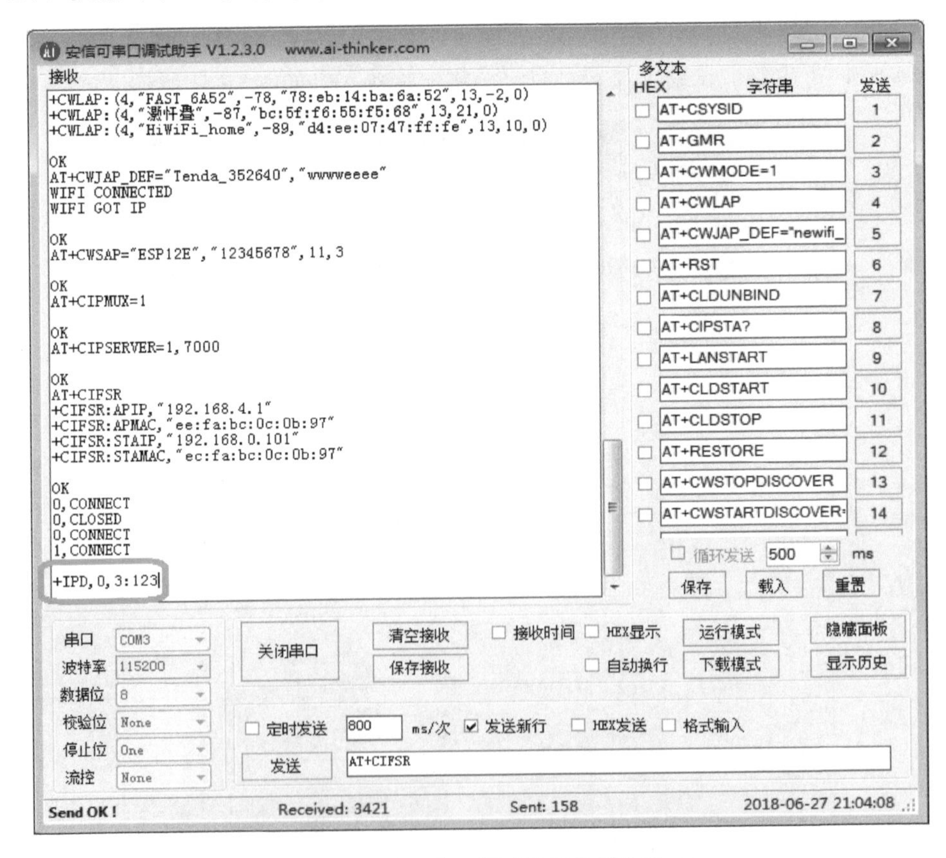

图5-344　安信可串口调试助手收到数据123

（28）AT+CIPSEND=1，3 //向网络连接号为1的ID发送3个数据，如图5-345所示。响应：OK。

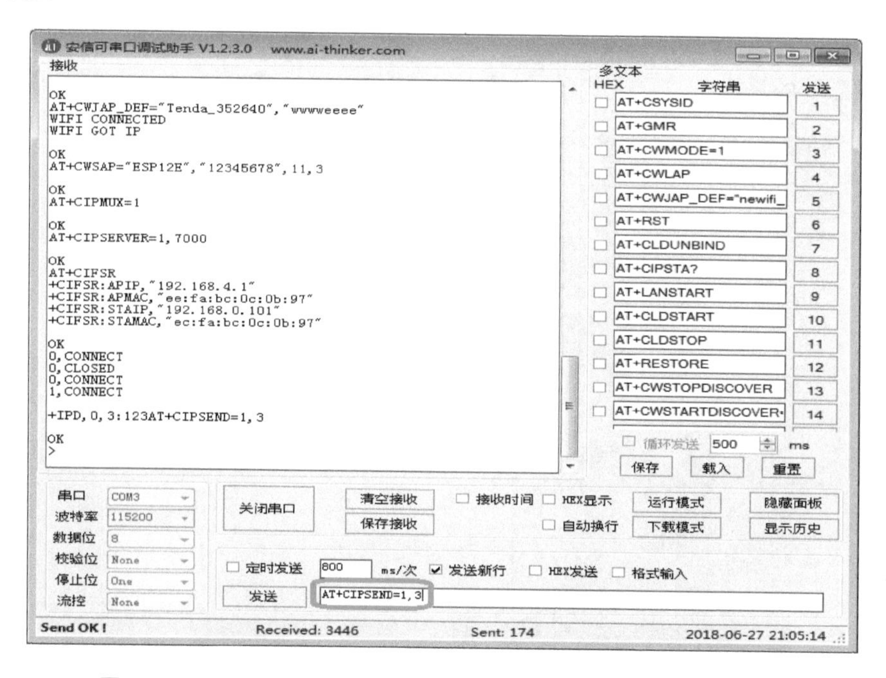

图5-345 AT+CIPSEND=1，3 //向网络连接号为1的ID发送3个数据

（29）发送数据123，如图5-346所示。

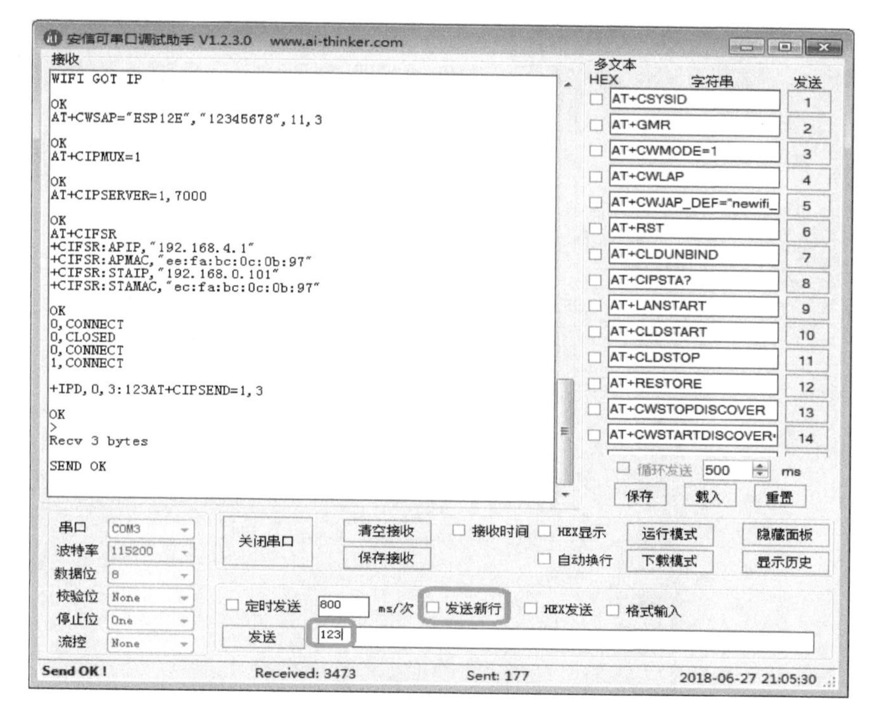

图5-346 发送数据123

（30）TCP&UDP测试工具收到数据123，如图5-347所示。

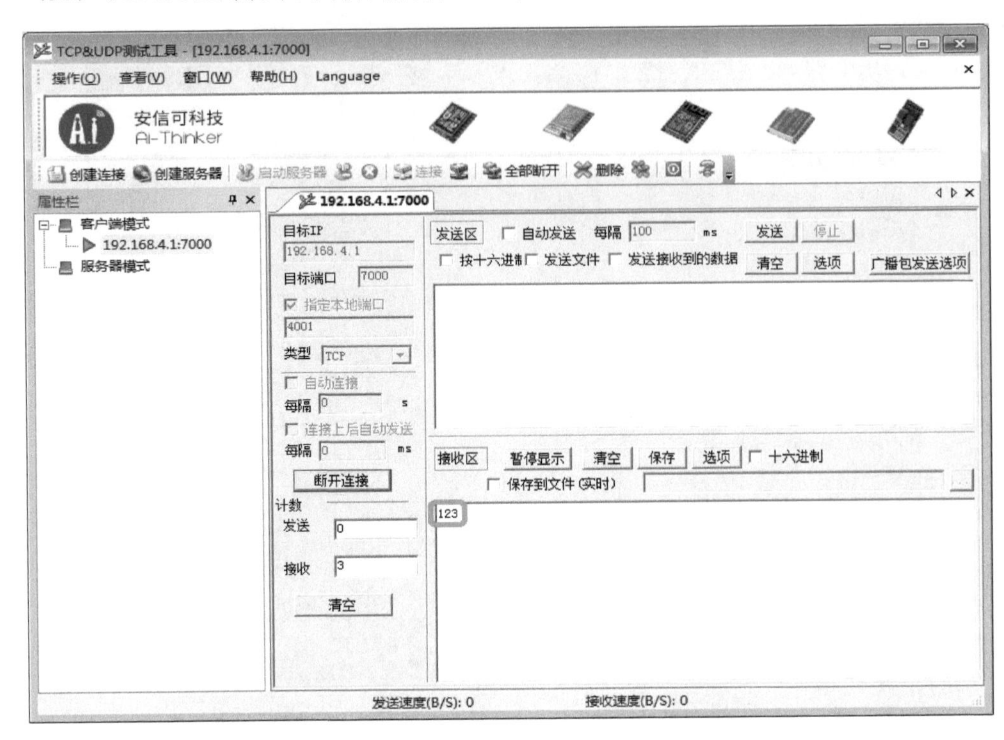

图5-347 TCP&UDP测试工具收到数据123

（31）TCP&UDP测试工具发送数据456，如图5-348所示。

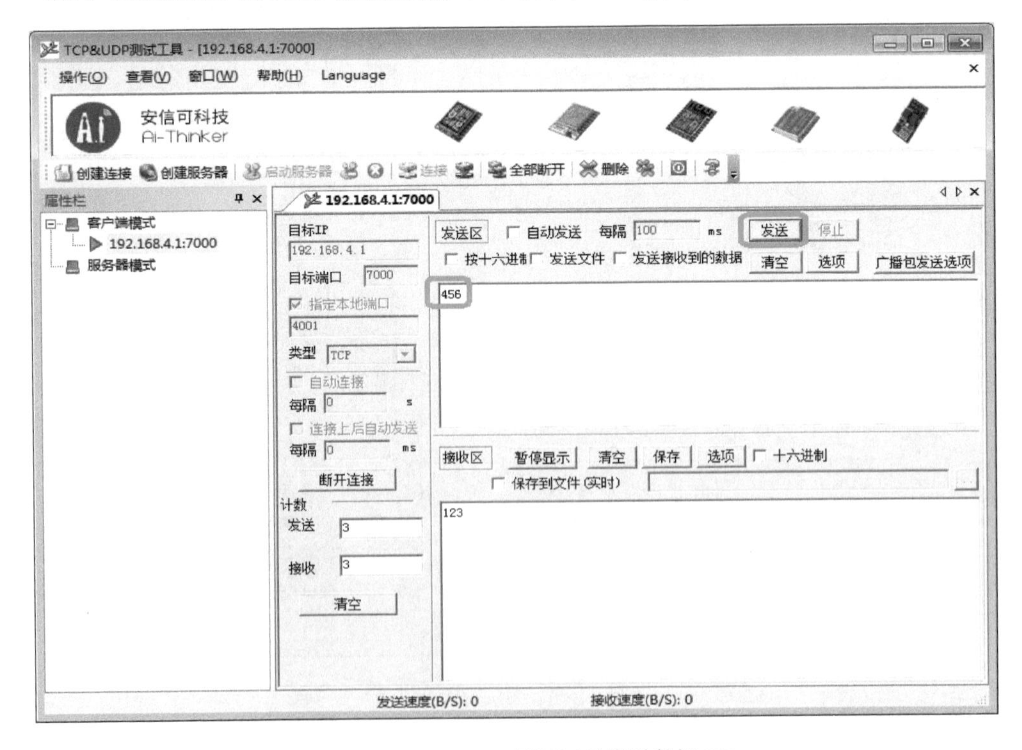

图5-348 TCP&UDP测试工具发送数据456

（32）安信可串口调试助手收到数据456，如图5-349所示。

图5-349　安信可串口调试助手收到数据456

（33）+++　//退出透传，如图5-350所示。响应：+++。

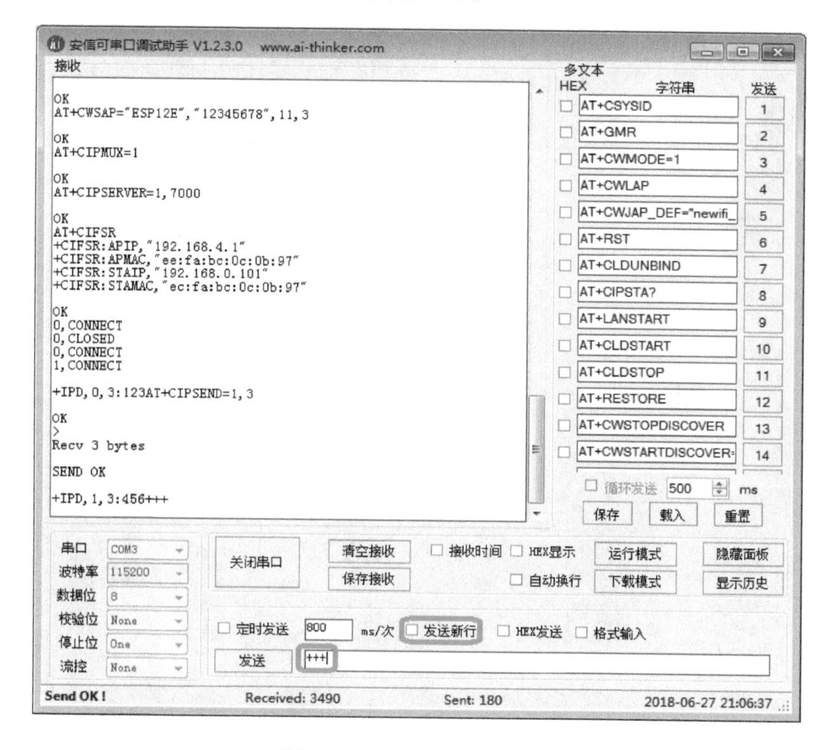

图5-350　+++　//退出透传

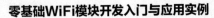

（34）AT+CIPSEND=0，3　//向网络连接号为0的ID发送3个数据，如图5-351所示。响应：OK。

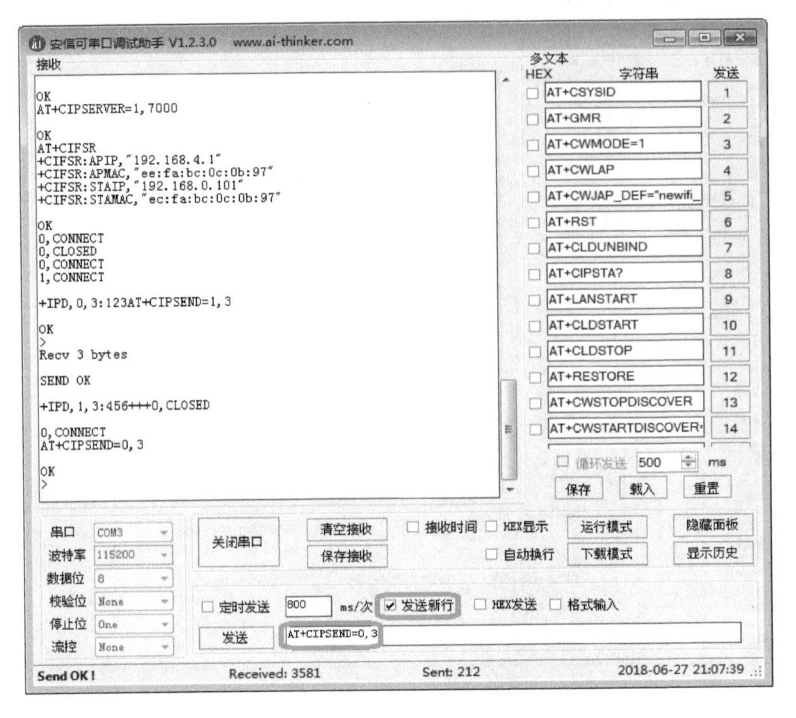

图5-351　AT+CIPSEND=0，3　//向网络连接号为0的ID发送3个数据

（35）发送数据456，如图5-352所示。

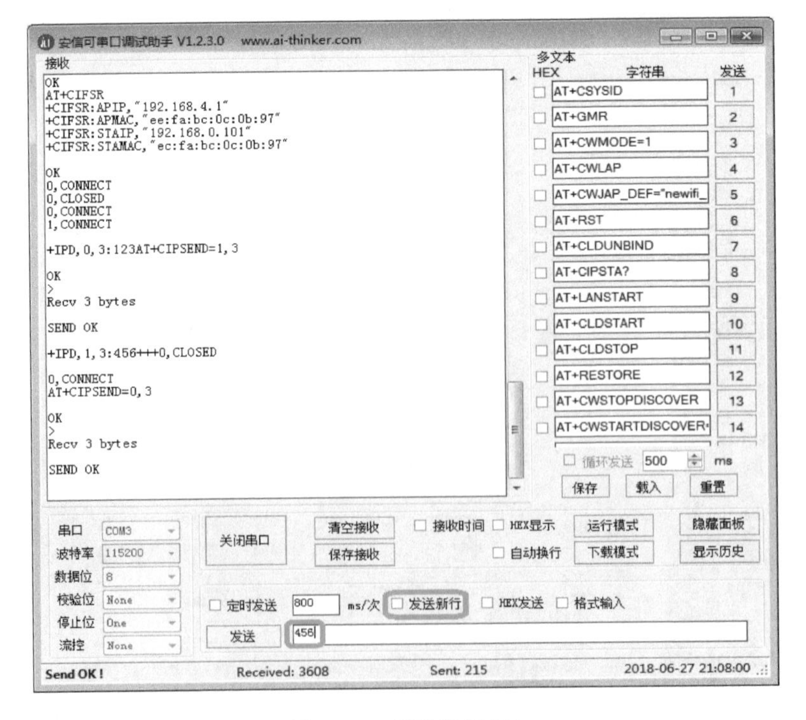

图5-352　发送数据456

（36）手机 APP——NetAssist 收到数据 456，如图 5-353 所示。

图5-353　手机APP——NetAssist收到数据456

（37）+++　//退出透传，如图 5-354 所示。响应：+++。

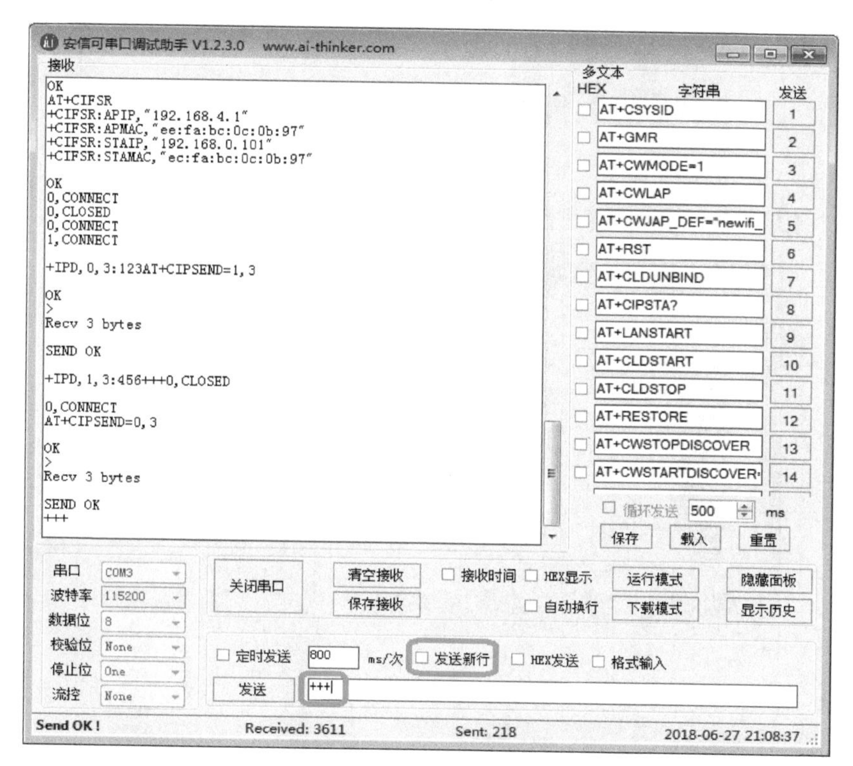

图5-354　+++　//退出透传

5.16 STA+AP模式ESP8266作服务器多连接（二）

模块一

（1）AT //测试AT启动，如图5-355所示。响应：OK。

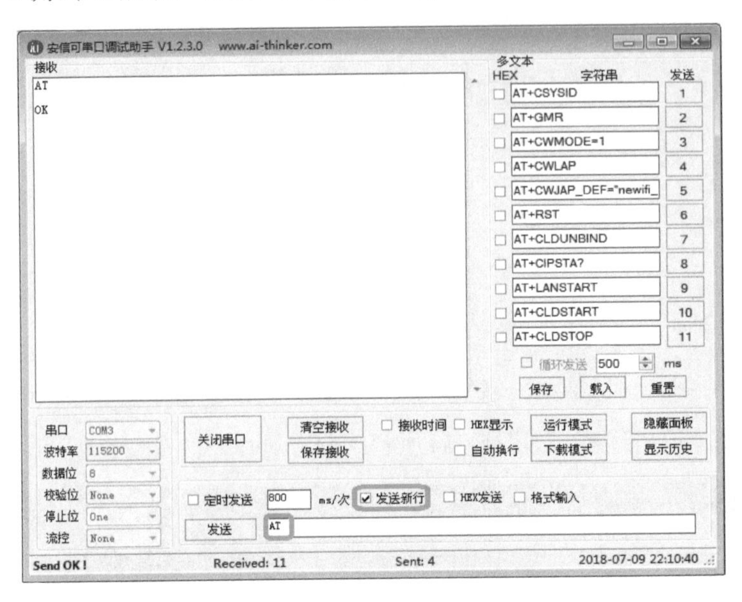

图5-355 AT //测试AT启动

（2）AT+RESTORE //恢复出厂设置，如图5-356所示。响应：OK。

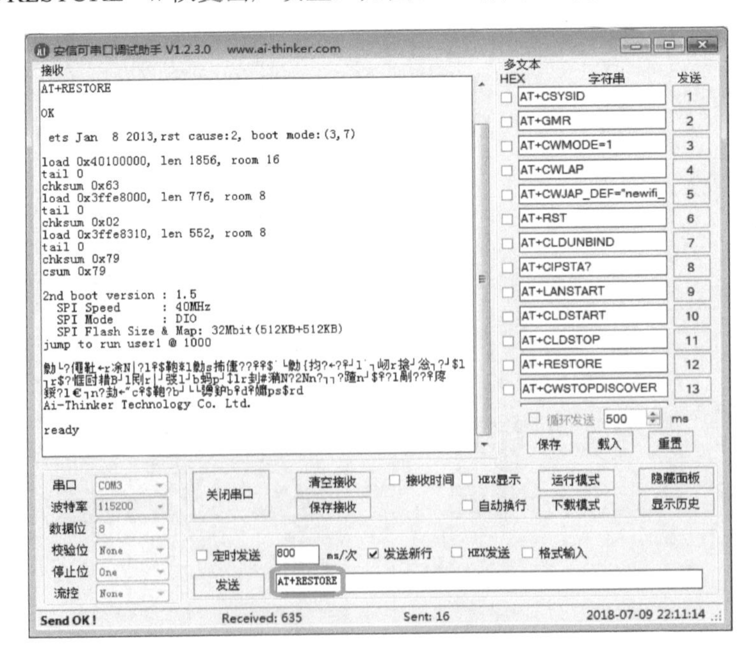

图5-356 AT+RESTORE //恢复出厂设置

（3）AT+CWMODE=3 //AP+station模式，如图5-357所示。响应：OK。

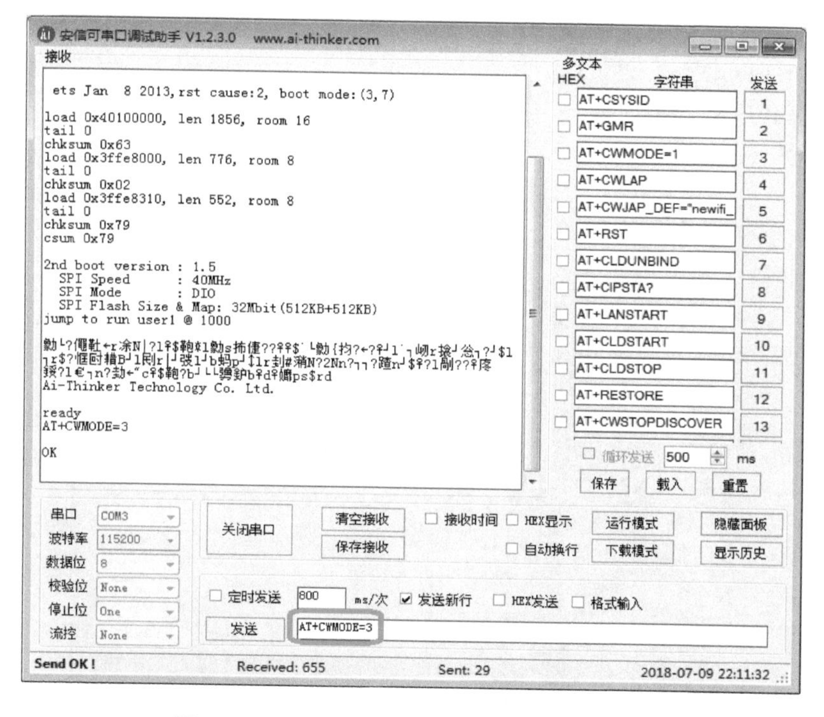

图5-357 AT+CWMODE=3 //AP+station模式

（4）AT+CWLAP //扫描当前可用的AP，如图5-358所示。响应：……OK。

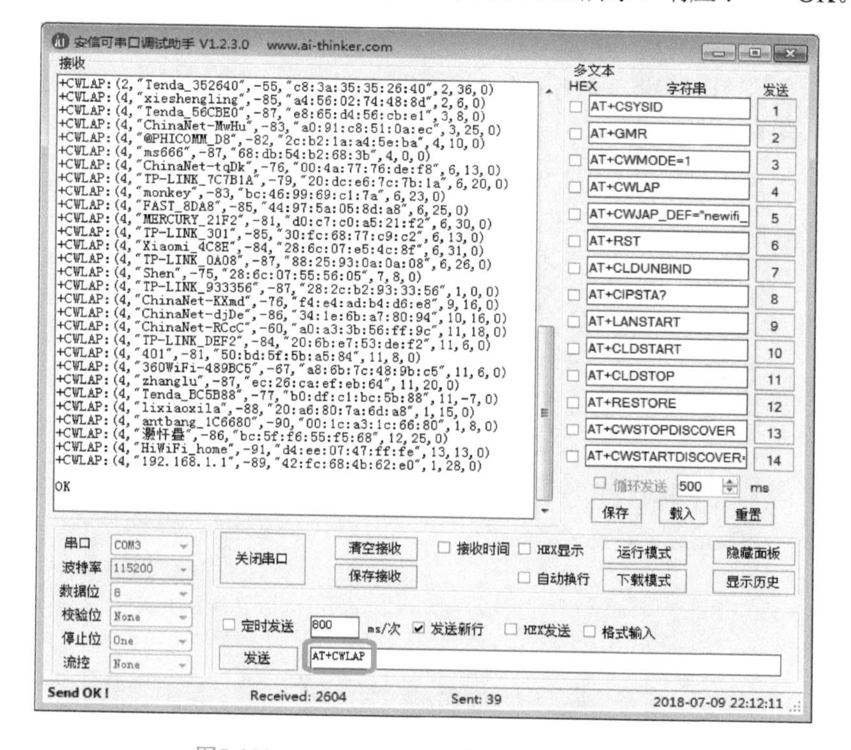

图5-358 AT+CWLAP //扫描当前可用的AP

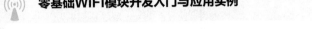

（5）AT+CWJAP_DEF=“Tenda_352640”，“wwwweeee” //连接AP，保存到Flash，如图5-359所示。

响应：WIFI CONNECTED

WIFI GOT IP

OK

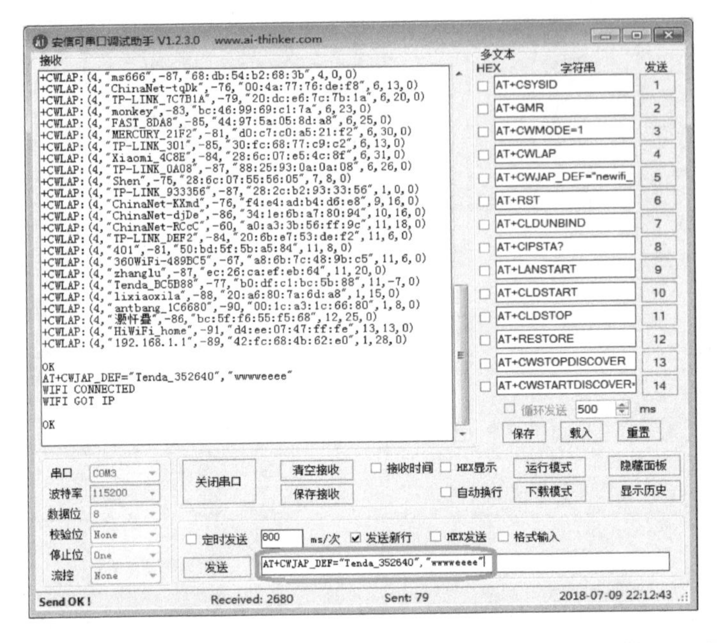

图5-359 AT+CWJAP_DEF=“Tenda_352640”，“wwwweeee” //连接AP，保存到Flash

（6）AT+CWSAP=“ESP8266”，“12345678”，11，3 //设置模块名称、密码，如图5-360所示。响应：OK。

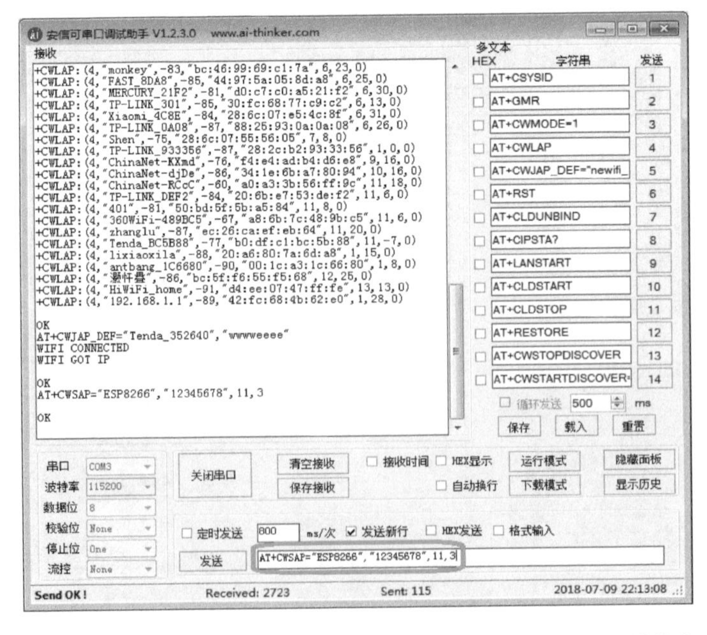

图5-360 AT+CWSAP=“ESP8266”，“12345678”，11，3 //设置模块名称、密码

（7）AT+CIPMUX=1　//多连接模式，如图5-361所示。响应：OK。

图5-361　AT+CIPMUX=1　//多连接模式

（8）AT+CIPSERVER=1，8000　//建立TCP server，如图5-362所示。响应：OK。

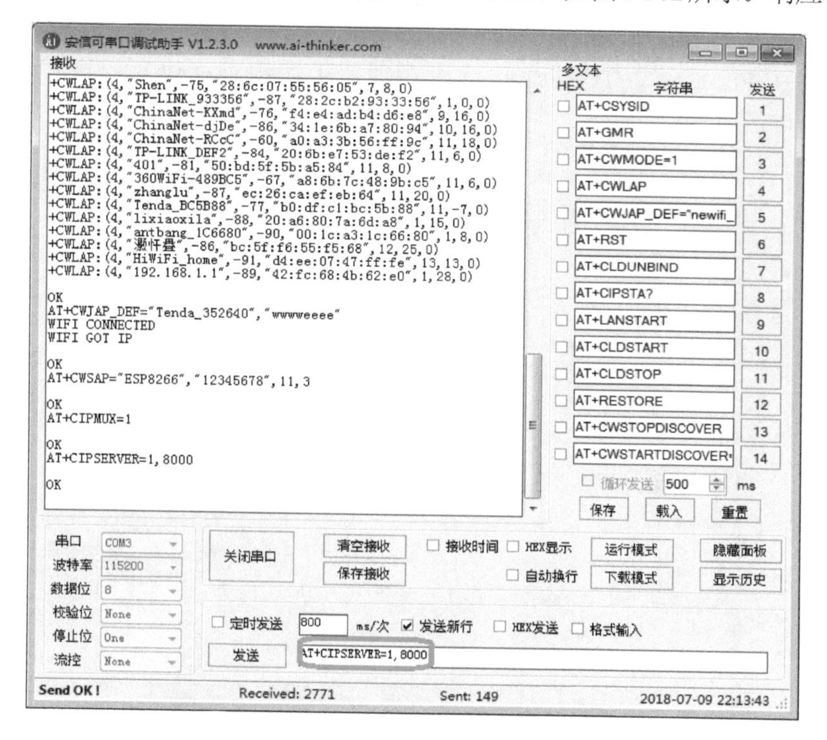

图5-362　AT+CIPSERVER=1，8000　//建立TCP server

（9）AT+CIFSR //查询本地IP地址，如图5-363所示。

响应：+CIFSR：APIP，“192.168.4.1”

+CIFSR：APMAC，“5e：cf：7f：3e：6d：87”

+CIFSR：STAIP，“192.168.0.103”

+CIFSR：STAMAC，“5c：cf：7f：3e：6d：87”

OK

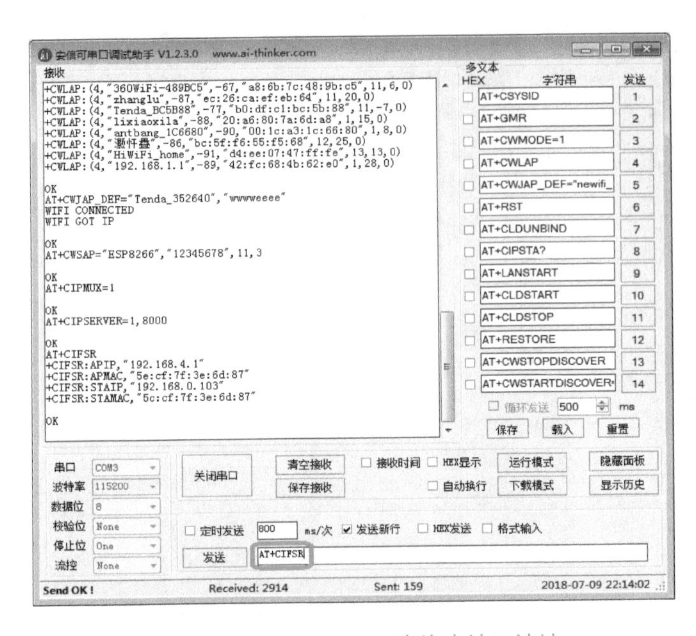

图5-363 AT+CIFSR //查询本地IP地址

（10）AT+CIPSTO=0 //TCP server 永不超时，手册中不建议我们这样设置，如图5-364所示。响应：OK。

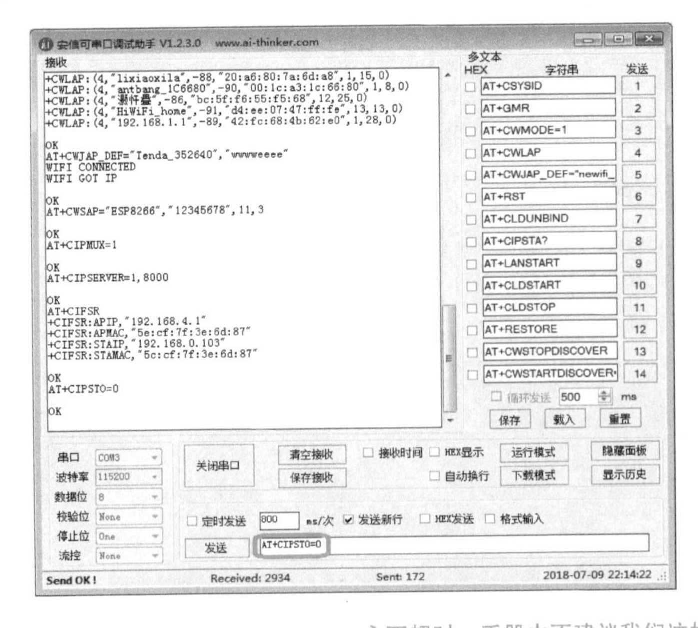

图5-364 AT+CIPSTO=0 //TCP server 永不超时，手册中不建议我们这样设置

（11）手机接入无线网络Tenda_352640，打开手机APP——NetAssist，开启TCP Client，需要单击“Connect”按钮，如图5-365所示。

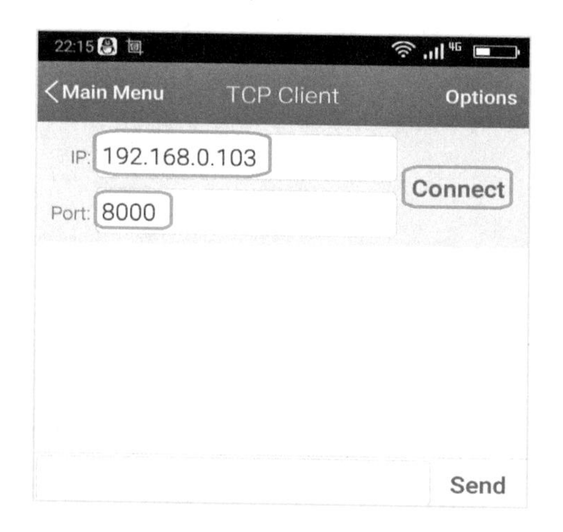

图5-365　手机接入无线网络Tenda_352640，打开手机APP——NetAssist，开启TCP Client，需要单击“Connect”按钮

（12）安信可串口调试助手显示有客户端接入，如图5-366所示。

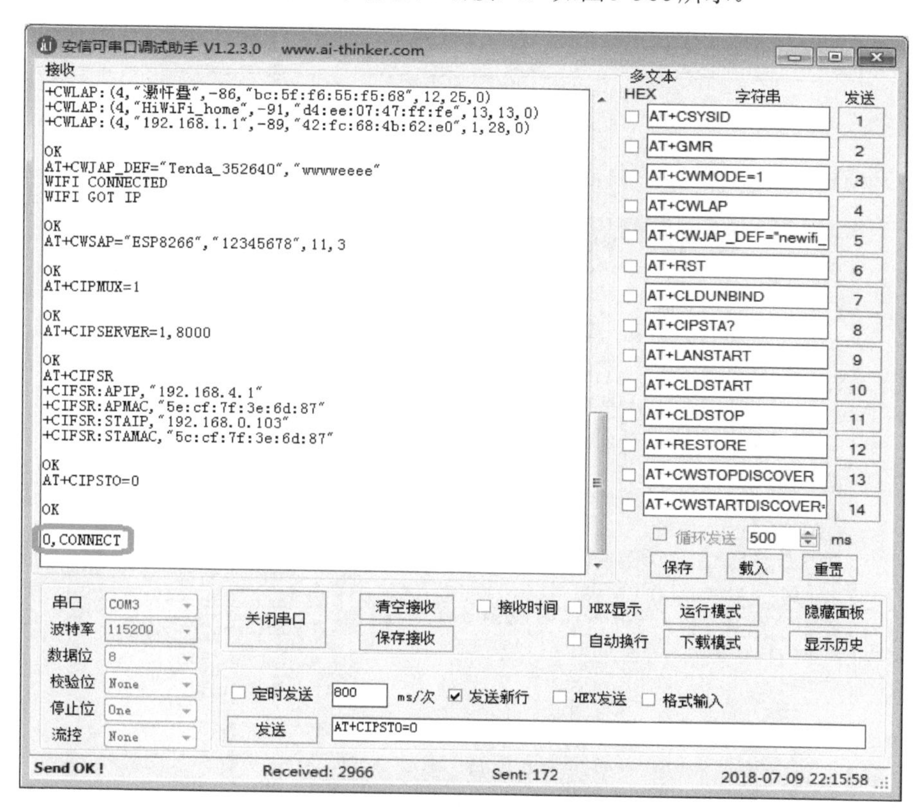

图5-366　安信可串口调试助手显示有客户端接入

（13）AT //测试AT启动，如图5-367所示。响应：OK。

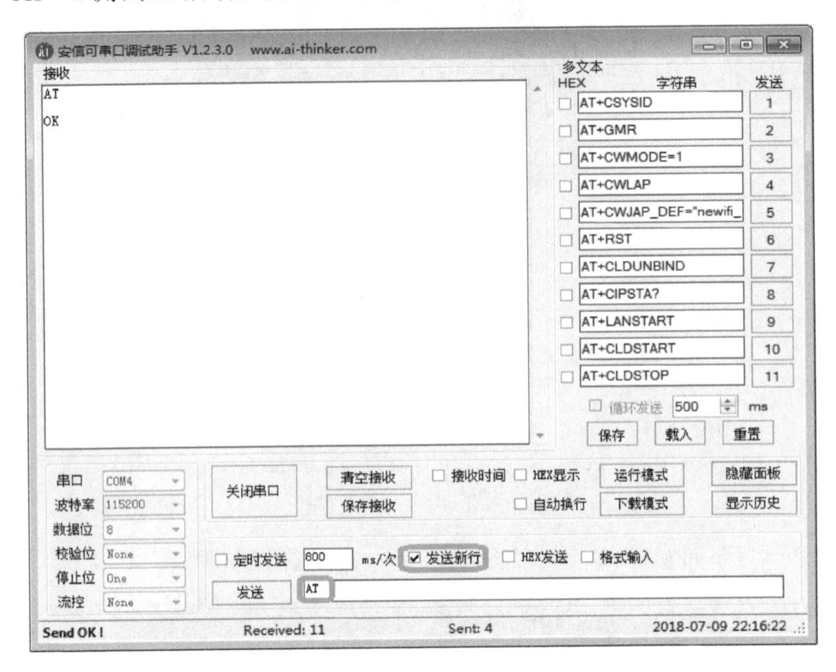

图5-367 AT //测试AT启动

（14）AT+RESTORE //恢复出厂设置，如图5-368所示。响应：OK。

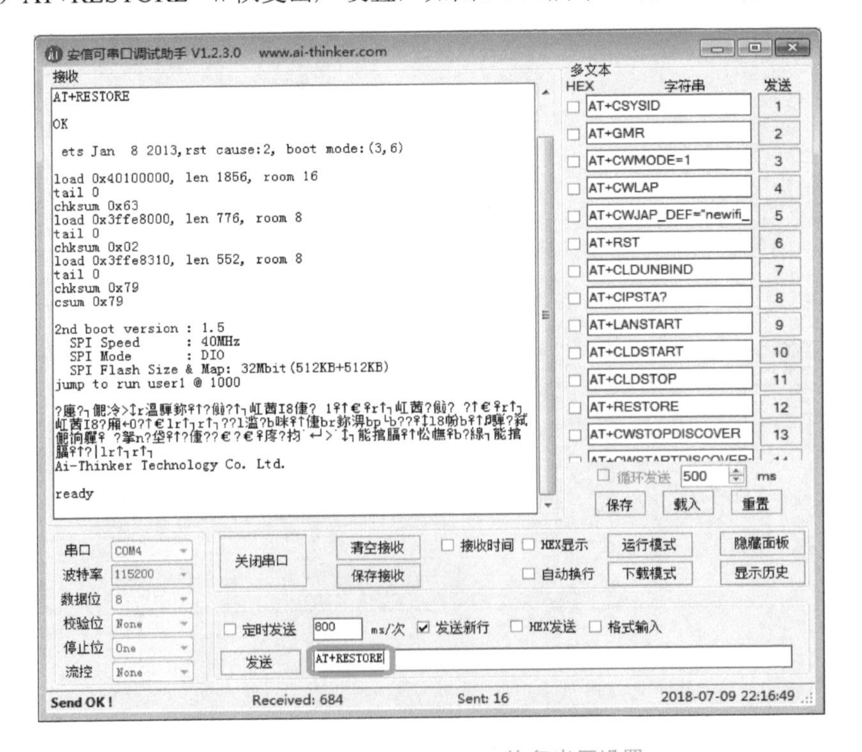

图5-368 AT+RESTORE //恢复出厂设置

（15）AT+CWMODE=1　//station 模式，如图 5-369 所示。响应：OK。

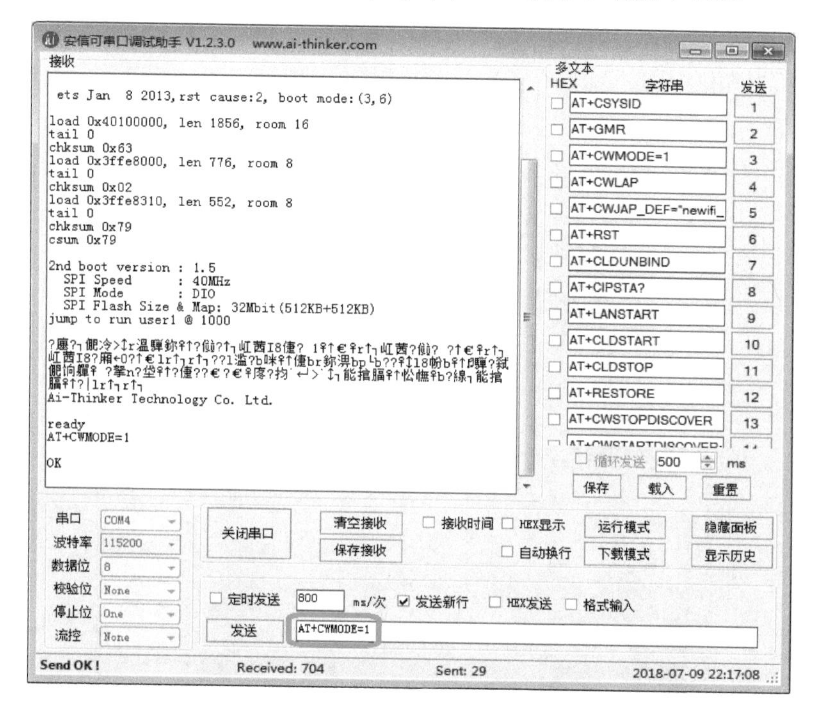

图5-369　AT+CWMODE=1　//station模式

（16）AT+CWLAP　//扫描当前可用的AP，如图 5-370 所示。响应：……OK。

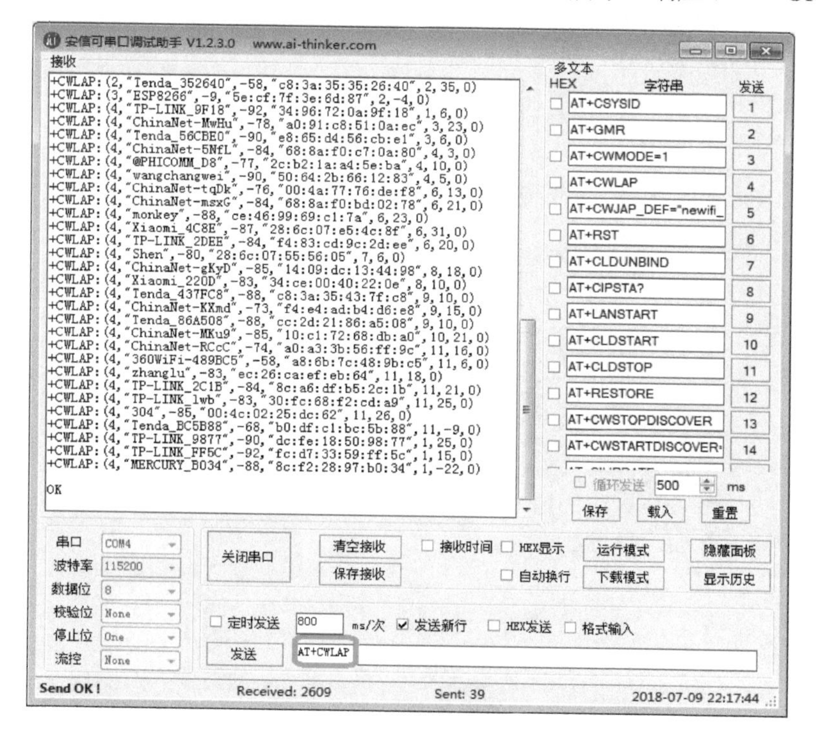

图5-370　AT+CWLAP　//扫描当前可用的AP

（17）AT+CWJAP=“ESP8266”，“12345678” //连接AP，如图5-371所示。

响应：WIFI CONNECTED

WIFI GOT IP

OK

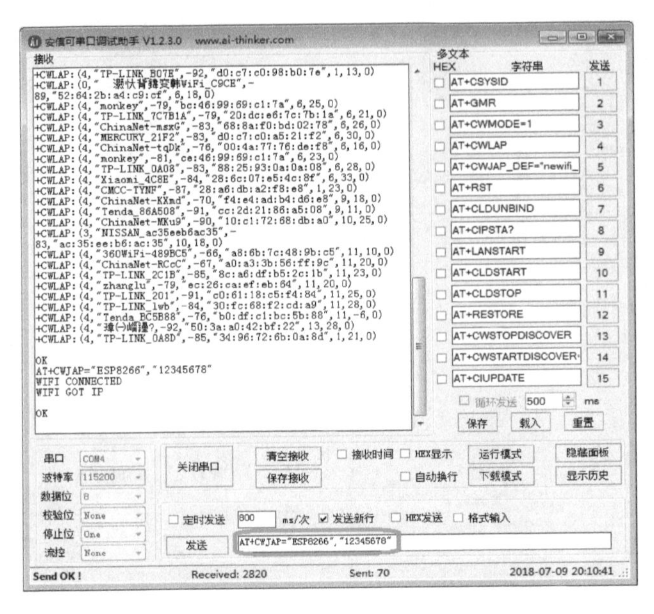

图5-371 AT+CWJAP=“ESP8266”，“12345678” //连接AP

（18）AT+CIFSR //查询本地IP地址，如图5-372所示。

响应：+CIFSR：STAIP，“192.168.4.2”

+CIFSR：STAMAC，“ec：fa：bc：0c：0b：97”

OK

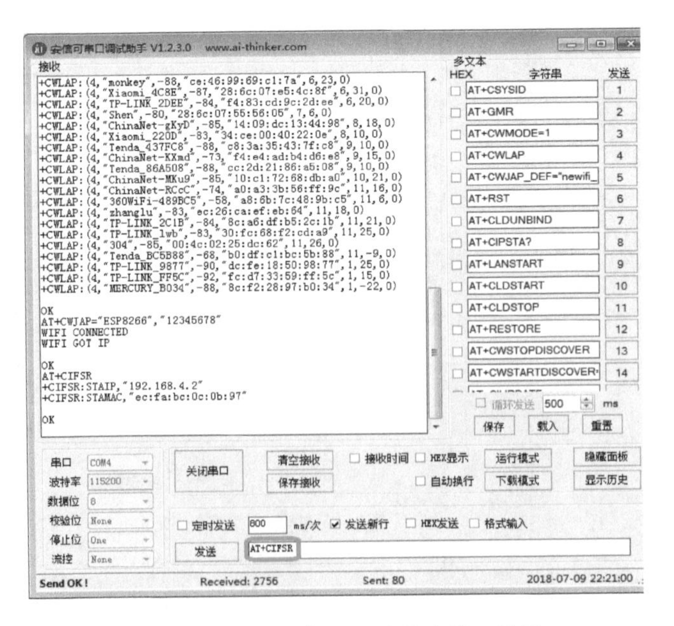

图5-372 AT+CIFSR //查询本地IP地址

（19）AT+CIPMUX=0 //单连接模式，如图5-373所示。响应：OK。

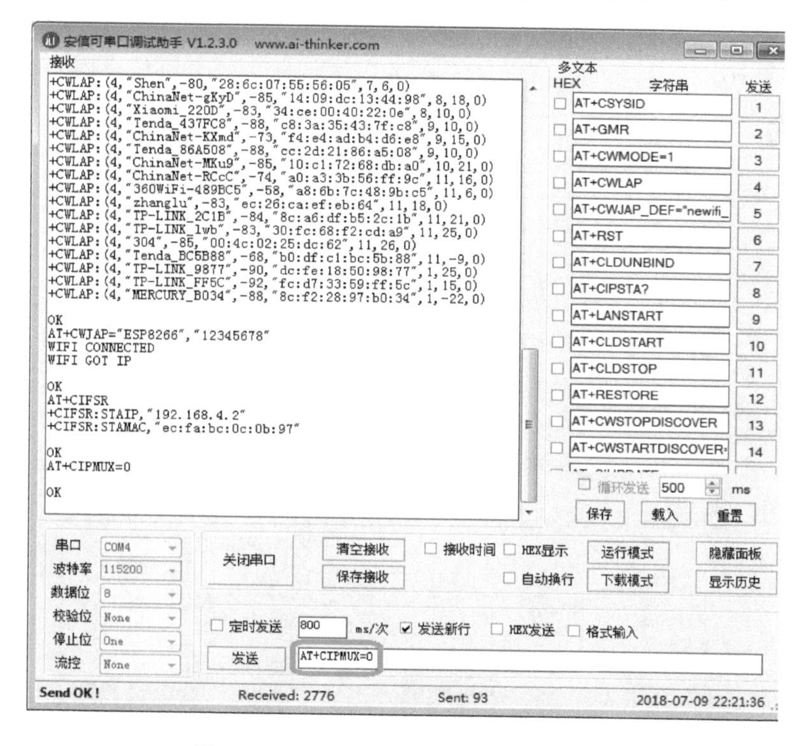

图5-373 AT+CIPMUX=0 //单连接模式

（20）AT+CIPMODE=1 //透传模式，如图5-374所示。响应：OK。

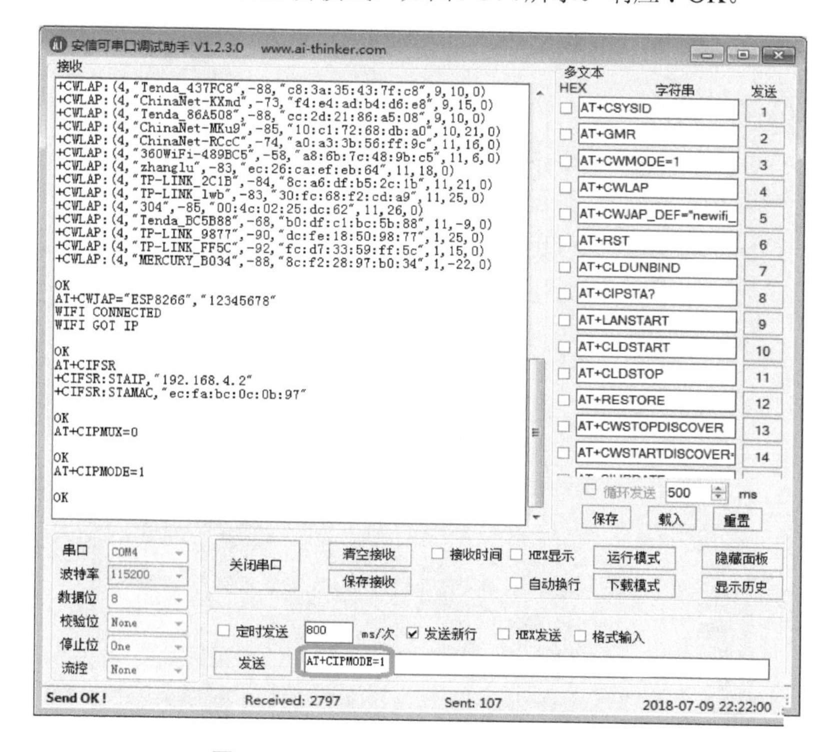

图5-374 AT+CIPMODE=1 //透传模式

（21）AT+CIPSTART=“TCP”，“192.168.4.1”，8000　//建立TCP连接，如图5-375所示。

响应：CONNECT

　　　OK

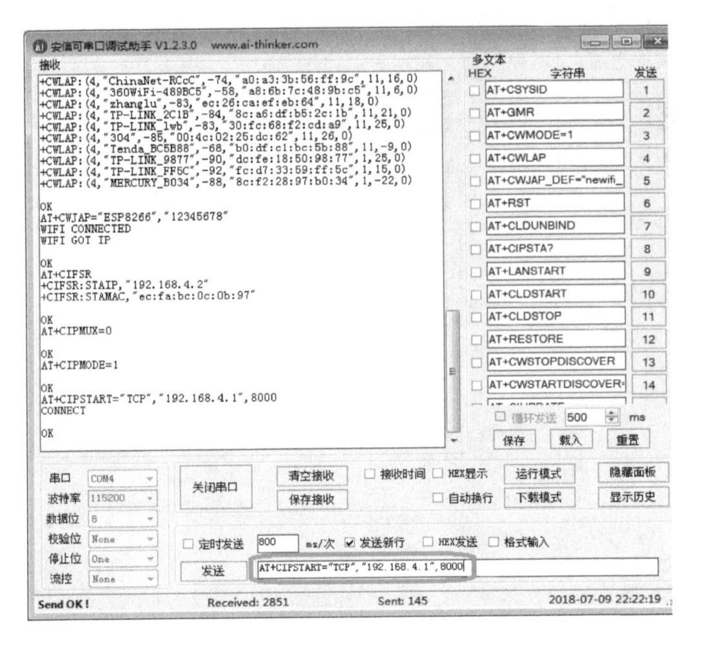

图5-375　AT+CIPSTART=“TCP”，“192.168.4.1”，8000　//建立TCP连接

模块一

（22）显示又有客户端接入，如图5-376所示。

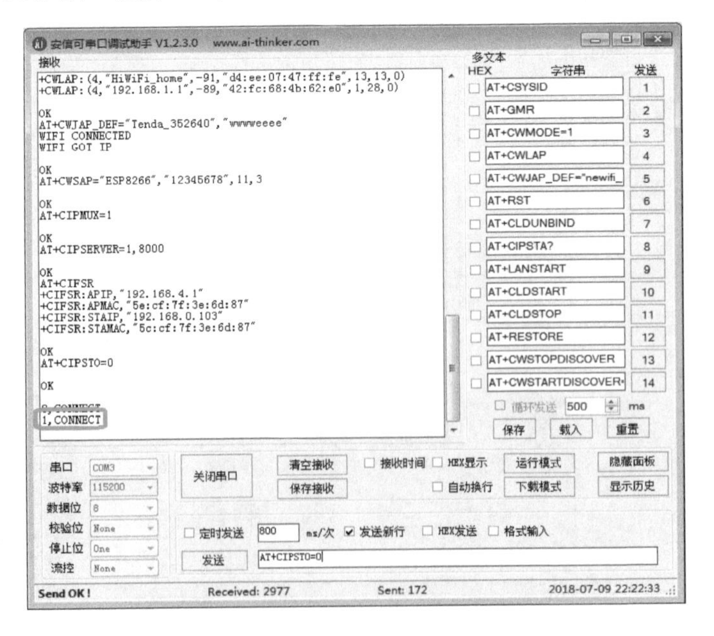

图5-376　显示又有客户端接入

（23）AT+CIPSEND=1，3　//向网络连接号为1的ID发送3个数据，如图5-377所示。响应：OK。

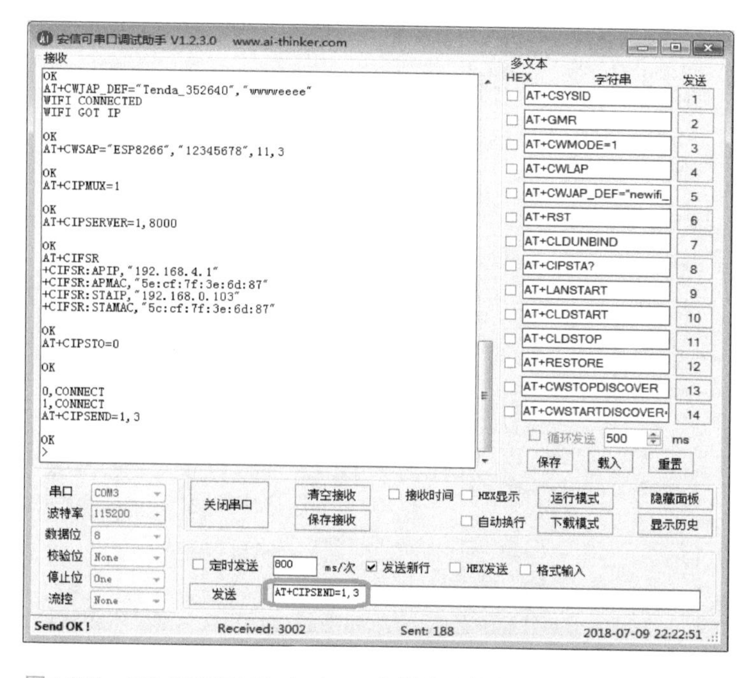

图5-377　AT+CIPSEND=1，3　//向网络连接号为1的ID发送3个数据

模块二

（24）AT+CIPSEND　//发送数据，如图5-378所示。响应：OK。

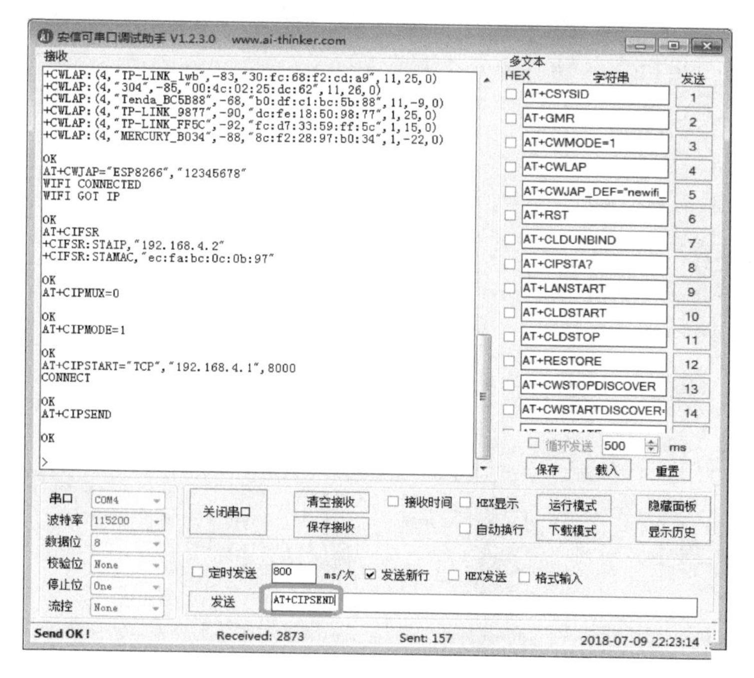

图5-378　AT+CIPSEND　//发送数据

（25）发送数据12345，如图5-379所示。

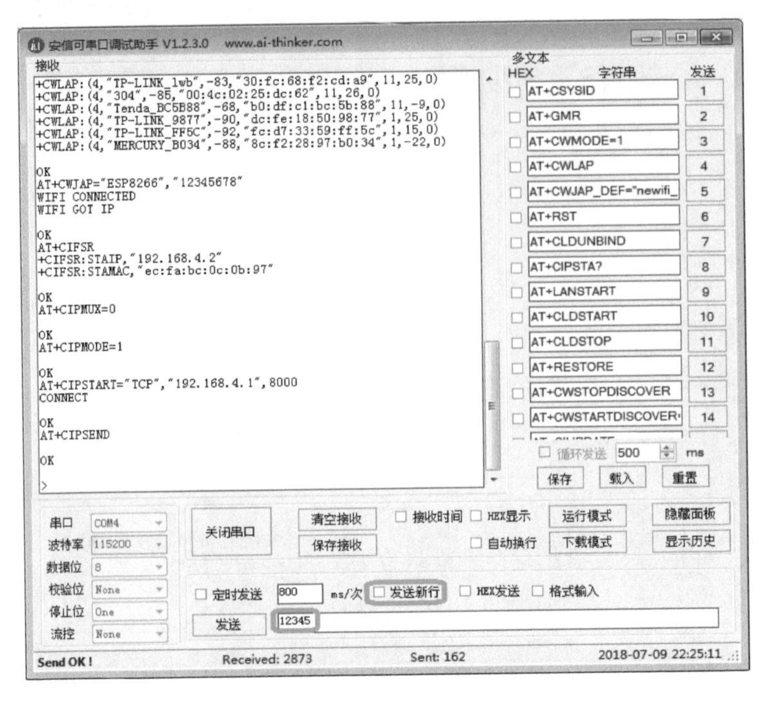

图5-379 发送数据12345

模块一

（26）收到数据12345，如图5-380所示。

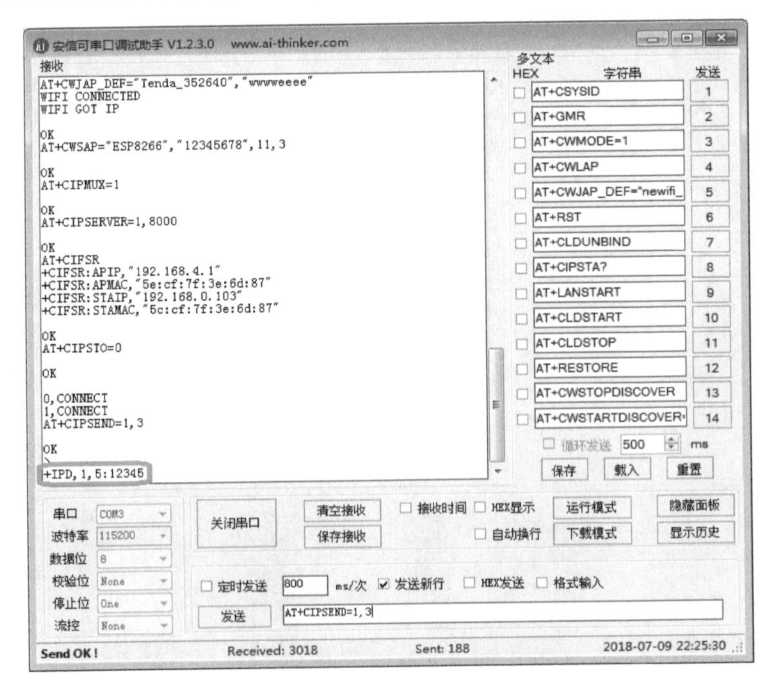

图5-380 收到数据12345

（27）发送数据 321，如图 5-381 所示。

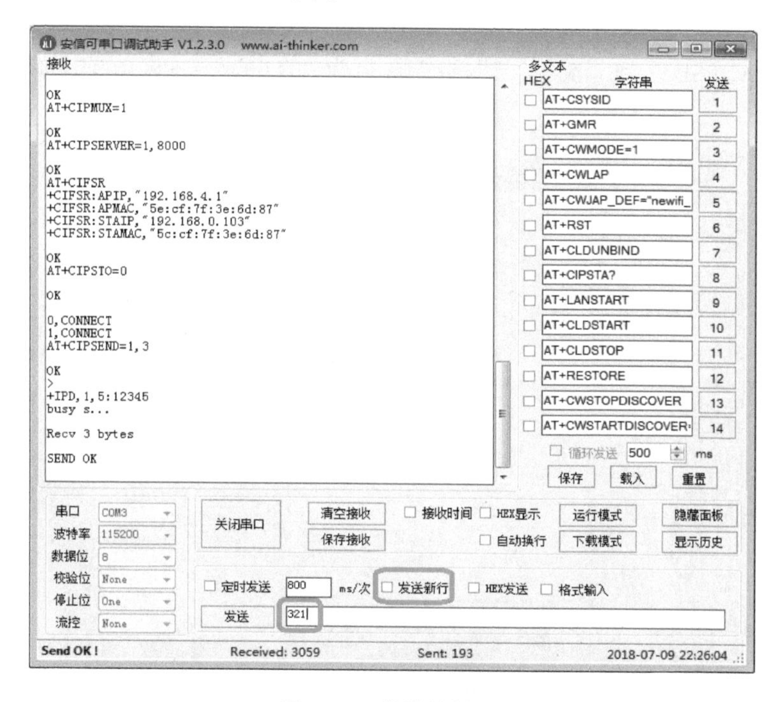

图5-381　发送数据321

模块二

（28）收到数据 321，如图 5-382 所示。

图5-382　收到数据321

（29）AT+CIPSEND=0，5　//向网络连接号为0的ID发送5个数据，如图5-383所示。响应：OK。

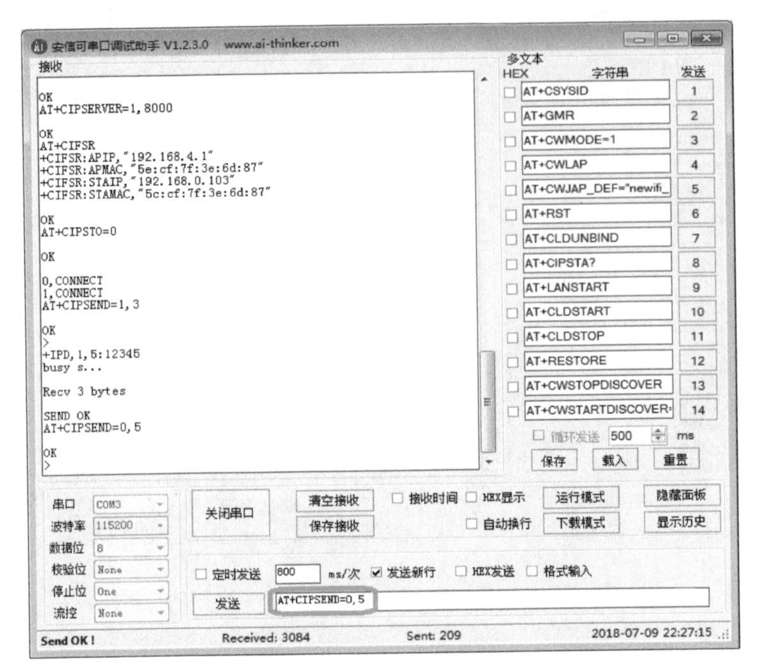

图5-383　AT+CIPSEND=0，5　//向网络连接号为0的ID发送5个数据

（30）发送数据12345，如图5-384所示。

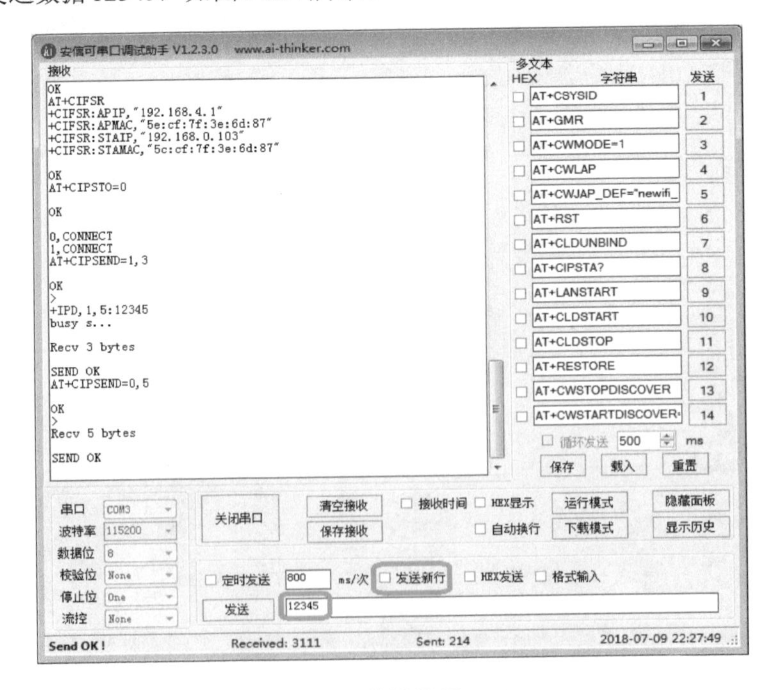

图5-384　发送数据12345

（31）手机APP——NetAssist收到数据12345，如图5-385所示。

（32）手机APP——NetAssist发送数据543210，如图5-386所示。

图5-385 手机APP——NetAssist收到数据12345

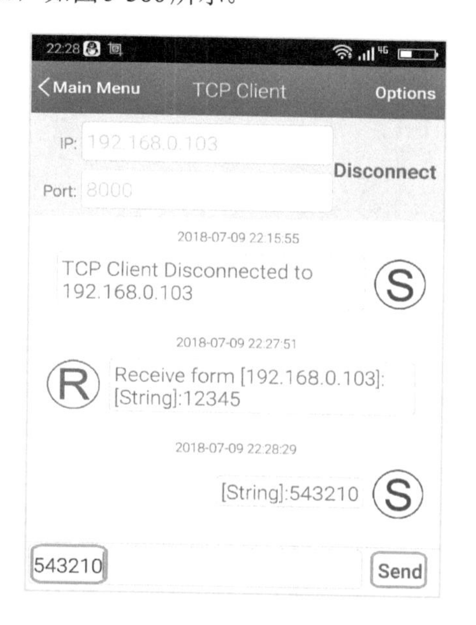

图5-386 手机APP——NetAssist发送数据543210

模块一

（33）安信可串口调试助手收到数据543210，如图5-387所示。

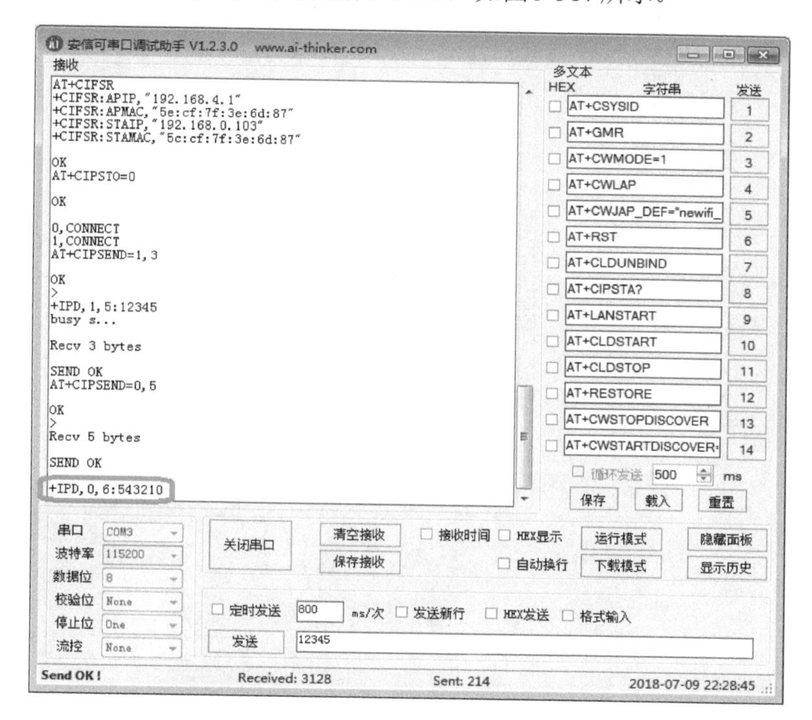

图5-387 安信可串口调试助手收到数据543210

（34）+++ //退出透传，如图5-388所示。响应：+++。

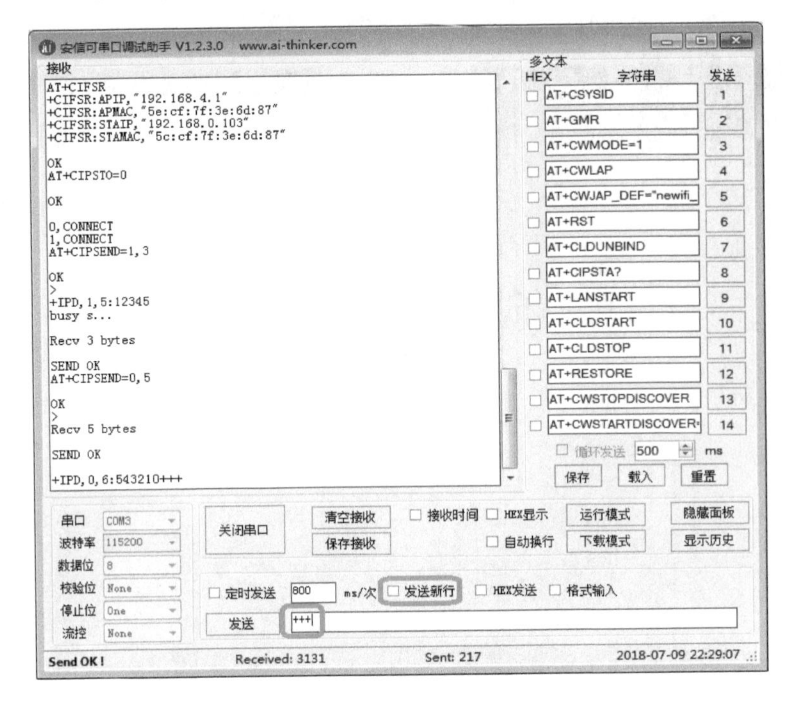

图5-388 +++ //退出透传

模块二

（35）+++ //退出透传，如图5-389所示。响应：+++。

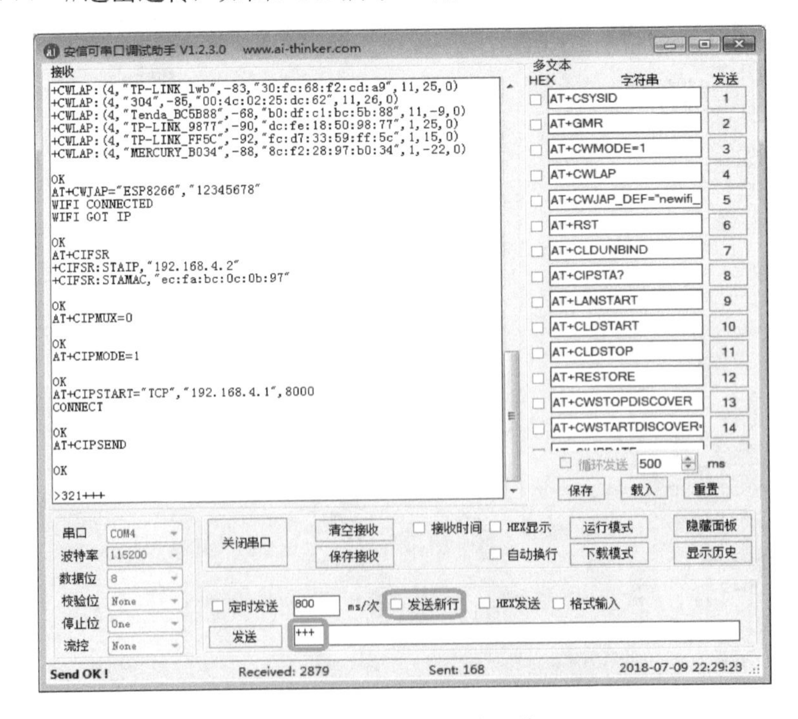

图5-389 +++ //退出透传

·第 6 章·

WiFi模块开发综合实例

6.1 ESP8266连接机智云平台

6.1.1 注册、登录、完善信息

机智云是广州杰升信息科技有限公司旗下品牌，主要为开发者提供物联网设备的自助开发工具、后台技术支持服务、设备远程操控管理、数据存储分析、第三方数据整合、硬件社交化等技术服务，也为智能硬件厂家提供一站式物联网开发和运维服务，将智能硬件产品开发周期最快缩短到半天，快速实现智能化。服务的客户主要来自消费类智能硬件厂家（智能家居、可穿戴产品），以及工业、商业应用、智慧城市建设等。

（1）注册。到机智云官网（http://www.gizwits.com/），找到开发者中心（https://dev.gizwits.com/zh-cn/developer/），单击马上注册（https://accounts.gizwits.com/zh-cn/register/），输入邮箱地址、密码、验证码，需要通过邮箱确认，从邮箱网址登录机智云登录界面，注册时确保邮箱可用。

（2）登录，完善信息及下载软件。登录界面（https://accounts.gizwits.com/zh-cn/login）如图6-1所示。

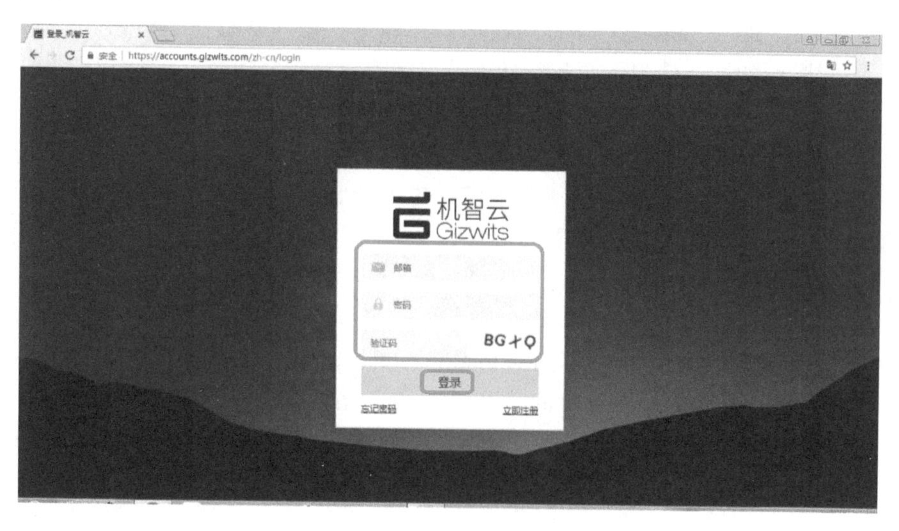

图6-1 机智云登录界面

输入你注册的邮箱及密码、验证码，单击“登录”按钮。

（3）登录成功后（https://accounts.gizwits.com/zh-cn/register/type），选择“个人开发者”。

（4）进入“完善个人信息”界面（https://accounts.gizwits.com/zh-cn/register/info/user），填写联系电话等信息，单击进入“开发者中心”按钮。

（5）进入“开发者中心”界面（https://dev.gizwits.com/zh-cn/developer/product/），单击“创建产品”按钮，进入“创建新产品”界面（https://dev.gizwits.com/zh-cn/developer/product/create），如图6-2所示。

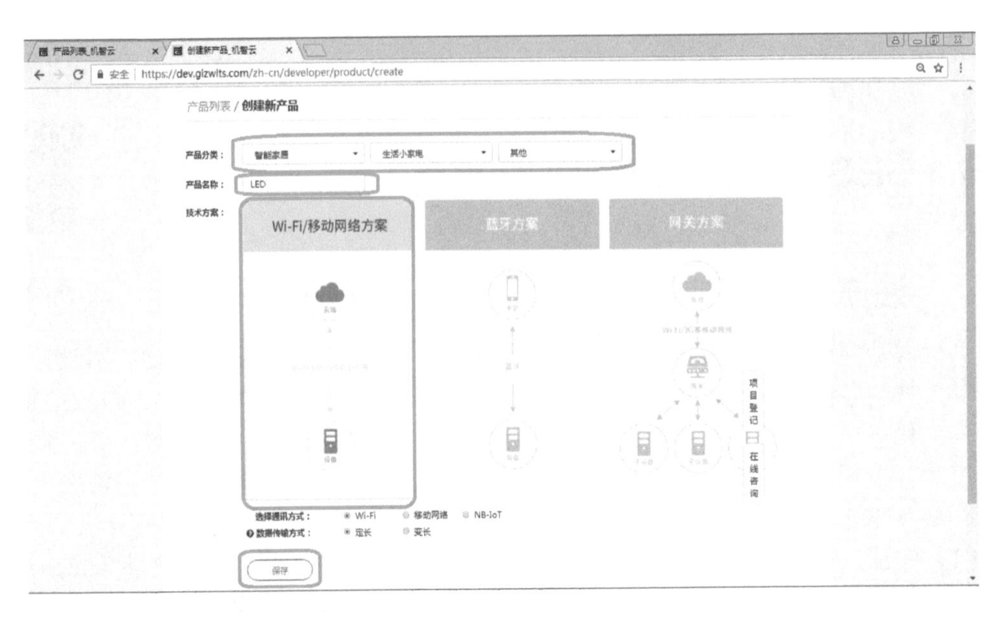

图6-2　“创建新产品”界面

（6）在“创建新产品”界面填写产品分类、产品名称、技术方案、通信方式、数据传输方式等信息，单击“保存”按钮。

（7）在保存后出现的界面（https://dev.gizwits.com/zh-cn/developer/product/91196/datapoint）左侧找到“产品信息”—“数据点”，单击“新建数据点”按钮。

（8）填写添加数据点信息，单击“添加”按钮。

（9）单击“应用”按钮，完成数据点添加。

（10）在界面左侧找到“产品信息”—“基本信息”（https：//dev.gizwits.com/zh-cn/developer/product/91196/detail），找到基本信息中的Product Key和 Product Secret，并复制记录，机智云串口助手需要这两项内容进行调试。

6.1.2　下载串口调试助手

（1）单击“下载中心”（https://download.gizwits.com/zh-cn/p/92/93），在界面左侧找到“开发与调试工具”—“机智云串口调试助手”，如图6-3所示。

（2）下载“机智云串口调试助手 for win7\win8\win10 v2.3.5”（https://download.gizwits.com/zh-cn/p/98/119），下载后解压缩。

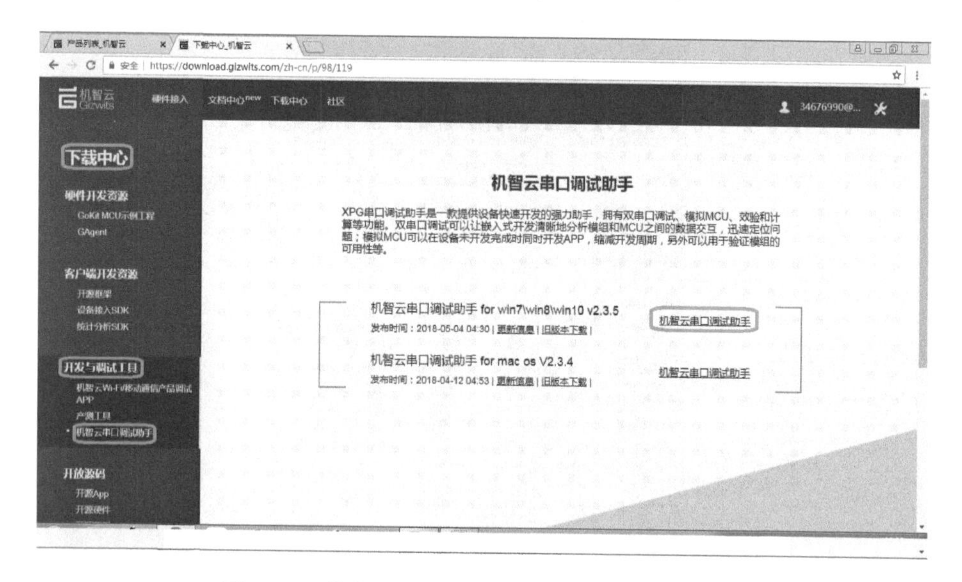

图6-3　下载中心中的“机智云串口调试助手”界面

6.1.3　下载固件

（1）在“下载中心”界面左侧找到“硬件开发资源”—“GAgent”（https://download.gizwits.com/zh-cn/p/92/94），如图6-4所示。

图6-4　下载中心中的“GAgent”界面

（2）下载“GAgent for ESP8266 04020034”，下载后解压缩。

6.1.4　硬件烧录

使用安信可的硬件模块ESP8266、ESP-12-F模块，打开烧录软件，选择下载固件中的GAgent_00ESP826_04020034_32Mbit_combine.bin合并过的固件，地址为0x0000，按照下载硬件要求连接好硬件，下载该固件，如图6-5所示。

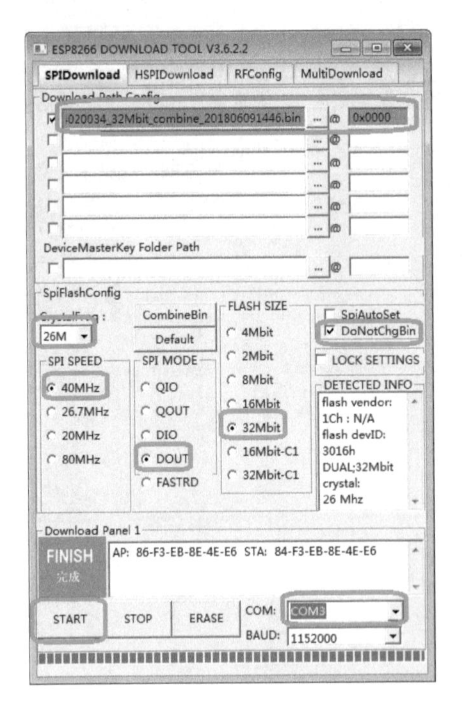

图6-5　硬件烧录

6.1.5　下载安装手机APP

（1）在“下载中心”界面左侧找到“开发与调试工具”—“机智云Wi-Fi/移动通信产品调试APP”（https：//download.gizwits.com/zh-cn/p/98/99），根据手机运行系统选择相应的APP，可以扫描二维码下载，如图6-6所示。

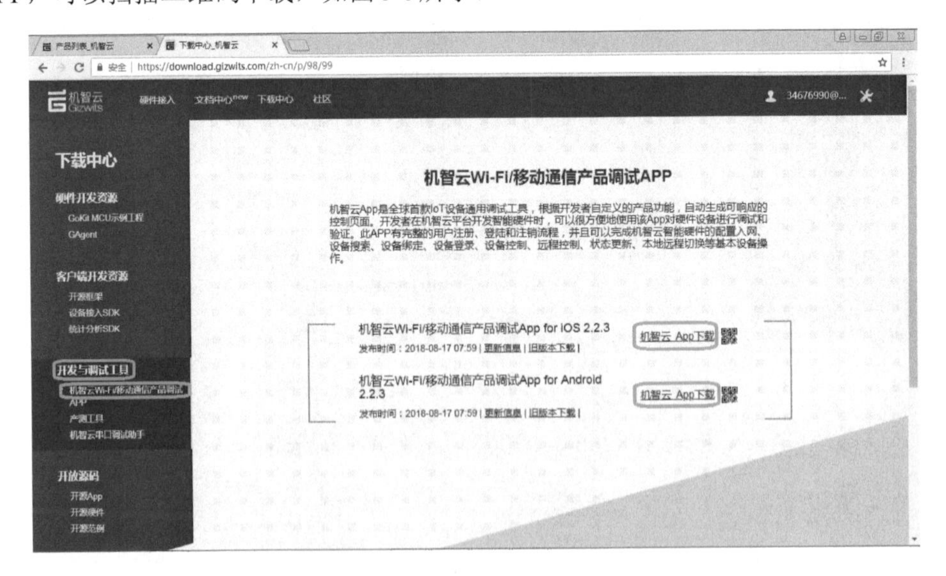

图6-6　下载中心中的“机智云WiFi/移动通信产品调试APP”界面

（2）下载后安装APP，并使用手机号注册登录。

（3）单击登录后显示界面右上角的“+”，选择热点配置，如图6-7所示。

（4）输入无线网络名称、密码，单击“下一步”按钮。

（5）模组类型选择“乐鑫”，单击“确定”按钮，显示界面如图6-8所示。

图6-7　输入无线网络名称、密码

图6-8　“热点模式设备操作确认”界面

（6）单击“我已完成上述操作”。

6.1.6　ESP-12-F模块与手机APP建立连接

（1）连接好硬件，打开机智云串口调试助手，在底部选择“模拟V4MCU”选项，如图6-9所示。

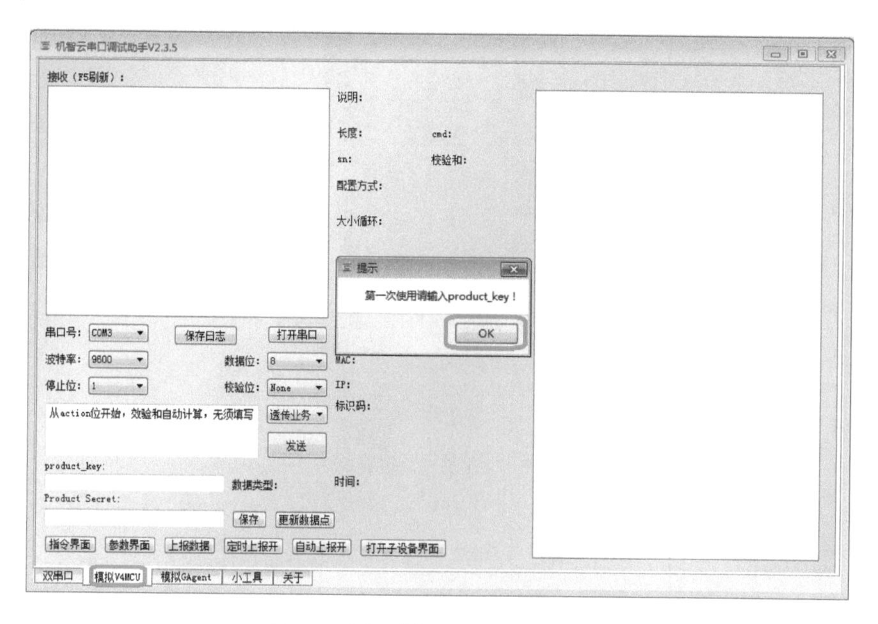

图6-9　选择“模拟V4MCU”选项

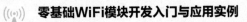

（2）单击“OK”按钮，填入“product_key”和“Product Secret”，如图6-10所示。

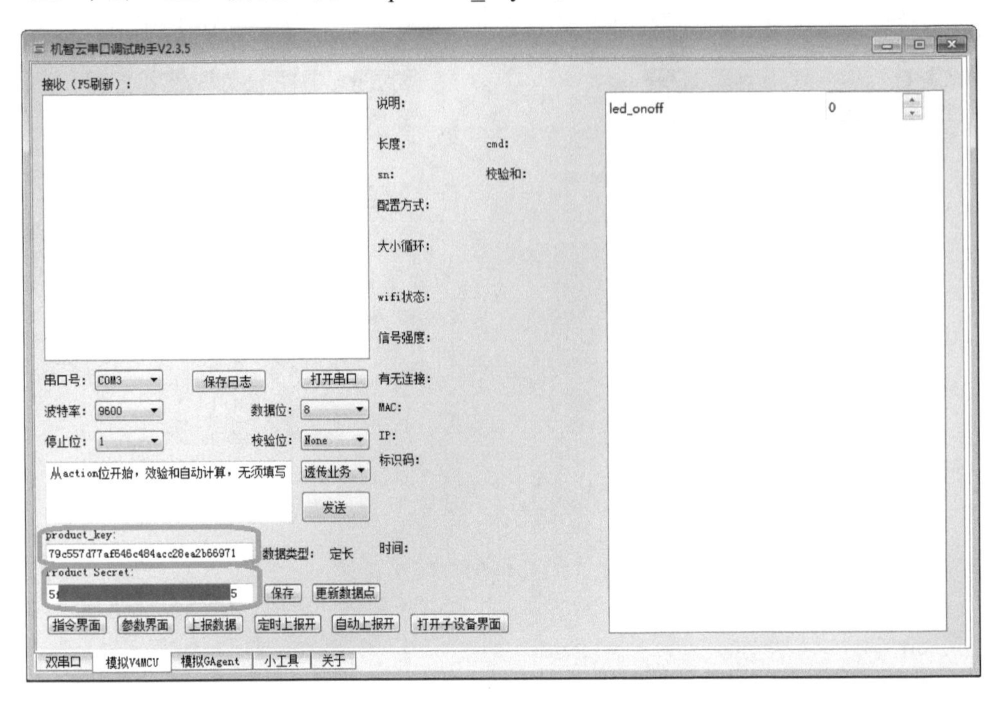

图6-10　填入“product_key”和“Product Secret”

（3）单击“保存”按钮，如图6-11所示。

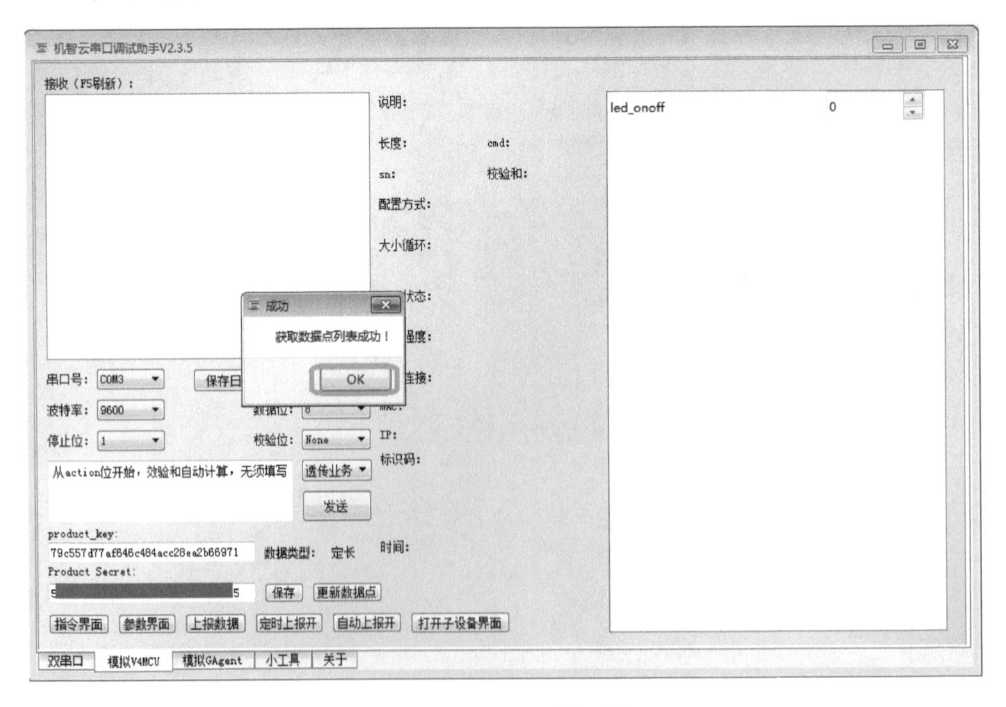

图6-11　单击“保存”按钮

（4）单击“OK”按钮，界面如图6-12所示。

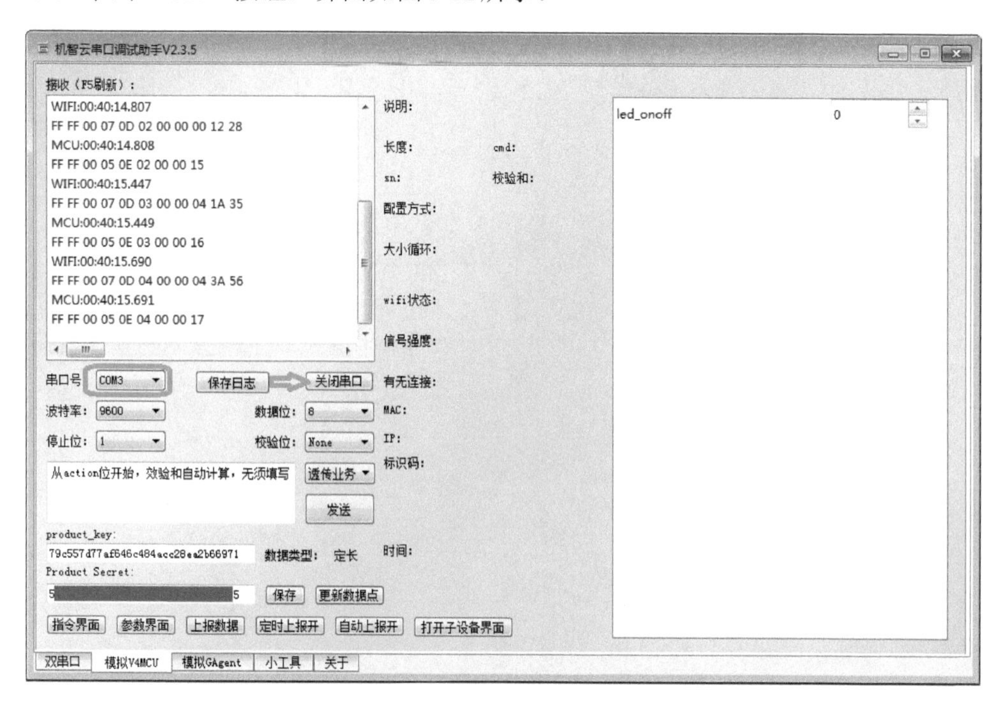

图6-12　单击“OK”按钮后得到的界面

（5）选择串口号，单击“打开串口”按钮，界面如图6-13所示。

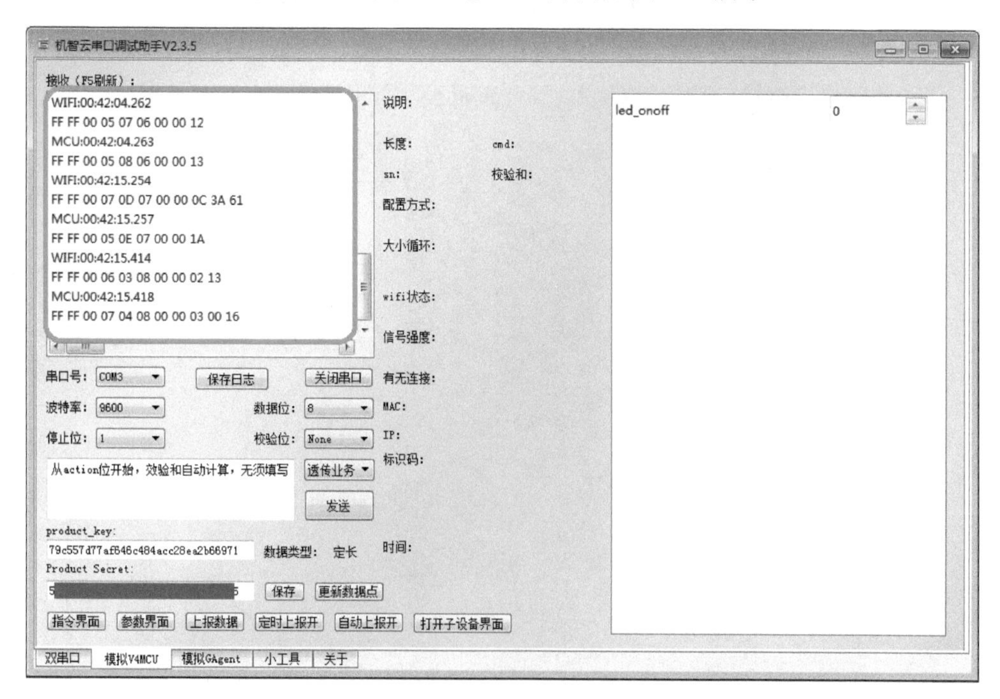

图6-13　选择串口号，单击“打开串口”按钮后得到的界面

（6）手机APP端自动发现新设备名称“LED”，如图6-14所示。

图6-14　手机APP端自动发现新设备名称“LED”

（7）单击“LED”，可以控制LED的开启与关闭。将led_onoff的开关开启。

（8）机智云串口助手右侧对应的led_onoff状态显示为“1”，如图6-15所示。

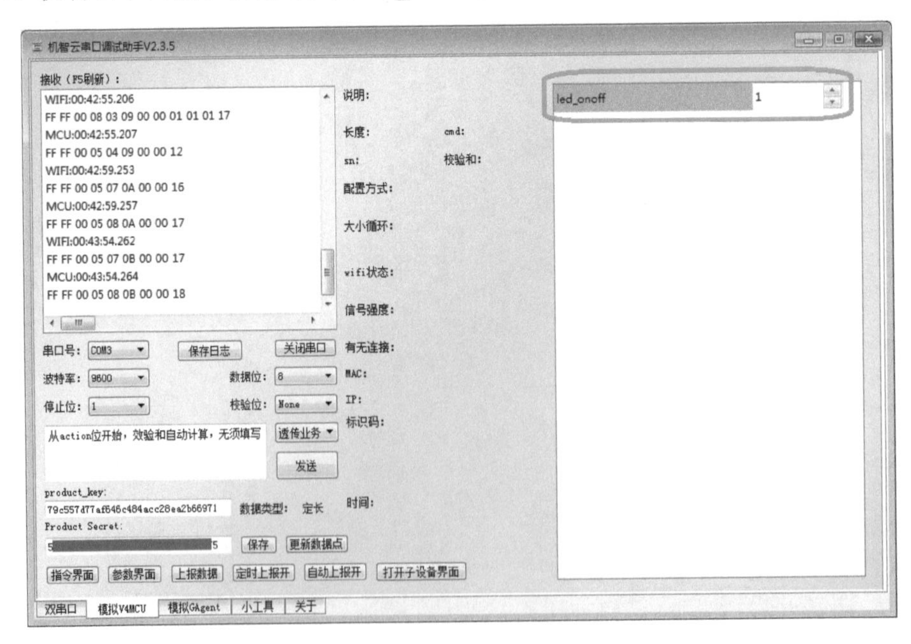

图6-15　机智云串口助手右侧对应的led_onoff状态显示为“1”

6.2　WiFi模块组合在智能家居中的组成与控制方式

6.2.1　智能家居的组成

如图 6-16 所示，智能家居通过物联网技术将家中的各种设备连接到一起。

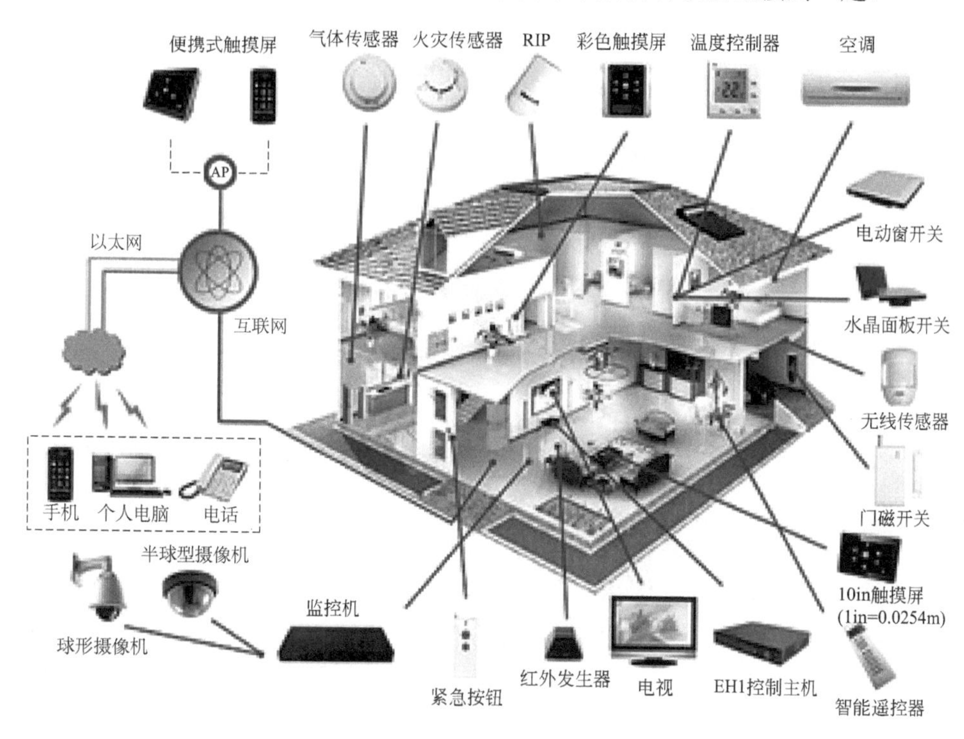

图6-16　智能家居组成图

随着云技术的发展，已经出现了将云语音控制融入控制系统中的智能家居控制软件，不需要专业的设备，任意一台智能手机或是平板电脑安装上软件即可，其兼容 Windows、iOS、Android 系统。开启手机软件，启用监听模式，在声场的覆盖范围内，即可与系统对话控制电气设备，更强大的是该系统还可以接入互联网系统，进行日常信息查询、浏览网页、搜索音乐等，整个交互的过程可以是全语音也可以是屏幕显示。

6.2.2　家装中无线网络的安装

无线路由器外观及接口安装如图 6-17 和图 6-18 所示。

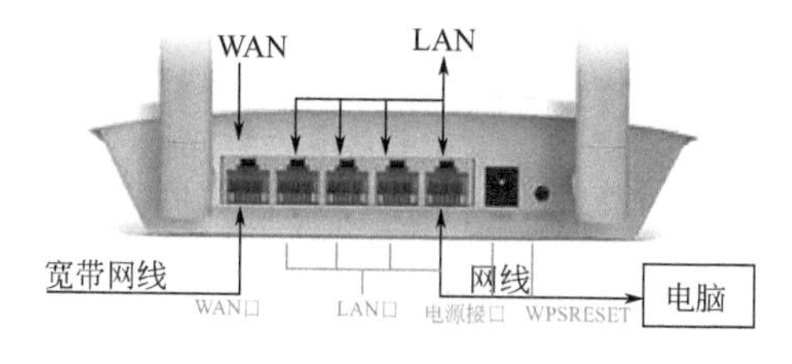

图6-17　家用路由器

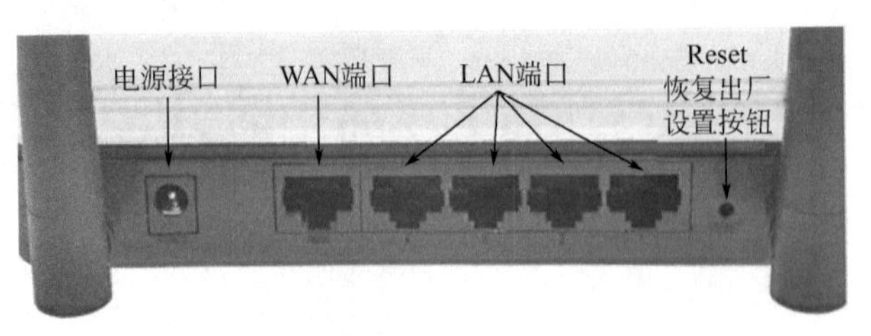

WAN端口：连接网线

LAN端口：连接电脑(任选一个端口即可)

Reset按钮：将路由器恢复到出厂默认设置

图6-18　路由器的接口安装

可以网线将无线路由器和电脑连接起来，也可以直接使用无线网络搜索连接，但是新手还是建议使用网线直接连接。

连接好之后，打开浏览器（建议使用IE浏览器），在地址栏中输入“192.168.1.1”（如果没反应，则输入“192.168.0.1”）进入无线路由器的设置界面，如图6-19所示。

其他参数需要登录之后才能设置，默认的登录用户名和密码都是“admin”（如果没反应，请看说明书，或者恢复出厂设置），见图6-20。

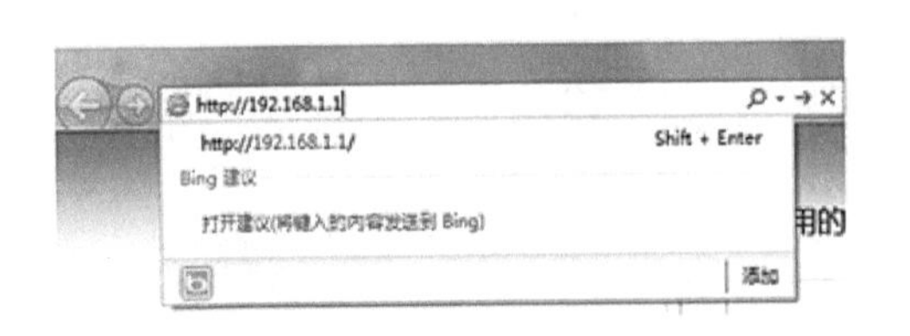

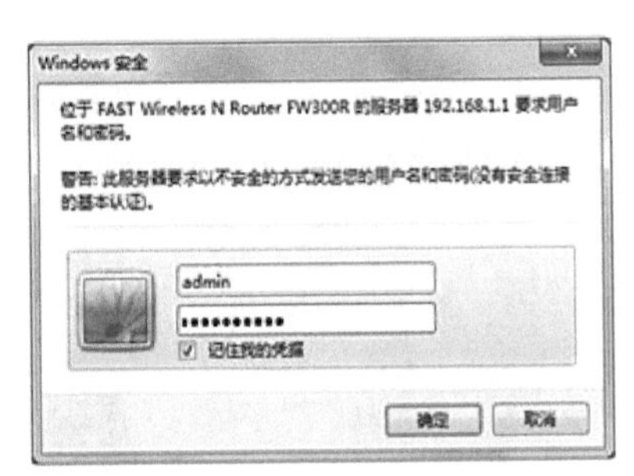

图6-19　在IE浏览器地址栏输入“192.168.1.1”

图6-20　输入账号和密码，默认都是“admin”

登录成功之后，选择“设置向导”的界面在默认情况下会自动弹出，如图6-21所示。

图6-21　选择“设置向导”

选择“设置向导”之后会弹出一个窗口说明，通过向导可以设置路由器的基本参数，直接点击“下一步”即可。

• 根据设置向导一步一步设置，选择上网方式，通常ADSL用户选择第二项“PPPoE”，如果用的是其他的网络服务商则根据实际情况选择下面两项；如果不知道该怎么选择的话，直接选择第一项自动选择即可，方便新手操作，选完点击“下一步”。

• 输入从网络服务商申请到的账号和密码，输入完成后直接点击“下一步”。

• 接下来进行无线设置，设置SSID名称，这一项默认为路由器的型号，这只是在搜索的时候显示的设备名称，可以根据你自己的喜好更改，方便搜索使用；其余设置选项可以根据系统默认，无需更改，但是在无线安全选项中必须设置密码，防止被蹭网；设置完成点击“下一步”，如图6-22所示。

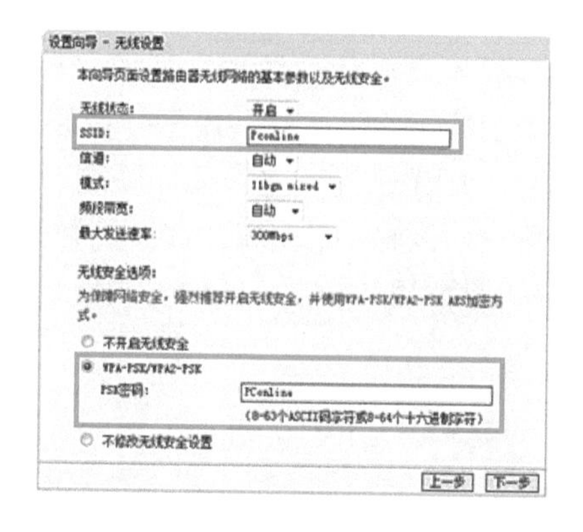

图6-22　开启无线设置

• 设置一个SSID名称，可以让手机、笔记本等一下子就找到自家的WiFi信号。

WiFi密码，必须是选择WPA-PSK/WPA2-PSK模式，密码自己设定，密码越长安全效果越好。

至此，无线路由器的设置就大功告成了。重新启动路由器即可连接无线上网了。不同的路由器设置方法都大同小异，本方法仅供参考。

一般来说，只要熟悉了上述的步骤，就已经可以说懂得了无线路由器怎么用了。到此，无线路由器的设置已经完成，接下来要做的当然就是开启你的无线设备，搜索WiFi信号直接连接就可以无线上网了。

接下来简单地说一下搜索连接的过程。

• 启用无线网卡，搜索WiFi信号，如图6-23所示。找到无线路由器的SSID名称，双击连接，然后输入之前设置的密码即可，如图6-24所示。

图6-23　搜索WiFi信号

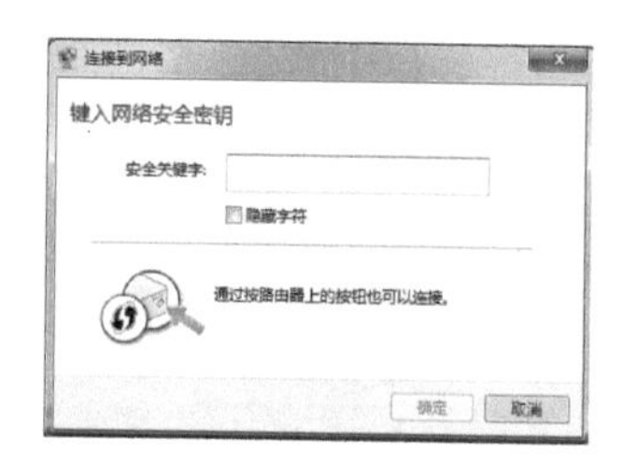

图6-24　输入之前设置的密码

总结：无线路由器怎么用，是一个比较普遍的问题，也是一个比较简单的问题，相信只要有过一次经验之后，就能够轻松应用了；当然路由器的设置并不是只有这些简单的内容，登录路由器设置页面之后还有更多的设置选项，设置其他选项，例如绑定mac地址、过滤IP、防火墙设置等等，可以让你的无线网络更加安全，防止被蹭网。

6.3 WiFi手机APP控制模块的安装与应用

远程控制越来越多地应用到各个行业，如气象监测（网络监测温度、湿度、压力、气体、PM2.5、风速、雨量等传感器数据）、门禁监控（网络控制门禁、监测门禁开关状态、电动门、卷帘门、闸门等）、灯光控制（无人值守路灯网络控制、舞台灯光控制、照明控制）等，只要用到控制模块，接输出不同的负载，就可用于不同行业的不同控制。远程智能控制系统的组织架构如图6-25所示。

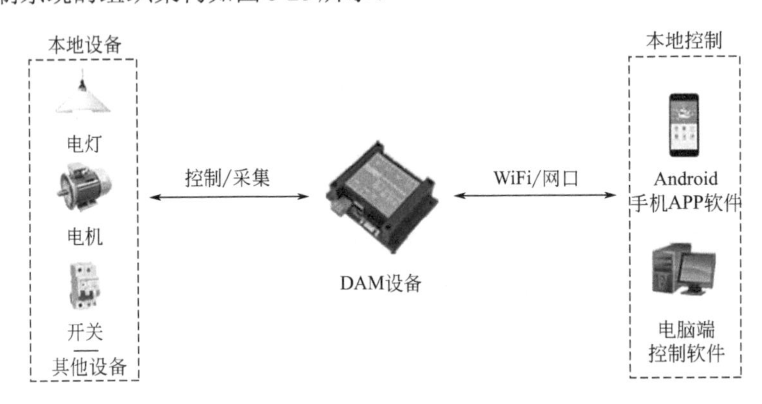

图6-25　远程智能控制系统的组织架构图

在智能家居中，通过远程控制系统可以控制空调、照明设备及其他用电器的工作状态，下面介绍WiFi手机APP控制模块的安装与应用技术。

6.3.1 控制接口分类与模块选型

（1）接口分类

DAM网络版设备产品分为单WiFi版、WiFi+网口版、单网口版设备三种，均支持二次开发上位机软件，其中单WiFi版、WiFi+网口版分为内置天线和外置天线两种，建议采用外置天线版设备，如图6-26所示。

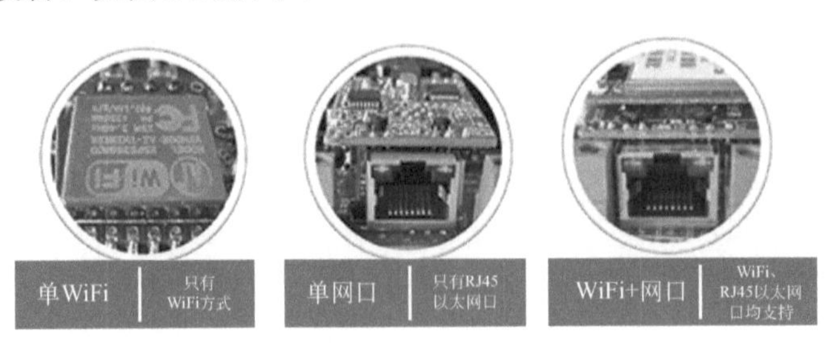

图6-26　接口分类

（2）模块选型

① 以太网模块分为单WiFi、单以太网口、网口+WiFi三种形式；

② 单以太网口采用单独的配置软件对设备进行参数及工作模式设置，采用网线方式进行通信；

③ 单WiFi、WiFi+网口设备通过web界面对设备参数进行配置，采用网线和无线方式均可进行通信；

④ 产品提供控制协议说明书、查询控制指令（说明书内）、配套软件、以太网测试源码、安卓版APP；

⑤ DAM系列设备均可与PLC、组态软件、组态屏等进行通信。

注意：所有设备型号均以DAM开头，型号中AI指模拟量信号，DI指开关量信号，DO指继电器输出，DA指模拟量输出，PT指PT100传感器。

常用模块功能及特点如表6-1所示。

表6-1　常用模块功能及特点

分数	型号	功能	特点
继电器输出	0200	2路DO	供电分为5V、7～20V、24V三种
	0400	4路DO	隔离485通信，继电器输出触点隔离
	0800	8路DO	具有顺序启动、流水循环、跑马循环工作模式
	1600B	16路DO	无外壳，具有顺序启动、流水循环、跑马循环工作模式
	1600C	16路DO	带壳，35mm卡轨安装，具有顺序启动、流水循环、跑马循环工作模式
	1600D	16路DO	带壳，具有顺序启动、流水循环、跑马循环工作模式
	3200A	32路DO	供电：5V/12V/24V，默认12V
开关量采集+继电器输出	0404D	4路DO+4路DI	DO具有闪开闪断、频闪功能，DO与DI支持联动功能，多种工作模式
	0408D	4路DO+8路DI	DO输出为30A大电流，光耦隔离输入，DO与DI支持联动功能，多种工作模式
	0606	6路DO+6路DI	光耦隔离输入，DO与DI支持联动功能，多种工作模式
	0808	8路DO+8路DI	光耦隔离输入，DO与DI支持联动功能，多种工作模式
	0816D	8路DO+16路DI	光耦隔离输入
	1012D	10路DO+12路DI	光耦隔离输入，DO与DI支持联动功能，多种工作模式
	1616	16路DO+16路DI	光耦隔离输入，DO与DI支持联动功能，多种工作模式
	1624	16路DO+24路DI	光耦隔离输入
模拟量采集+继电器输出	0404A	4路DO+4AI	12位分辨率模拟量采集
	0408A	4路DO+8AI	30A大电流输出，12位分辨率模拟量采集
	0816A	8路DO+16AI	12位分辨率模拟量采集
	1012A	10路DO+12AI	12位分辨率模拟量采集

续表

分数	型号	功能	特点
模拟量采集+开关量采集+继电器输出	1066	10路DO+6路AI+6路DI	有闪开闪断功能，12位分辨率模拟量采集，DO与DI支持联动功能，多种工作模式
	0888	8路AI+8路DO+8路DI	光耦隔离输入，12位分辨率模拟量采集
	10102	2路AI+10路DO+10路DI	光耦隔离输入，12位分辨率模拟量采集
	16CC	16路DO+12路AI+12路DI	光耦隔离输入，12位分辨率模拟量采集
	14142	2路DO+14路AI+14路DI	光耦隔离输入，有闪开闪断功能，12位分辨率模拟量采集，DO与DI支持联动功能，多种工作模式
温度采集+继电器输出	0404-PT	4路DO+4路PT100	30A大电流输出，24位AD，精度为0.02℃
温度采集	PT04	4路PT100	24位AD，精度为0.02℃，分辨率为0.1%，三线制传感器
	PT06	6路PT100	24位AD，精度为0.02℃，分辨率为0.1%，二线制传感器
	PT08	8路PT100	24位AD，精度为0.02℃，分辨率为0.1%，三线制传感器
	PT12	12路PT100	24位AD，精度为0.02℃，分辨率为0.1%，二线制传感器

6.3.2 实际模块的应用与接线举例

下面以JYDAM3200为例介绍远程控制系统的接线与使用。JYDAM3200外形如图6-27所示。

图6-27 JYDAM3200外形图

（1）主要特点及参数：

① 主要特点：

- 32路继电器控制输出，触点隔离；
- 支持RJ45以太网口、WiFi、网口+WiFi；
- 支持TCP/UDP工作方式；
- 提供安卓手机控制软件、电脑端控制软件；
- 支持报警、历史数据查询；
- 支持二次开发；
- 支持点动功能。

② 主要参数见表6-2。

表6-2 主要参数

项目	参数	项目	参数
触电容量	10A/30V DC、10A/250V AC	输出指示	32路红色LED指示
耐久性	10万次	温度范围	工业级，-40 ～ 85℃
通信接口	RJ45以太网口、WiFi、网口+WiFi	尺寸/mm	300×110×60
额定电压	DC 7 ～ 30V	默认通信格式	9600,n,8,1
波特率/（bit/s）	2400，4800，9600，19200，38400	默认工作模式	TCP Server
电源指示	1路红色LED指示	软件支持	配套配置软件、APP，平台软件支持各家组态软件；支持Labview等

（2）JYDAM3200远程控制系统的接线。DAM设备带有触点容量为250V（AC）10A/30V（DC）10A的继电器，可以直接控制DC 30V以下直流设备，如电磁阀、门禁开关、干接点开关设备等；也可以控制家用220V设备，如电灯、空调、热水器等；控制大功率设备时，中间需加入交流接触器，如电机、泵等设备。

输出端常见接线有以下几种方法，如图6-28 ～图6-31所示。

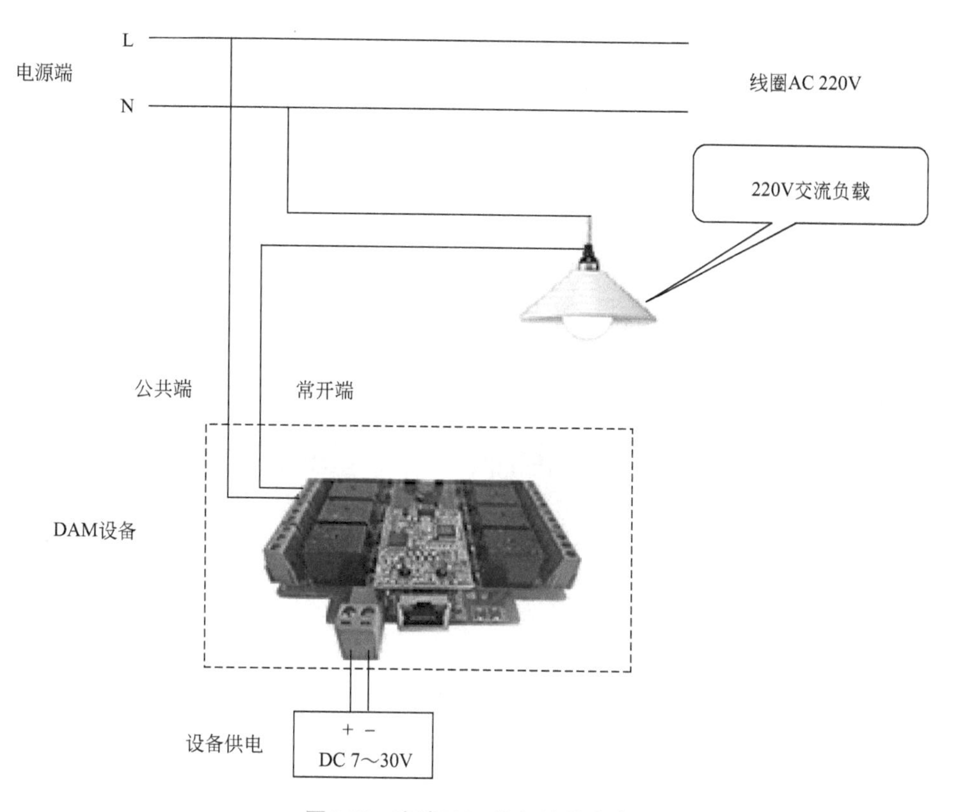

图6-28 交流220V设备接线方法

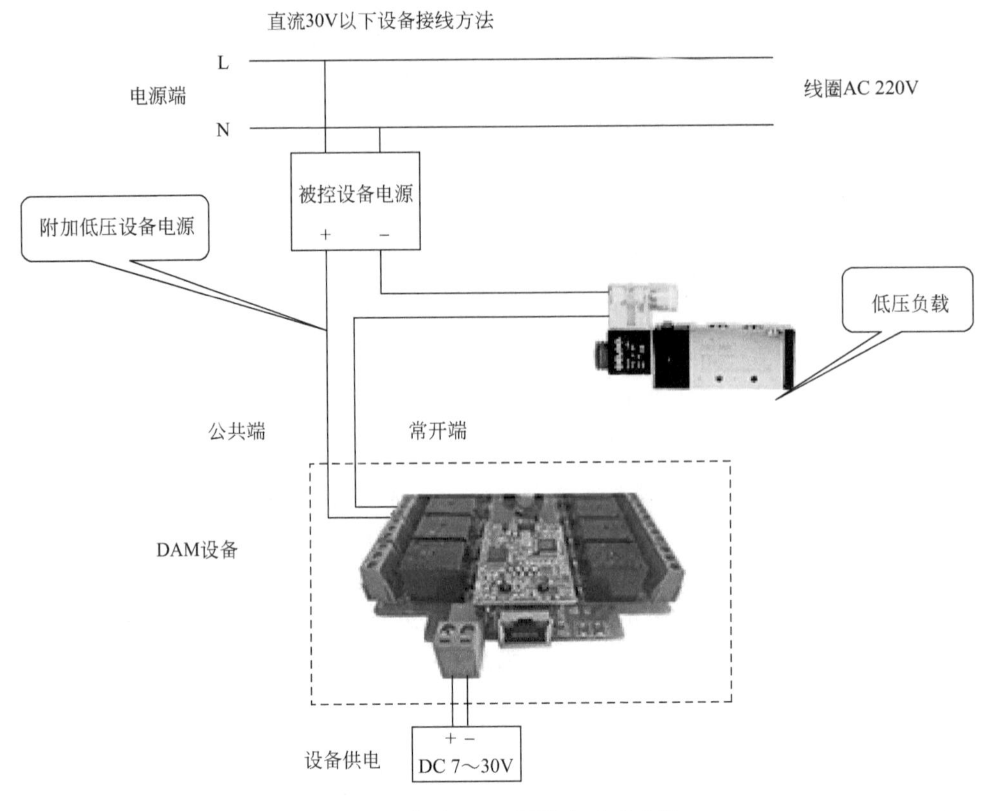

图6-29 直流30V以下设备接线方法

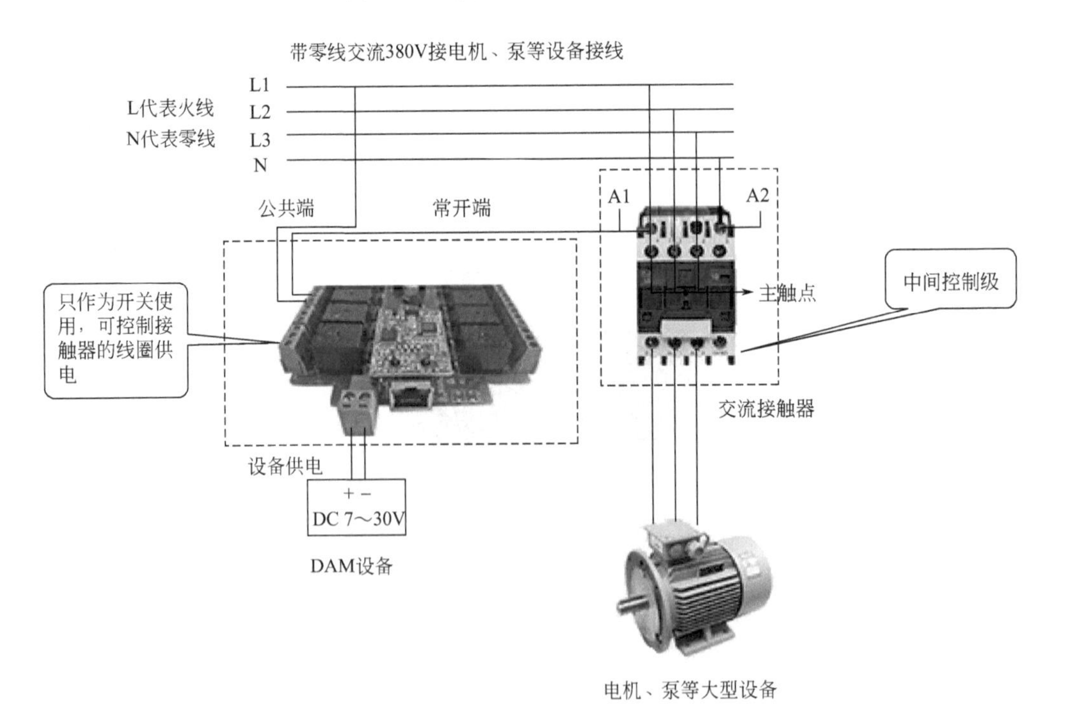

图6-30 带零线交流380V接电机、泵等设备接线

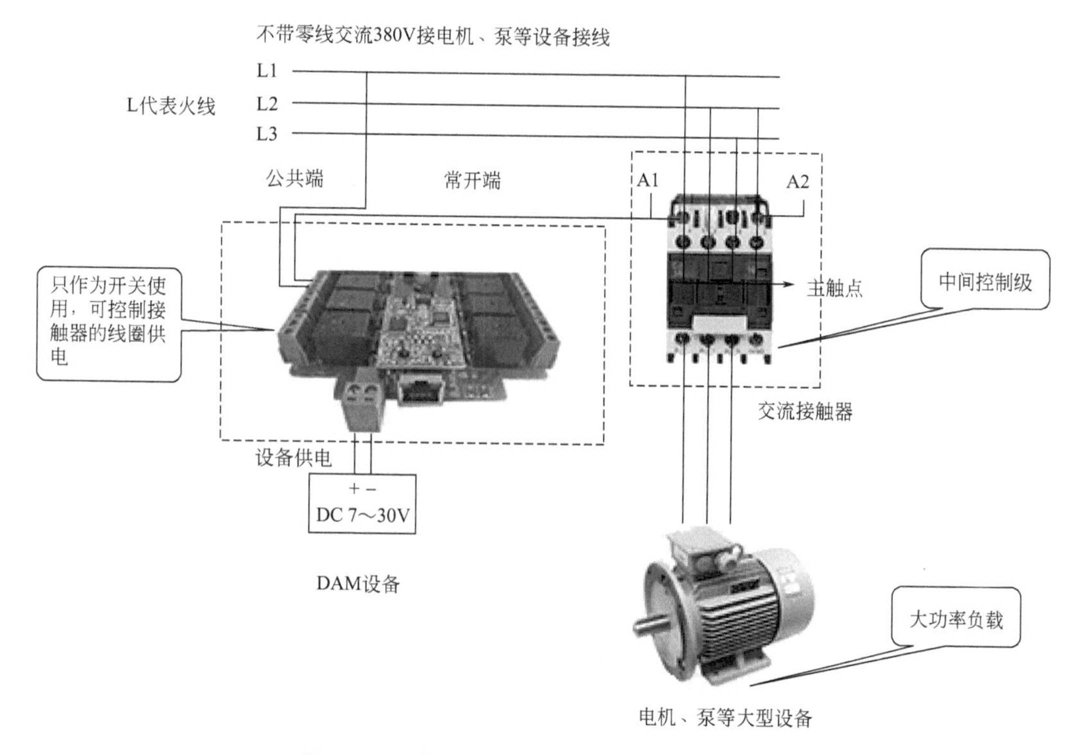

图6-31　不带零线380V接电机、泵等设备接线

（3）输入口配置与接线：

① 外置天线如图6-32所示。

图6-32　外置天线

② 配置说明：

网络版设备通信接口分为单WiFi、单网口、WiFi+网口三种。

- WiFi+网口设备：按网页方式配置，WiFi信号名称为“HI-Link-**”。
- 单WiFi设备：按网页方式配置，WiFi信号名称为“JY-***”。
- 单网口设备：按以太网配置软件方式配置，默认IP为192.168.1.232。

不同接口配置方式如图6-33所示。

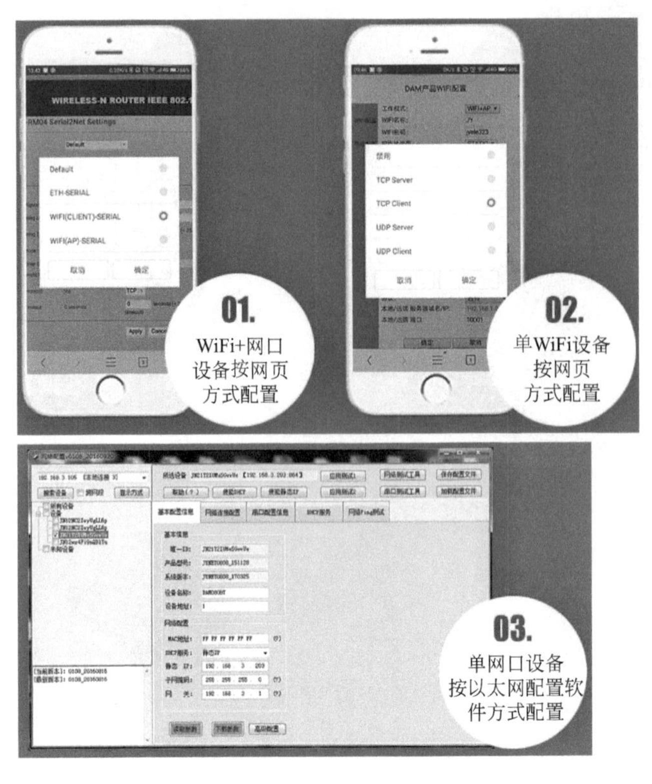

图6-33　不同接口设置方式

6.3.3　电脑与手机APP控制方式

（1）电脑控制方式。

① 聚英组态软件支持多个设备同一界面显示，支持自定义编辑设备显示图标，支持定时功能，支持点动和频闪功能，可导出历史操作记录、模拟量数据曲线等，支持模拟量数据线转换，如温湿度传感器等。

主界面如图6-34所示，支持用户自定义编辑，提供丰富的设备图标实时显示设备的工作状态及数据。

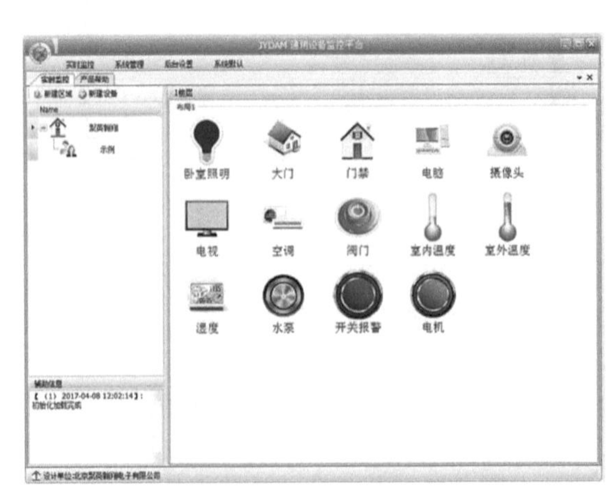

图6-34　主界面

② 继电器输出如图 6-35 所示。

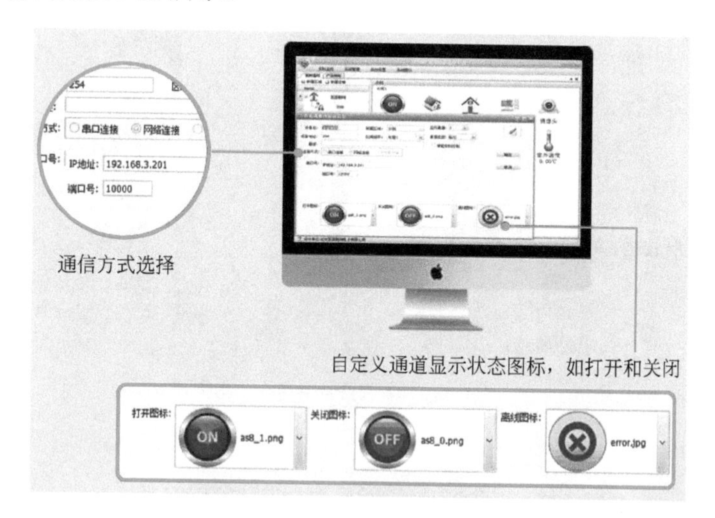

图6-35　继电器输出

③ 闪闭模式如图 6-36 所示。

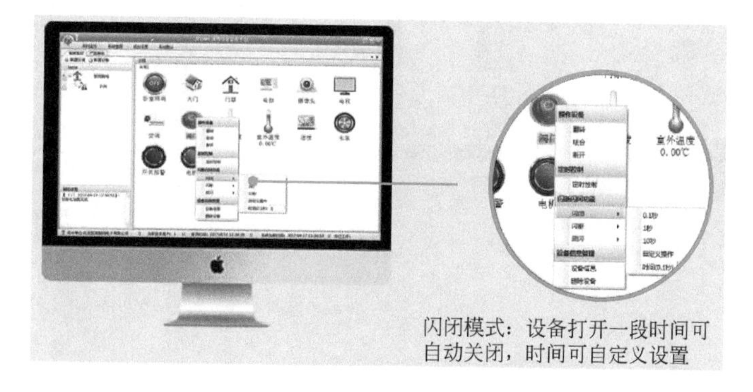

图6-36　闪闭模式

④ 闪断模式如图 6-37 所示。

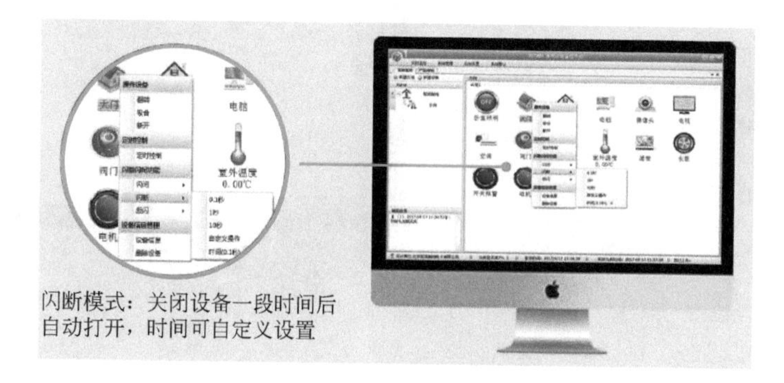

图6-37　闪断模式

⑤ 频闪模式如图 6-38 所示。

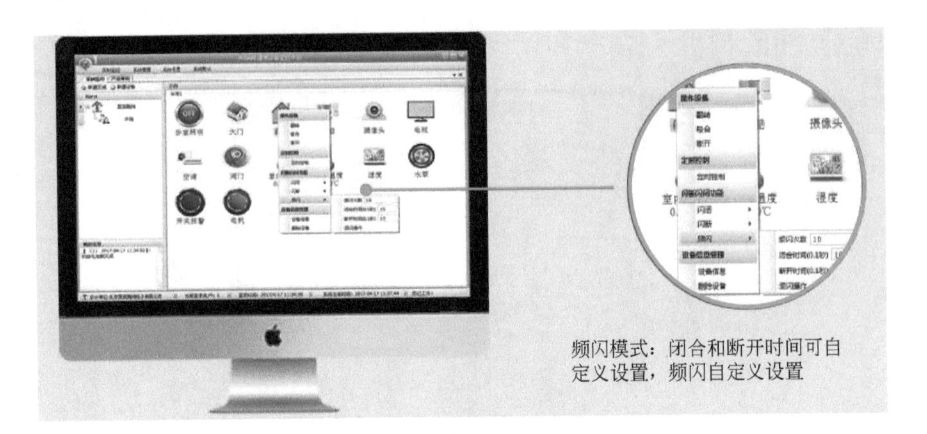

图6-38　频闪模式

⑥ 一键控制如图6-39所示。

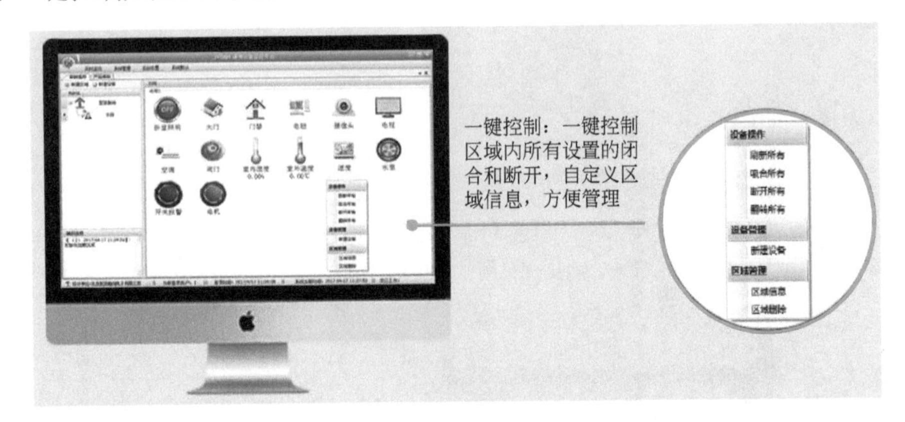

图6-39　一键控制

⑦ 模拟量输入如图6-40所示。

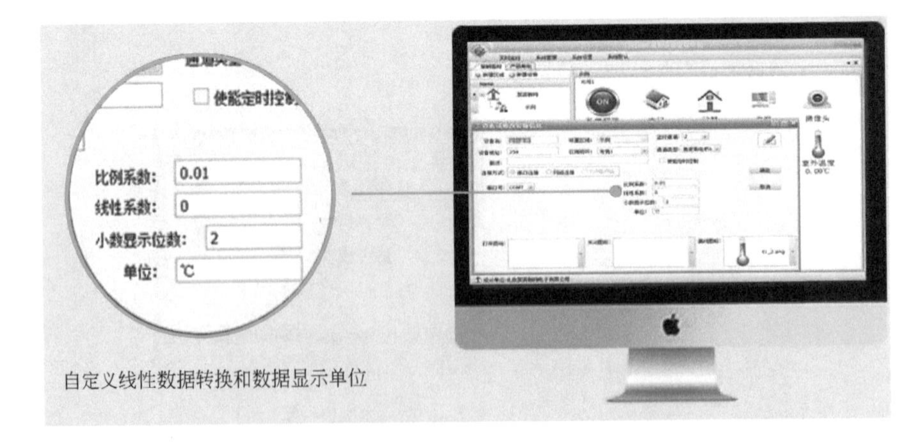

图6-40　模拟量输入

⑧ 开关量输入如图6-41所示。

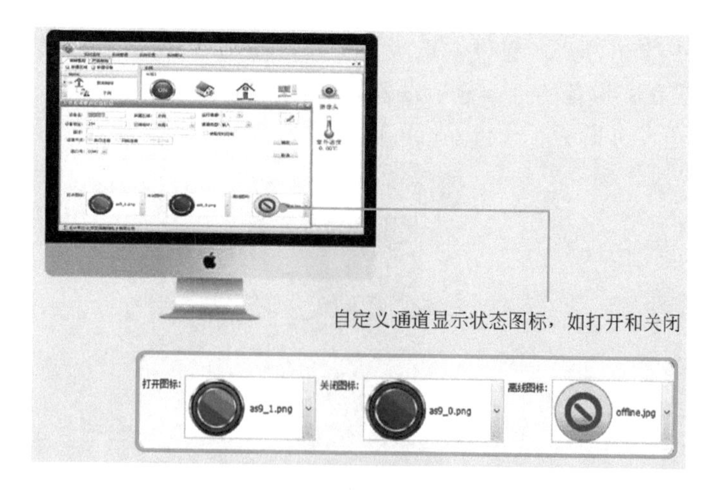

图6-41 开关量输入

⑨ 定时配置如图6-42所示。自定义定时设置，小时模式、日期模式、星期模式可选，根据需要可设置多组定时。

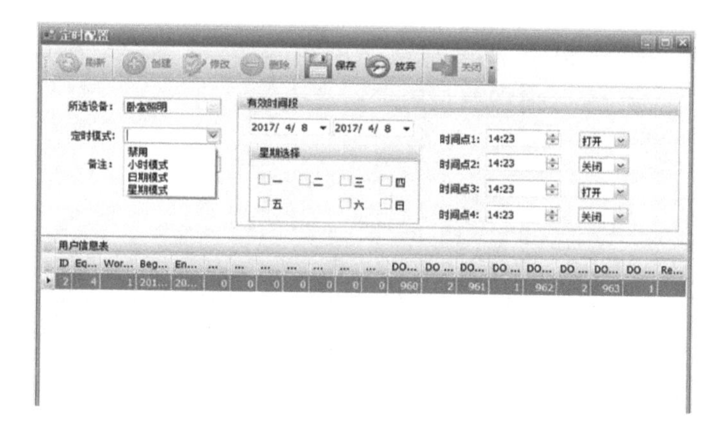

图6-42 定时设置

⑩ 历史报表如图6-43所示。历史操作查询：可通过设置时间段，查询指定时间内的操作记录，方便对设置进行监控管理，平均采样时间间隔为3s，导出数据为Excel表格形式。

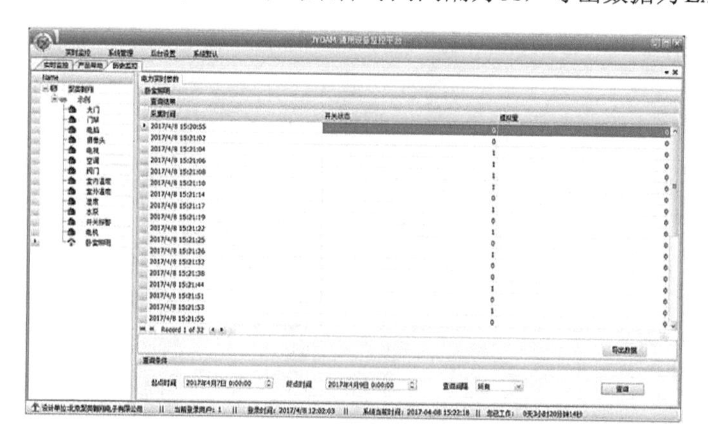

图6-43 历史报表

（2）手机APP控制方式。提供安卓版APP，可在局域网内控制多台设备，APP支持自定义编辑设备名称、设备图标，显示设备的实时状态。

① 主界面如图6-44所示。一台手机可连接控制多个设备，设备图标和名称支持更改。

图6-44　主界面

② 添加设备如图6-45所示。一台手机可添加多台设备，设备图标和名称支持自定义编辑。

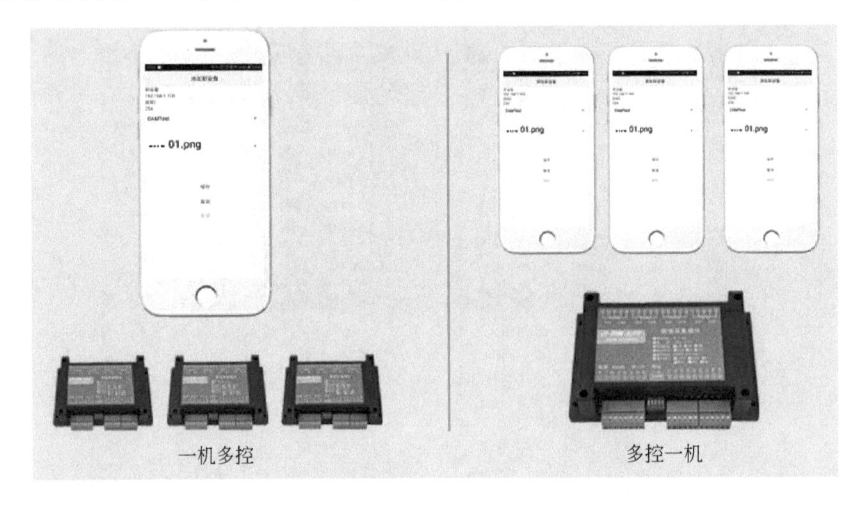

图6-45　添加设备

③ 操作界面如图6-46所示。根据设备型号，自动显示相对应的通道，每个通道支持更改图标，并有丰富的设备图标供用户选择，实时显示设置的通信状态，如离线状态等。

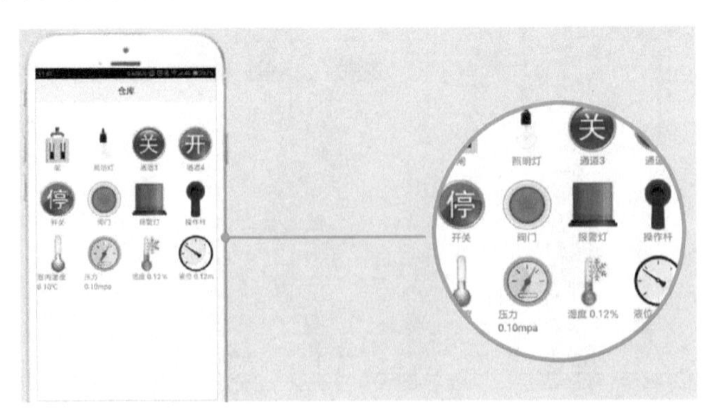

图6-46　操作界面

④ 输出通道如图6-47所示，用于控制输出设备，支持自定义设置开关状态图标、通道名称。

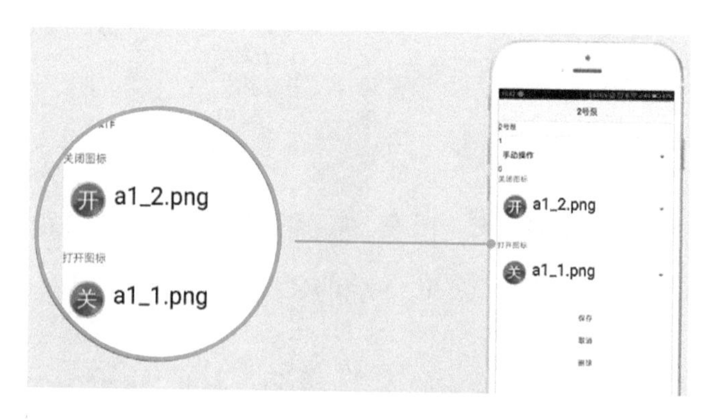

图6-47 输出通道

⑤ 开关量输入如图6-48所示。

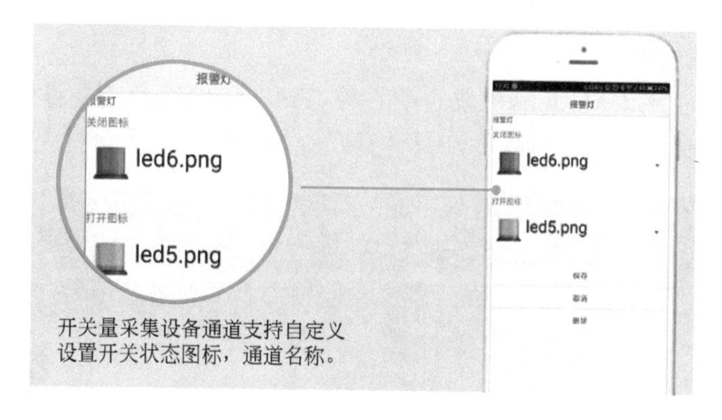

图6-48 开关量输入

⑥ 模拟量输入如图6-49所示。具有模拟量采集设备的通道支持自定义设置图标、数据单位和数据线性转换，如4 ～ 20mPa温度变送器通过设置对应关系显示温度数据。

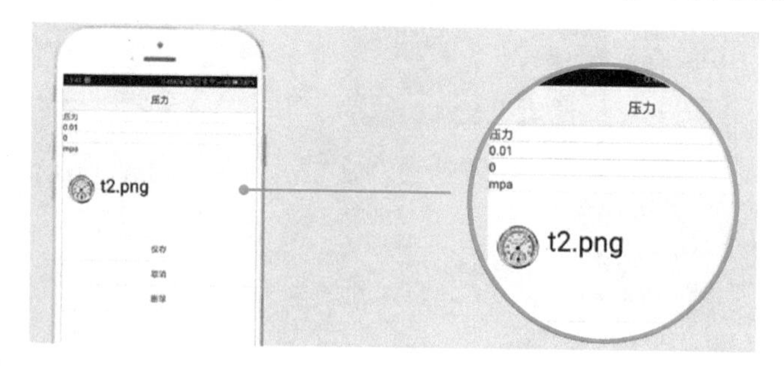

图6-49 模拟量输入

（3）DAM调试软件如图6-50所示。该软件为串口版软件，基于拟串口使用，可实现控制继电器，实时显示继电器状态；采集输入开关量，实时显示开关量状态；采集模拟量，实时显示模拟量数据。工作模式也通过该软件进行设置，如联动模式等，也可生成响应的发送指令。

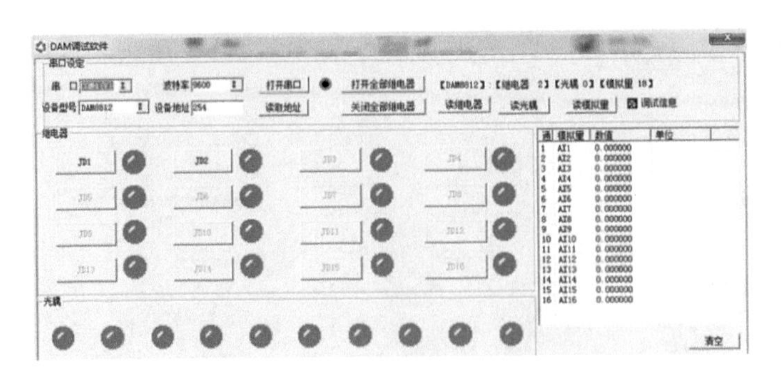

图6-50　DAM调试软件

注意：由于软件调试及二次开发需要有一定的编程知识，因此下面只简要介绍其功能，若需编程代码，可在http://www.juyingele.com.cn/product/caijika/ytw/900.html网页下载源程序及相关内容。

6.3.4　关于控制设备的二次开发

如图6-51所示，提供Modbus协议说明、设备寄存器地址及指令详细说明，提供参考源码，方便用户二次开发上位机软件，具体开发过程需根据实际器材中的说明进行。

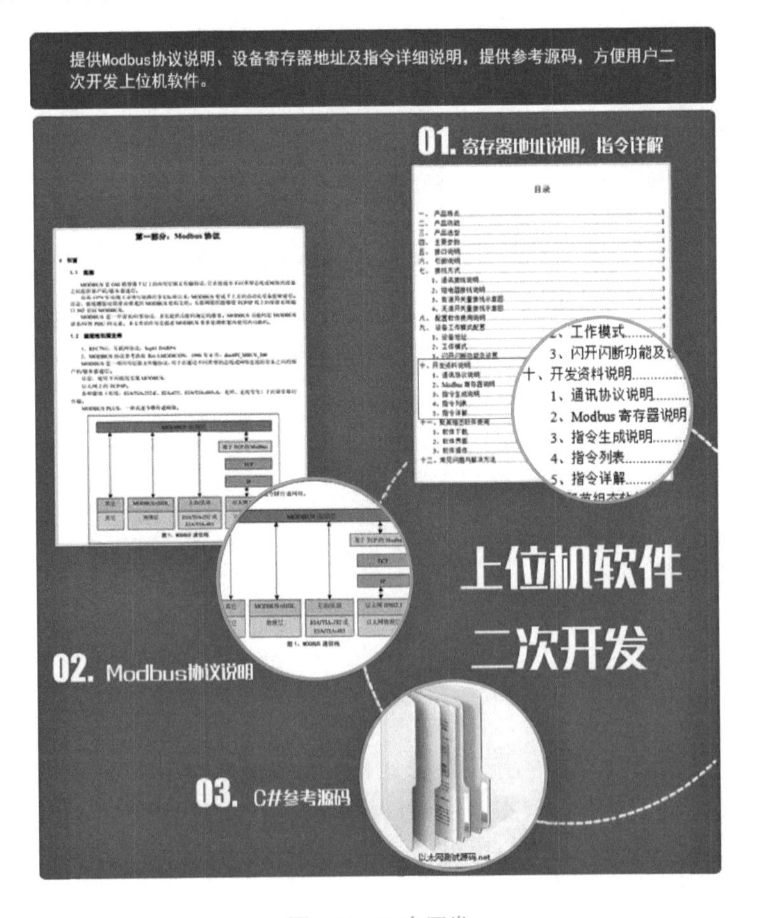

图6-51　二次开发

6.4　多路网络控制器

6.4.1　多路网络控制器的特点与功能

（1）其特点如下（图6-52）：

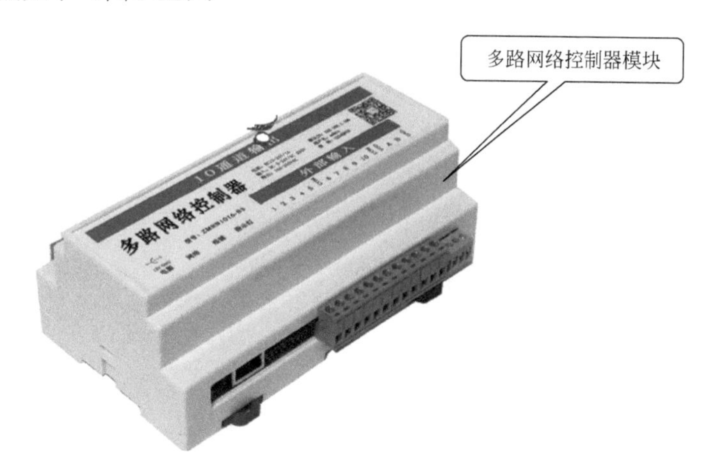

图6-52　多路网络控制器

① V10M-AC：支持远程控制，支持手机APP、PC远程控制，输入为220V交流，可用220V交流控制继电器输出。

② V10M-DC：支持远程控制，支持手机APP、PC远程控制，输入为0～12V直流，可接开关量信号的传感器。

③ V10-AC：支持局域网控制，支持PC控制及集中控制，输入为220V交流，可用220V交流控制继电器输出。

④ V10-DC：支持局域网控制，支持PC控制及集中控制，输入为0～12V直流，可接开关量信号的传感器。

（2）多路网络控制器的功能如下：

① 采用以太网RJ45接口。

② 板载Web服务器，可通过Web方式访问并控制，安全机制较高，需要密码认证。

③ 10路250V AC、16A继电器独立输出，继电器输出线锡层加厚。

④ 10路干节点有源输入(交流/直流)，可以直接控制继电器输出。

⑤ 支持定时，联网可自动同步国家授时中心时间，无需上位机手动校时。支持灵活可配置的16组定时器，可均匀分配，也可以分配给同一个，网页和上位机均可配置。支持离线定时，精度为1s。

⑥ 12～24V直流电源供电，并带自恢复熔丝。

⑦ 可以接路由器，通过安卓手机、PC远程控制，并可使用该控制器的集中控制软件。

⑧ 支持状态返回，可以实时显示当前继电器状态。

⑨ 一键参数还原。参数设置错误或忘记密码无法连接网络时，可使用一键还原。

⑩ 支持二次开发(仅开放局域网接口，外网需要与生产商进行商务沟通)，提供上位

机参考源代码。

⑪ 采用人性化页面，操作更简单，自适应屏幕和各种浏览器。

⑫ 具有点动(点触)功能，点动延时设置范围为1 ～ 6000s,精度为0.1s。

⑬ 具有灵活的网络参数修改功能，可修改IP、HTTP端口、网关及密码。

⑭ 具有掉电记忆功能，可记忆参数配置、时间、定时参数以及继电器状态。

⑮ 可热插拔网线，不会引起死机等现象。

⑯ 在之前的版本上做了大量优化，修复多个bug，使程序更加稳定，定时无出错。

⑰ 支持远程点触和输入状态查看功能。

⑱ 可接贞明电子传感器系列，支持远程显示及自动阈值控制。

⑲ 采用交流、直流输入，满足更多客户的需求，家装客户无需另外布线，可直接使用现有的交流电接入输入进行控制。

⑳ APP简单易用，只需扫一下二维码即可绑定设备，可同步设备名称。

㉑ 外壳：尺寸为88mm×158mm×59mm，导轨外壳。

㉒ 采用输入、输出插拔式环保铜端子，支持20A大电流。

㉓ 丰富的扩展接口可支持多种传感器，并实现阈值触发自动控制。

6.4.2 多路网络控制器的接线方式

多路网络控制器的接线方式如图6-53所示。

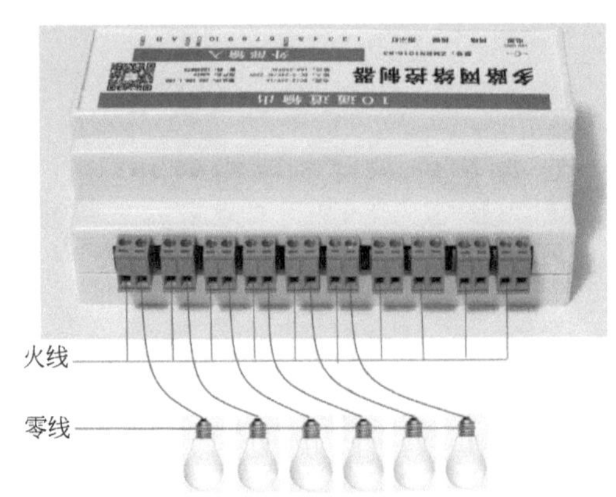

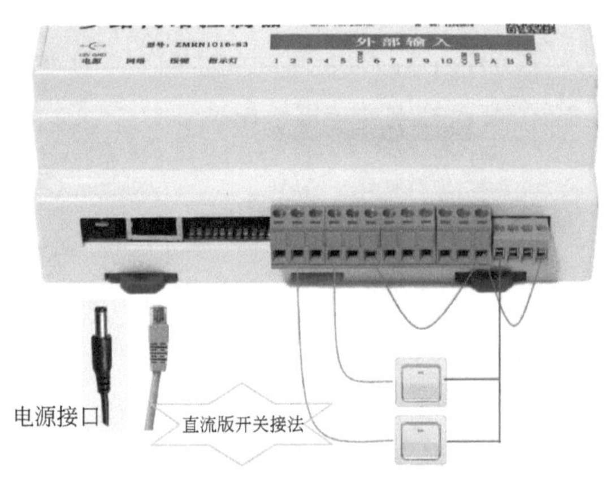

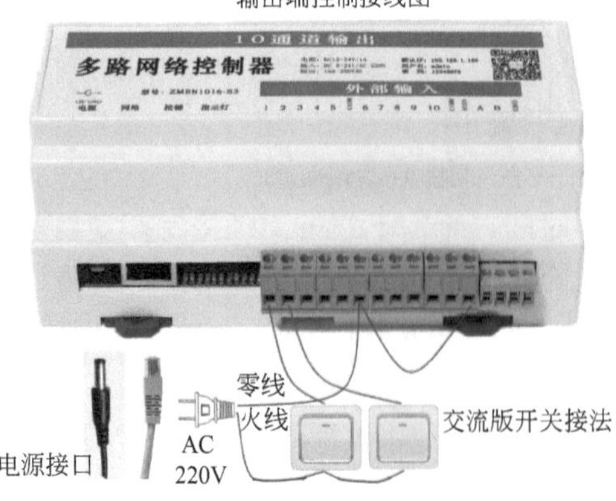

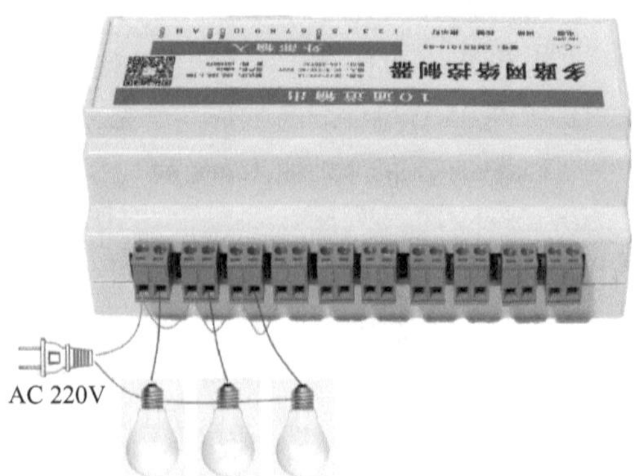

图6-53 多路网络控制器的接线方式

6.4.3　多路网络控制器的Web控制与手机APP控制

（1）Web控制的登录界面如图6-54所示。

局域网：http://192.168.1.166。

用户名：admin。

密码：12345678。

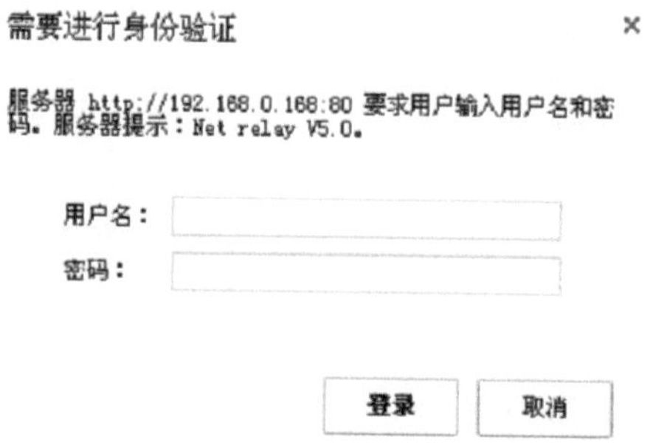

图6-54　登录界面

主页面如图6-55所示。

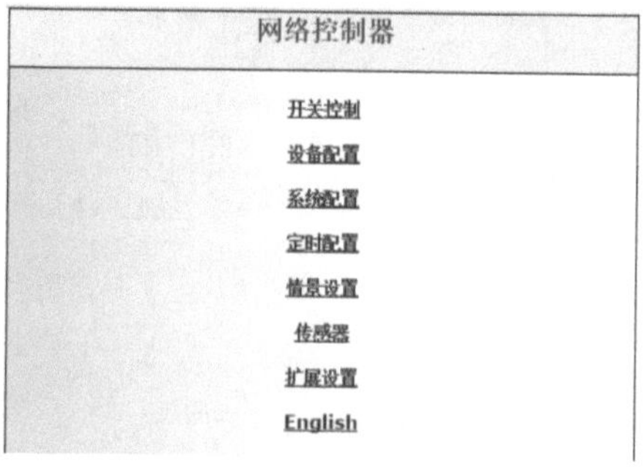

图6-55　主页面

“开关控制”页面如图6-56所示，可以通过开关控件来操作继电器的开和关，并且有状态返回，可通过图片观察状态。

图6-56　“开关控制”页面

“设备设置”页面如图6-57所示，可以配置对应继电器对应的名称，方便客户更加方便直观地控制。

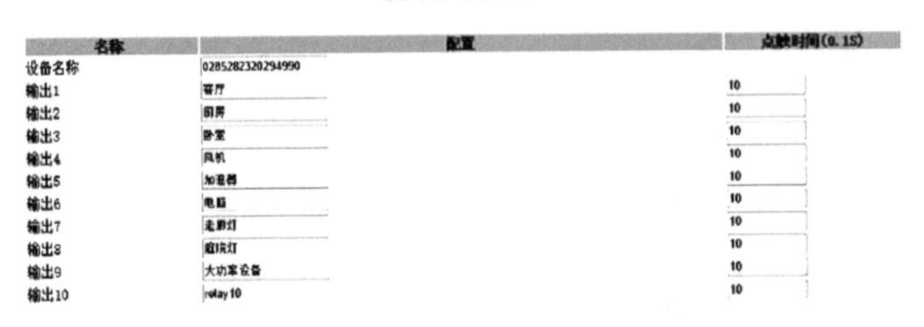
开关控制| 设备配置| 系统配置| 定时配置| 情景设置| 传感器| 扩展设置

设备设置

名称	配置	点触时间(0.1S)
设备名称	0285282320294990	
输出1	客厅	10
输出2	厨房	10
输出3	卧室	10
输出4	风机	10
输出5	加湿器	10
输出6	电脑	10
输出7	走廊灯	10
输出8	庭院灯	10
输出9	大功率设备	10
输出10	relay 10	10

图6-57　“设备设置”页面

在这里可以给您的开关输出定制名称，名称最大长度为5个中文或16个英文和数字，点触时间的默认值为0.1s，最长为6000s，如果出现乱码请加空格填充输入值。正确联网后，通过扫描二维码进行绑定。

“定时设置”页面实时显示当前时间，联网情况下可自动获取NTP服务器时间，无需手动调节，如图6-58所示。

开关控制| 设备配置| 系统配置| 定时配置| 情景设置| 传感器| 扩展设置

定时设置

在这里可以设置时间，及定时器参数

15: 5: 6　　周四

时间格式	时间设置
年-月-日	2016-10-13
时-分-秒	15-5-0
星期	4
NTP地址	115.28.122.198

确认 | 取消

图6-58　“定时设置”页面

“传感器”页面可绑定多个传感器，如图6-59所示。

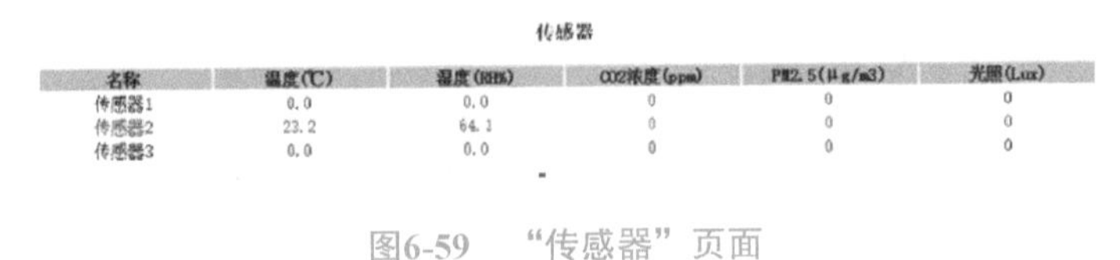
开关控制| 设备配置| 系统配置| 定时配置| 情景设置| 传感器| 扩展设置

传感器

名称	温度(℃)	湿度(RH%)	CO2浓度(ppm)	PM2.5(μg/m3)	光照(Lux)
传感器1	0.0	0.0	0	0	0
传感器2	23.2	64.1	0	0	0
传感器3	0.0	0.0	0	0	0

图6-59　“传感器”页面

“扩展设置”页面如图6-60所示。

开关控制| 设备配置| 系统配置| 定时配置| 情景设置| 传感器| 扩展设置

扩展设置

在这里配置传感器设备参数，数值需要为整数。输出仅支持开(1)和关(0)。

名称	阈值	配置
传感器速率（不建议更改）		3
扫描周期(0.1s)		3
传感器1地址		1
传感器2地址		2
传感器3地址		3
传感器功能使能		使能
自动控制功能使能		禁止

图6-60　“扩展设置”页面

（2）手机APP控制。如图6-61所示是手机APP截屏，使用极其简单，只需要扫一下设备网页里的二维码即可绑定设备，进行远程控制。开关名称可与设备自动同步。传感器状态、输入状态、输出状态实时显示。

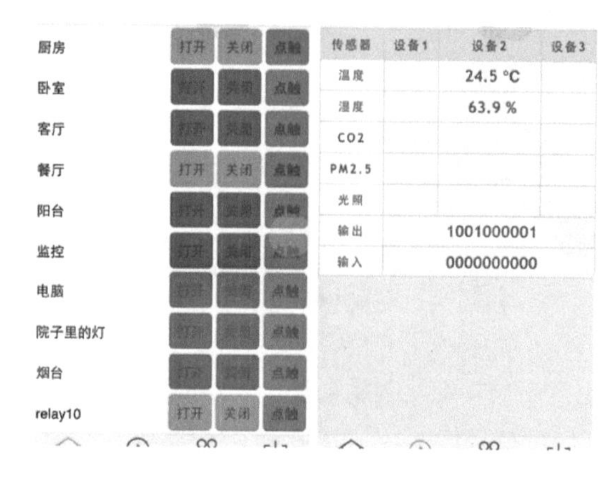

图6-61　手机APP截屏

6.5　两台设备之间无线通信

接收设备通过WiFi串口，配置WiFi模块为AP模式，接收WiFi串口传来的数据。

发送设备通过WiFi串口，配置WiFi模块为station模式，将要发送的数据送至WiFi串口。

根据5.7节两个模块通过TCP透传改写进行实例演示，将发送端的数据通过ESP8266传输到接收设备。实例中应注意，接收设备应先进行ESP8266的配置，采用AP模式，再进行发送设备station，配置AT命令，接入AP后，发送数据到接收设备，如图6-62所示。

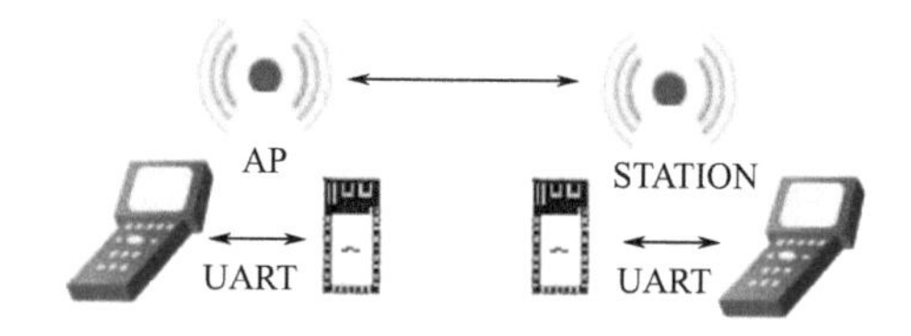

图6-62　实例演示

6.5.1　接收端配置

（1）接收端配置

配置为路由（AP）模式，等待客户端接入。

（2）使用的AT指令

```
AT  //测试AT启动
AT+CWMODE=2  //AP模式
AT+CWSAP="ESP8266","12345678",11,0  //设置模块名称、密码
AT+CIPMUX=1  //多连接模式
AT+CIPSERVER=1,6789  //建立TCP server
```

（3）单片机（stm32f103）配置esp8266代码

```
/************************************************************
** 函数名:ESP8266_Init
** 功能描述: 配置ESP8266为AP模式
** 输入参数:无
** 输出参数: 无
************************************************************/
void ESP8266_Init(void)
{
        UART2_Send_Str("AT\n");   //测试AT启动
        delay_ms(1000);   //延时1秒
        UART2_Send_Str("AT+CWMODE=2\n");   //AP模式
        delay_ms(1000);   //延时1秒
        UART2_Send_Str("AT+CWSAP=\"ESP8266\",\"12345678\",11,0\n");   //设置模块名
称、密码
        delay_ms(1000);   //延时1秒
        UART2_Send_Str("AT+CIPMUX=1\n");   //多连接模式
        delay_ms(1000);   //延时1秒
        UART2_Send_Str("AT+CIPSERVER=1,6789\n");   //建立TCP server
        delay_ms(1000);   //延时1秒
}
```

（4）关键代码

使用32位单片机stm32f103的串口相关代码。

```
#include"usart.h"
u8 TxBuffer2[14];
u8 RxBuffer2[14];
__IO u8 TxCounter2;
__IO u8 RxCounter2;
/************************************************************
** 函数名:uart_init
** 功能描述: 串口2初始化
** 输入参数: bound=波特率 115200
** 输出参数: 无
************************************************************/
void uart_init(u32 bound)
    {
    //GPIO端口设置
    GPIO_InitTypeDef GPIO_InitStructure;
```

```
    USART_InitTypeDef USART_InitStructure;
    NVIC_InitTypeDef NVIC_InitStructure;

    RCC_APB1PeriphClockCmd(RCC_APB1Periph_USART2, ENABLE);  //使能
USART2，GPIOA时钟
    //USART2_TX   PA.2
    GPIO_InitStructure.GPIO_Pin = GPIO_Pin_2;  //PA.2
    GPIO_InitStructure.GPIO_Speed = GPIO_Speed_2MHz;
    GPIO_InitStructure.GPIO_Mode = GPIO_Mode_AF_PP;  //复用推挽输出
    GPIO_Init(GPIOA, &GPIO_InitStructure);

    //USART2_RX         PA.3
    GPIO_InitStructure.GPIO_Pin = GPIO_Pin_3;
    GPIO_InitStructure.GPIO_Mode = GPIO_Mode_IN_FLOATING;  //浮空输入
    GPIO_Init(GPIOA, &GPIO_InitStructure);

    //Usart2 NVIC 配置
    NVIC_InitStructure.NVIC_IRQChannel = USART2_IRQn;
    NVIC_InitStructure.NVIC_IRQChannelPreemptionPriority=0;  //抢占优先级1
    NVIC_InitStructure.NVIC_IRQChannelSubPriority = 0;  //子优先级0
    NVIC_InitStructure.NVIC_IRQChannelCmd = ENABLE;  //IRQ通道使能
    NVIC_Init(&NVIC_InitStructure);  //根据指定的参数初始化VIC寄存器

    //USART 初始化设置
    USART_InitStructure.USART_BaudRate = bound;  //一般设置为9600
    USART_InitStructure.USART_WordLength = USART_WordLength_8b;  //字长为8
位数据格式
    USART_InitStructure.USART_StopBits = USART_StopBits_1;  //一个停止位
    USART_InitStructure.USART_Parity = USART_Parity_No;  //无奇偶校验位
    USART_InitStructure.USART_HardwareFlowControl = USART_
HardwareFlowControl_None;  //无硬件数据流控制
    USART_InitStructure.USART_Mode = USART_Mode_Rx | USART_Mode_Tx;
//收发模式

    USART_Init(USART2, &USART_InitStructure);  //初始化串口


    /* Enable USART2 Receive and Transmit interrupts */
    USART_ITConfig(USART2, USART_IT_RXNE, ENABLE);  //使能接收中断
    USART_Cmd(USART2, ENABLE);  //使能串口
```

```
    USART_ClearITPendingBit(USART2,USART_IT_TXE);  //清除中断标志
}
/************************************************************
** 函数名：Send2_Byte
** 功能描述：串口2发送一字节
** 输入参数：dat=字节
** 输出参数：无
************************************************************/

void Send2_Byte(u8 dat)
{
    USART_ClearFlag(USART2, USART_FLAG_TC);
    USART_SendData(USART2,dat);
    while(USART_GetFlagStatus(USART2, USART_FLAG_TC)==RESET);
}

/************************************************************
** 函数名:USART2_Putc
** 功能描述: 串口2发送一字符
** 输入参数: c
** 输出参数: 无
************************************************************/
void USART2_Putc(unsigned char c)
{
        USART2->DR = (u8)c;  //要发送的字符赋给串口数据寄存器
        while((USART2->SR&0X40)==0);  //等待发送完成
}
/************************************************************
** 函数名:USART2_Puts
** 功能描述: 串口2发送一字符串
** 输入参数: 指针str
** 输出参数: 无
************************************************************/
void USART2_Puts(char * str)
{
    USART_ClearFlag(USART2, USART_FLAG_TC);
            while(*str)
          {
                USART2->DR= *str++;
```

```
            while((USART2->SR&0X40)==0);  //等待发送完成
        }
}

/*************************************************************
** 函数名:UART2_Send_Enter
** 功能描述: 串口2发送一换行符
** 输入参数: 无
** 输出参数: 无
*************************************************************/
void UART2_Send_Enter(void)
{
        USART2_Putc(0x0d);
        USART2_Putc(0x0a);
}
/*************************************************************
** 函数名:UART_Send_Str
** 功能描述: 串口2发送一字符串，带回车换行功能
** 输入参数: 指针s
** 输出参数: 无
*************************************************************/
void UART2_Send_Str(char *s)
{
    USART_ClearFlag(USART2, USART_FLAG_TC);
        for(;*s;s++)
        {
            if(*s==' \n' )
                    UART2_Send_Enter();
            else
                    USART2_Putc(*s);
        }
}
```

（5）接收数据代码

接收到的数据格式 0x0d 0x0a 0x2b 0x49 0x50 0x44 0x2c 0x31 0x2c 0x32 0x3a 0xHH 0xLL 0xHH 0xLL 为接收到的数值0xHHLL，例如接收到的数值为1，则传输数据xHH=x00，xLL=x01；显示时，显示数值为0.01。

```
void USART2_IRQHandler(void)  //串口1 中断服务程序， 电脑发给控制器
{
```

```
  if(USART_GetITStatus(USART2, USART_IT_RXNE) != RESET)  //判断读寄存器是否非空
  {
    USART_ClearITPendingBit(USART2,USART_IT_RXNE);  //清除中断标志
          RxBuffer2[RxCounter2++] = USART_ReceiveData(USART2);  //将读寄存器的数据缓存到接收缓冲区里
}

          if(RxBuffer2[0]!=0x0d)
              {RxCounter2=0;}
          else
          {
              if(RxCounter2>1 && RxBuffer2[1]!=0x0a)
                  {RxCounter2=0;}
              else
              {
                      if(RxCounter2>2 && RxBuffer2[2]!=0x2b)
                          {RxCounter2=0;}
                      else
                      {
                                  if(RxCounter2>=13)
                              {
                                  InReport[3]=RxBuffer2[11];  //接收到的数据高8位
                                  InReport[4]=RxBuffer2[12];  //接收到的数据低8位
                              }
                      }
              }
      }
}
```

6.5.2 发送端配置

（1）发送端配置

配置为客户端（station）模式，准备接入路由器。

（2）使用的AT指令

```
AT  //测试AT启动
AT+CWMODE=1  //station模式
AT+CWJAP="ESP8266","12345678"  //设置模块名称、密码
AT+CIPMUX=0  //单连接模式
AT+CIPMODE=1  //透传模式
```

```
AT+CIPSTART="TCP","192.168.4.1",6789   //建立TCP连接
AT+CIPSEND   //发送数据
```

（3）单片机（stm32f103）配置esp8266代码

```
/************************************************************
** 函数名:ESP8266_Init
** 功能描述: 配置ESP8266为station模式
** 输入参数:无
** 输出参数: 无
************************************************************/

void ESP8266_Init(void)
{
	UART2_Send_Str(“AT\n");   //测试AT启动
	delay_ms(1000);   //延时1秒
	UART2_Send_Str(“AT+CWMODE=1\n");   //station模式
	delay_ms(1000);   //延时1秒
	UART2_Send_Str(“AT+CWJAP=\"ESP8266\",\"12345678\"\n");   //设置模块名
称、密码
	delay_ms(5000);   //延时5秒
	delay_ms(5000);   //延时5秒
	delay_ms(2000);   //延时2秒
	UART2_Send_Str(“AT+CIPMUX=0\n");   //单连接模式
	delay_ms(1000);   //延时1秒
	UART2_Send_Str(“AT+CIPMODE=1\n");   //透传模式
	delay_ms(1000);   //延时1秒
	UART2_Send_Str(“AT+CIPSTART=\"TCP\",\"192.168.4.1\",6789\n");   //建立
TCP连接
	delay_ms(1000);   //延时1秒
	UART2_Send_Str(“AT+CIPSEND\n");   //发送数据

}
```

（4）关键代码

使用32位单片机stm32f103的串口相关代码。

```
#include “usart.h"
/************************************************************
** 函数名:uart_init
** 功能描述: 串口2初始化
** 输入参数: bound=波特率 115200
** 输出参数: 无
```

```
*************************************************************/
void uart_init(u32 bound)
{
    //GPIO端口设置
    GPIO_InitTypeDef GPIO_InitStructure;
    USART_InitTypeDef USART_InitStructure;
    NVIC_InitTypeDef NVIC_InitStructure;

    RCC_APB1PeriphClockCmd(RCC_APB1Periph_USART2, ENABLE);  //使能
USART2，GPIOA时钟
  //USART2_TX  PA.2
  GPIO_InitStructure.GPIO_Pin = GPIO_Pin_2;  //PA.2
  GPIO_InitStructure.GPIO_Speed = GPIO_Speed_2MHz;
  GPIO_InitStructure.GPIO_Mode = GPIO_Mode_AF_PP;  //复用推挽输出
  GPIO_Init(GPIOA, &GPIO_InitStructure);

 //USART2_RX     PA.3
 GPIO_InitStructure.GPIO_Pin = GPIO_Pin_3;
 GPIO_InitStructure.GPIO_Mode = GPIO_Mode_IN_FLOATING;  //浮空输入
 GPIO_Init(GPIOA, &GPIO_InitStructure);

    //USART 初始化设置
    USART_InitStructure.USART_BaudRate = bound;  //一般设置为9600
    USART_InitStructure.USART_WordLength = USART_WordLength_8b;  //字长为8
位数据格式
    USART_InitStructure.USART_StopBits = USART_StopBits_1;  //一个停止位
    USART_InitStructure.USART_Parity = USART_Parity_No;  //无奇偶校验位
    USART_InitStructure.USART_HardwareFlowControl = USART_
HardwareFlowControl_None;  //无硬件数据流控制
    USART_InitStructure.USART_Mode =  USART_Mode_Tx;  //发模式

    USART_Init(USART2, &USART_InitStructure);  //初始化串口

    /* Enable USART2 Receive and Transmit interrupts */

    USART_Cmd(USART2, ENABLE);  //使能串口
    USART_ClearITPendingBit(USART2,USART_IT_TXE);  //清除中断标志
}
/*************************************************************
```

```
** 函数名:Send2_Byte
** 功能描述: 串口2发送一字节
** 输入参数: dat=字节
** 输出参数: 无
*************************************************************/
void Send2_Byte(u8 dat)
{
   USART_ClearFlag(USART2, USART_FLAG_TC);
   USART_SendData(USART2,dat);
   while(USART_GetFlagStatus(USART2, USART_FLAG_TC)==RESET);
}

/*************************************************************
** 函数名:USART2_Putc
** 功能描述: 串口2发送一字符
** 输入参数: c
** 输出参数: 无
*************************************************************/
void USART2_Putc(unsigned char c)
{
            USART2->DR = (u8)c;   //要发送的字符赋给串口数据寄存器
            while((USART2->SR&0X40)==0);    //等待发送完成
}
/*************************************************************
** 函数名:USART2_Puts
** 功能描述: 串口2发送一字符串
** 输入参数: 指针str
** 输出参数: 无
*************************************************************/
void USART2_Puts(char * str)
{
     USART_ClearFlag(USART2, USART_FLAG_TC);
              while(*str)
              {
                        USART2->DR= *str++;
                        while((USART2->SR&0X40)==0);   //等待发送完成
              }
}
```

```
/*********************************************************
** 函数名:UART2_Send_Enter
** 功能描述: 串口2发送一换行符
** 输入参数: 无
** 输出参数: 无
*********************************************************/
void UART2_Send_Enter(void)
{
		USART2_Putc(0x0d);
		USART2_Putc(0x0a);
}
/*********************************************************
** 函数名:UART_Send_Str
** 功能描述: 串口2发送一字符串，带回车换行功能
** 输入参数: 指针s
** 输出参数: 无
*********************************************************/
void UART2_Send_Str(char *s)
{
	USART_ClearFlag(USART2, USART_FLAG_TC);
			for(;*s;s++)
			{
				if(*s==’\n’)
						UART2_Send_Enter();
				else
						USART2_Putc(*s);
			}
}
```

（5）发送数据代码

```
Send2_Byte(InReport[3]);  //发送的数据高8位
Send2_Byte(InReport[4]);  //发送的数据低8位
```

6.5.3 实物

发送设备是以STM32单片机为核心，通过串口对ESP8266进行配置，配置好以后，发送设备通过ESP8266 WiFi无线连接到接收设备，发送设备启动串口透传，发送设备只需要将要发送的数据发送至串口即可。接收设备也是以STM32单片机为核心，通过串口配置ESP8266为AP模式，串口透传，配置好以后，等待设备接入。接收设备配置了WiFi的名称和密码等，所以并不是任意设备都能够接入进来，只有知道了相关名称和密码等信息的设备才能够接入进来。实例中发送设备将0.01数值通过2个ESP8266模块发送到接

收设备，实现了数据的无线传输，如图6-63所示。

图6-63　实物照片

参考文献

[1] ESP8266 AT指令集. 乐鑫.
[2] 用户手册. 机智云.
[3] ESP8266系列入门教程. 安信可科技.
[4] ESP-01/01S/07/07S/12E/12F/12S用户手册. 安信可科技.